无人机专业系列教材

U0812962

无人机航测技术基础与应用

主　编　杨凯欣　毛海颖

電子工業出版社
Publishing House of Electronics Industry
北京 · BEIJING

内 容 简 介

本书从实践应用出发，系统地介绍了无人机航测技术的基础理论、数据处理及其应用。全书共七章，主要内容包括绪论、测绘学基础、航空摄影测量原理、无人机航测外业与内业、无人机航测数据处理、倾斜摄影测量与三维建模、无人机航测作业管理规范。本书注重基础知识和实践操作，突出能力培养与技能训练。学生通过学习能够掌握和独立实施无人机航测作业任务。

本书可作为高等院校和职业院校无人机技术相关专业的教材，也可作为相关专业教师、科研人员和技术人员的参考用书。

图书在版编目（CIP）数据

无人机航测技术基础与应用 / 杨凯欣，毛海颖主编.
北京 : 电子工业出版社，2025. 9. -- ISBN 978-7-121
-50649-9

Ⅰ. V279

中国国家版本馆 CIP 数据核字第 2025P6W613 号

审图号：GS 京（2025）1382 号

责任编辑：张　凌
印　　刷：北京天宇星印刷厂
装　　订：北京天宇星印刷厂
出版发行：电子工业出版社
　　　　　北京市海淀区万寿路 173 信箱　　　　邮编　100036
开　　本：880×1 230　1/16　印张：13.5　字数：345.6 千字
版　　次：2025 年 9 月第 1 版
印　　次：2025 年 12 月第 2 次印刷
定　　价：47.00 元

凡所购买电子工业出版社图书有缺损问题，请向购买书店调换。若书店售缺，请与本社发行部联系，联系及邮购电话：（010）88254888，88258888。

质量投诉请发邮件至 zlts@phei.com.cn，盗版侵权举报请发邮件至 dbqq@phei.com.cn。

本书咨询联系方式：（010）88254583，zling@phei.com.cn。

前　　言

党的二十大报告提出，“必须坚持科技是第一生产力、人才是第一资源、创新是第一动力，深入实施科教兴国战略、人才强国战略、创新驱动发展战略，开辟发展新领域新赛道，不断塑造发展新动能新优势。”进入 21 世纪，互联网与人工智能飞速发展，推动一大批新兴技术的发展与产业应用。近年来，无人机技术及其应用发展迅速，正成为人工智能时代一个崭新的行业领域。我国《“十三五”国家战略性新兴产业发展规划》中首次将无人机产业提升到国家战略层面，《中华人民共和国国民经济和社会发展第十四个五年规划和 2035 年远景目标纲要》进一步强调了发展航空航天等战略性新兴产业的重要性。

无人机作为空中平台，搭载各种载荷和传感器，可以快速灵活地获取所需数据和信息，在各个行业领域的应用日益广泛。预计未来十年，通用航空将进入快速发展阶段，无人机应用有望成为低空经济的核心组成部分。但是相对于无人机技术与应用的蓬勃发展，无人机专业人才的培养存在明显短板。

2017 年，北京航空航天大学开设了全国第一个“无人驾驶航空器系统工程”本科专业，至今全国已有几十所高校开设了无人机技术相关专业。然而，无人机技术相关专业的高等教育还处在初始阶段，缺少较为合适的教材。目前，一些教材主要面向职业院校课程建设的需求，无法满足行业发展及本科专业建设需要。

无人机技术涵盖多学科专业知识，也是理论和实践结合性较强的一门学科。本书依据无人机航测技术专业人才培养目标，结合行业、企业实际业务需求，以及高等教育专业课程标准等要求编写而成。全书共 7 章：第 1 章绪论，从无人机技术特点、航测技术优势、应用领域等几个方面概述了无人机航测技术的应用现状和发展趋势；第 2 章介绍了测绘学的基础知识，包括测绘基准坐标系、地图的投影和分幅、测量误差理论等；第 3 章讲述了航空摄影测量的基本原理；第 4 章阐述了无人机航测外业和内业工作的具体内容；第 5 章和第 6 章在前述理论的基础上，讲述了航测数据处理软件系统的实践应用；第 7 章介绍了无人机航测作业应遵循的法规和技术标准。

本书注重基础知识与实践操作相融合，其中第 2 章和第 3 章为基础理论知识；第 4 章从实际业务工作流程进行梳理，让学生掌握航测作业的具体实施；第 5 章和第 6 章结合目前主流的应用软件，指导学生完成航测数据处理的核心上机实践操作。

在本书编写过程中，参阅了国内外无人机相关技术的教材和资料，在此对相关作者表示衷心的感谢。

由于编者水平有限，书中难免存在不妥之处，恳请读者批评指正。

编　者

目　录

第 1 章

绪　论

1.1　无人机技术及其发展

1.1.1　无人机发展历程

近年来，无人机技术迅速发展，应用行业和领域日益广泛。追溯无人机技术的发展，已经走过百年历程。从 1917 年世界上第一架无人机研制成功开始，无人机的发展大致经历了早期靶机、军事应用、民用领域快速发展三个阶段。

1. 早期靶机阶段

1917 年，美国的 Sperry 等人在军方的支持下，将一架有人驾驶飞机改装成了无人驾驶飞机，命名为“Sperry 空中鱼雷号”，并进行了试飞，如图 1-1 所示。虽然最后的试验并未得到满意的结果，但却提供了许多宝贵资料和经验，为之后第一架无人靶机的成功研制奠定了坚实的技术基础。

图 1-1　“Sperry 空中鱼雷号”无人机

无人靶机的提出源于 20 世纪二三十年代防空训练的需求。1930 年英国开始研制无人靶机。在参考了 Sperry 等人研究经验的基础上，英国费尔雷公司于 1931 年 9 月将一架“女王（Queen）”有人驾驶双翼飞机改装成“费利王后（Fairey Queen IIIF）”无人靶机，并进行了飞行试验。1934 年，英国成功研制了著名的“蜂后（Queen Bee）”无人靶机（见图 1-2），并随即投入批量生产。这种无人靶机一直沿用到第二次世界大战之后。

随着英国无人靶机的投入使用，苏联于 1934 年成功研制了 ПО-2 无人靶机；第二次世界大战后，又成功研制了使用冲压发动机的 La-17 无人靶机。美国于 1939 年开始研制无人靶机，其中最负盛名的是瑞安公司研制的世界上生产最多的“火蜂”（Firebee）系列无人靶机（其系列之一如图 1-3 所示）。还有法国成功研制了 CT-20 与 CT-22 无人靶机，意大利成功研制了“米拉奇系列”无人靶机，澳大利亚成功研制了“金迪威克”（Jindivik）无人靶机等。其他国家如加拿大、以色列、日本、德国、南非也相继成功研制出多种无人靶机。

图 1-2 “蜂后（Queen Bee）”无人靶机

图 1-3 “火蜂（Firebee）”系列无人靶机之一

由于受到动力、控制、导航和通信等技术的制约，当时的无人机主要作为靶机使用。所以较长一段时期内，无人机基本上是靶机的一种别称。不过无人靶机的发展带动了遥控遥测、飞行控制与导引、发射回收、小型发动机技术等无人机关键技术的发展，为无人机功能的完善和应用领域的拓展奠定了基础。

2. 军事应用阶段

第二次世界大战之后，各国开始尝试在无人靶机上搭载一些测量装置，使其具有军事侦察、目标探测的能力，并开始应用于实战。在 20 世纪六七十年代的越南军事冲突中，美军改装了“火蜂”无人靶机，加装了侦察拍摄和红外探测等设备。1964—1975 年，改装后的“火蜂”无人靶机在越南上空执行侦察任务，获取的情报占美军获取情报总量的 80%。这是无人机首次作为军事装备应用于实战，也标志着迈入了无人机应用和发展的新阶段。

20 世纪七八十年代在中东军事冲突中，以色列大量使用美制多用途无人机，掩护战斗机沿苏伊士运河超低空突防，摧毁了埃及沿运河部署的地空导弹基地。1982 年 6 月，以色列在黎巴嫩南部贝卡谷空战中利用有人机和无人机配合，摧毁了叙利亚 19 个防空导弹阵地，大大削弱了叙利亚的空军力量。无人机在军事应用中展示了巨大的价值，受到世界各国的广泛重视。

20 世纪 90 年代，无人机技术被应用于多场局部军事行动中。在 1991 年的海湾战争中，美国、英国、法国、加拿大和以色列等国共投入 200 多架无人机，主要用于战场侦察、态势感知和空袭效果评估。无人机在情报收集、通信干扰及防空压制等方面发挥了作用。在 1999 年的科索沃战争中，美国及北约盟国使用无人机执行中低空侦察、战场监视、电子对抗、战况评估、目标定位、气象数据收集、搜救支援等任务。

进入 21 世纪后，无人机技术进一步发展。2001 年阿富汗战争期间，美国首次部署“全球鹰”和“捕食者”无人机（见图 1-4），用于全天候侦察与监视。其中，“捕食者”无人机首次搭载导弹并执行对地攻击任务，标志着无人机在军事领域的应用从侦察扩展到直接打击。

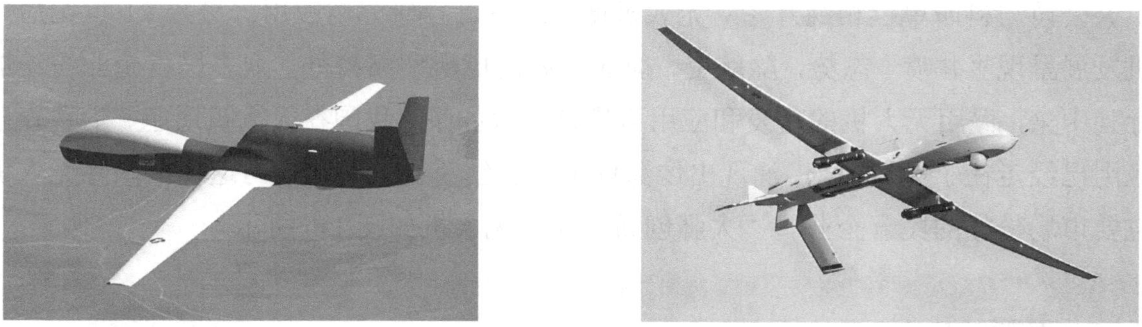

（a）“全球鹰”无人机　　（b）“捕食者”无人机

图 1-4　“全球鹰”和“捕食者”无人机

在 2003 年的伊拉克战争中，美军利用无人机进行攻击试验，摧毁了包括防空导弹连、导弹发射装置、雷达和通信设施等在内的地面目标。这标志着现代军事开始进入无人化作战阶段。

我国无人机研制始于 20 世纪五六十年代，“长空一号（CK-1）”高速无人机在 1965—1967 年成功定型，主要负责人是中国工程院院士赵煦将军，后被誉为“中国无人机之父”。“长空一号”无人靶机（见图 1-5）作为我国早期的大型喷气式高亚音速无人机，开创了我国无人机研发与应用的先河。

图 1-5　“长空一号”无人靶机

目前，我国军用无人机的代表机型有“翼龙”和“彩虹”系列中空长航时无人机。无人机技术的不断发展，推动其在军事领域的应用范围不断扩大，未来无人机在军事行动中的作用将更加重要。

3. 民用领域快速发展阶段

无人机在战场上的应用促进了无人机技术与功能的进一步拓展与提升。与此同时，世界各国也在积极拓展民用无人机的应用范围。美国国家航空航天局（NASA）成立了无人机应用中心，专门开展无人机的各项民用研究，无人机应用中心与美国国家海洋和大气管理局（NOAA）合作，利用无人机进行天气预报、气候变化监测（包括地球变暖和冰川消融等）的科学研究，并且用无人机勘查森林火灾情况、协助救火指挥官部署消防力量。

NASA 利用改进的“全球鹰”无人机对飓风进行长时间监测并收集数据，从而对热带风暴强度的演化过程开展研究。此外，无人机在美国被广泛应用于土地管理、农田植被数据监测和野生动物监测等领域。在商业领域，美国是目前世界上航拍公司最多的国家，利用无人直升机进行商业广告制作、电影场景航拍等技术也都处于世界领先地位。

我国多部门从 20 世纪 90 年代开始着手研究民用无人机遥感技术。中国测绘科学研究院在 1994 年完成了无人机遥感系统关键技术的研究与验证试验，同时研制出无人机遥感检测系统。

国内多家公司与科研单位相继开始对无人机低空遥感进行研究与应用。进入 21 世纪后，我国无人机发展呈现“井喷”态势，除航空、航天所属的厂所和高校外，众多民营企业纷纷加入到研发行列中来，民用无人机的研发和应用可谓是如火如荼。我国在无人机遥感、消费娱乐等领域的应用已经走在了世界前列，涌现出像深圳市大疆创新科技有限公司这样在国际无人机市场占据重要市场份额的民营企业。“大疆创新”品牌无人机如图 1-6 所示。

图 1-6　“大疆创新”品牌无人机

目前，无人机技术在电力及石油管线巡查、应急通信、气象监视、农林作业、海洋水文监测、矿产勘探等领域的应用效果和经济效益都具有很大前景。此外，无人机在灾害评估、生化探测及污染采样、遥感测绘、缉毒缉私、边境巡逻、治安反恐、野生动物保护等方面也有着良好的应用前景。

1.1.2　无人机系统及其特点

无人驾驶飞机简称“无人机”，英文缩写为 UAV（Unmanned Aerial Vehicle），是利用无线电遥控设备和自备的程序控制装置操纵的不载人飞机。从技术角度定义，无人机可以分为无人固定翼机、无人垂直起降机、无人飞艇、无人直升机、无人多旋翼飞行器、无人伞翼机等。

《民用无人驾驶航空器系统驾驶员管理暂行规定》中有如下定义：无人驾驶航空器（Unmanned Aircraft，UA），是一架由遥控站管理（包括远程操纵或自主飞行）的航空器，也称遥控驾驶航空器或遥控飞行器（Remotely Piloted Aircraft，RPA）。无人机系统（Unmanned Aircraft System，UAS），也称无人驾驶航空器系统（Remotely Piloted Aircraft Systems，RPAS），是指一架无人机和其相关的遥控站、所需的指令与控制数据链路，以及批准的型号设计规定的其他部件组成的系统。

具体地说，UA 是 UAS 的飞行平台部分，驾驶员可以通过地面控制系统来控制管理其飞行，或者通过机载计算机、通信链路和为保证 UA 安全运行所需要的其他辅助设备使其进行自主飞行。尽管术语 UAV 已经使用多年，但是目前出现了用 UAS 取代 UAV 的倾向，而且术语 UAS 已被美国联邦航空管理局（FAA）和美国国防部（DOD）及欧洲航空安全局（EASA）接纳。UAS 是 UA 和使 UA 能够进行滑跑、起飞/发射、飞行和回收/着陆所需要的装置和设备，以及能完成 UA 任务目标的设备的组合。UAS 是一个包括了 UA 和其运行所需要的发射回收设备、地面控制站、通信链路、遥测和导航等相关支持设备的系统。

无人机在其发展过程中使用过不同的名称，这些名称都和当时无人机的技术状态和用途有着密切的关系。早期的无人机技术粗糙、噪声大、飞行高度低，当其飞行时人们能听到嗡嗡的声音。因此无人机的第一个名称是“Drone”，即“嗡嗡声”。当时的无人机多用于靶机，所以 Drone 曾经也是靶机的代名词。随着无人机的发展，分类逐步细化，现在用“Target Drone”表示靶机。随着无线电技术的应用，无人机能够被远距离操控，因此在 Drone 之后出现了 RPV（Remotely Piloted Vehicle），沿用至今。现在被广泛应用的无人机名称是 UAV，是预编程自主飞行技术应用于无人机后出现的名称。

与有人驾驶飞机系统相比，无人机可以在不危及人身安全的情况下，在人不可到达或很难到达的区域完成高风险任务。例如，在山区洪泛地区、地震发生地区、火山地区、沙漠地区，以及事故现场，无人机可能是唯一可行的选择。在多云或细雨的天气状况下，只要目标位于无人机在云层下飞行的可及范围内，无人机就可以开展数据采集工作。此外，无人机的使用不受飞行员的生理条件限制，操控人员的人工费用也较低。市场上大多数商用无人机系统都专注于低成本，因此无人机比有人驾驶飞机的维护和运行成本更低。

1.1.3 无人机技术发展趋势

1. 整体发展趋势

随着无人机技术的进步，无人机在各个行业领域的应用得到不断拓展。美国国家工程院院士 Vijay Kumar 在全球人工智能与机器人峰会上提出了无人机技术未来发展的“5S”趋势，如图 1-7 所示。可以概括为智能化、集群化、微型化、迅捷化、安全化。

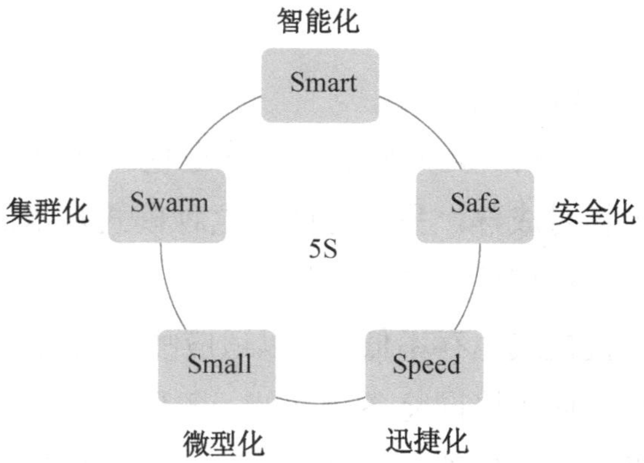

图 1-7 无人机技术未来发展的“5S”趋势

（1）智能化。

近年来，计算机技术、电子技术、通信技术和互联网技术都有了突破性进展，为提高无人机智能化水平提供了有利条件。目前，世界各国都在研制高度智能化的无人机控制系统，高度自主智能已成为无人机未来发展的一个重要趋势。当前，无人机装备技术水平，无人机在起飞、着陆、飞行中遇到的问题，都需要远距离地面控制站来完成。无人机与操控人员之间交互、协调的程度比有人机复杂得多。因此，无人机的自主智能化水平直接关系到无人机未来的发展和行业应用潜力。

美国国防部发布的《无人系统综合路线图（2017—2042）》中提出，智能化与自主控制是无人机未来关键技术之一，也是支撑无人机集群协同的重要技术，如图 1-8 所示为无人机智能化发展趋势，即从数据驱动的遥控飞行，到信息驱动和知识驱动的自主化智能飞行。

图 1-8　无人机智能化发展趋势

（2）集群化。

目前，无人机的主要作业模式还是以单机执行任务为主。一方面是由于目前这种模式的技术相对成熟，另一方面是这种模式基本能满足常规作业任务需求。但单机的任务效率比较低，在农业植保、灾害救援等领域，多机联合或协同作业将提高作业效率。此外，在军事作战中，单机模式生存率低，难以适应战场对抗环境。因此，近年来很多国家已开始研究集群协同技术，基于体系协同将各种功能、各种层次的无人机与其他系统互联，组成功能互补、协同作业的有机整体，使整个机群展现更强的任务执行能力。其中既包括自主无人机协作飞行和执行任务，又包括有人机与无人机之间的协同技术研究。

《2009—2047 年美国空军无人机系统飞行计划》指出：无人机将会以“蜂群”形式执行任务，可与有人作战飞机编队执行空战拦截、对地打击等任务。无人机和有人机进行协同作战，通过体系支撑形成优势互补，能有效提升整体作战效能。

（3）迅捷化。

无人机执行任务具有迅捷灵活的优势。但是目前无人机系统构成复杂，各种型号的无人机自成体系。随着无人机应用需求的日益广泛，其智能化与集群化发展趋势要求未来无人机系统模块实现通用化集成，以支撑各型无人机系统部件向通用化和系列化快速发展。通用化集成将提升无人机迅捷作业的优势，这包括三个方面的建设内容：

一是制定统一的通信、指挥和控制系统标准，研制通用化无人机机载和地面系统设备，提高无人机系统部件的通用化水平。

二是加强无人机系统本身的综合集成，将飞行器、传感器、武器、发射与回收装置、通信系统、指挥与控制系统及操作单元有机整合，从而提升无人机的协同控制能力，降低操作复杂度。

三是加强无人机系统与其他平台的综合集成，利用信息技术实现跨域互联融合，将无人机与陆、海、空侦察探测系统、指挥控制系统、打击武器系统及作战保障系统无缝组网，充分发挥各自的优势，形成远高于单一系统的合力。

（4）微型化。

微型无人机目标小、噪声低、雷达与可视信号弱，而且携带方便、机动灵活、可快速部署，能监视卫星和侦察机探测不到的死角，执行通信中继、近距离电子对抗、核生化物质采样、射频信号截获、近距点目标攻击等任务，尤其适用于城市、丛林、山区等复杂环境及特种作战。目前微型无人机只有手掌大小，如“黑蜂”无人机已在阿富汗战场中投入使用。法国正逐步装备微型无人机；德国装备的“阿拉丁”小型无人机仅重 3kg；韩国高校已试飞两款微型无人机，并开展仿生微型无人机的研究；俄罗斯、日本、新加坡、澳大利亚等国也在加速微型无人机研发。

实现无人机微型化的关键技术包括：一是开发适合微型无人机的新型动力与能源系统，包括燃料电池、太阳能和微波收集技术、轻型热电发电机等；二是节省功率，如美国国防部高级研究计划局将微型无人机设计成在静止时收集信息，环境变化时才发送信息的工作模式；三是设计适合微型无人机的气动布局，如飞翼、旋翼或扑翼构型，以满足其在发动机功率有限的条件下正常飞行的要求；四是通过加厚机翼，采用微尺度流动控制技术提高升阻比；五是研制新型微型传感器。

（5）安全化。

无人机在广泛应用的同时，也频繁曝出误入禁飞区、坠毁伤人、威胁基础设施等安全事故，其安全设计和飞行管理规范日益受到社会关注，包括技术和管理两个方面。

技术层面：当前我国低空空域尚未完全开放，普通用户因缺乏专业驾驶技术、安全飞行意识不足，易引发操作失误。无人机企业应通过技术手段提升其安全性，例如，设定电子围栏阻止无人机在禁飞区起降，并限制无人机接近敏感区域。

管理层面：国家颁布《无人驾驶航空器飞行管理暂行条例》建立分类管理制度，规范无人机飞行活动。行业发展需要产品安全性能保障，更依赖标准化管理，只有系统性强化安全性能，才能使无人机技术与应用行稳致远。

2. 军用领域发展趋势

无人机应用领域可分为军用与民用。在军用领域，作为无人作战系统的核心装备，其发展更趋向于超音速、长航时、察打一体、全频段隐身等技术的研发。

（1）超音速与长航时。

传统战机的巡航速度仅能达到 1 倍以上的音速。如果巡航速度达到 5 倍以上的音速，也就是约 6100km/h 的飞行速度，飞机能够获得更大的作战优势。速度是航空作战平台的关键，高超音速无人机进攻时间短，对方来不及反应；突防能力强，目前的防空系统基本无计可施；精确打击威力大，对于各种坚固的或隐藏于地下的重要目标的攻击能力强。

实现高超音速的核心在于超燃冲压发动机技术。超燃冲压发动机燃烧室入口为超音速气流，能使飞机在 30~50km 空间范围内维持高超音速（5~15 倍音速）持续飞行，比冲达 1200s 以上，其研制难度非常大。

长航时无人机作战价值在于：首先，它是对侦察卫星的重要补充，弥补卫星在跟踪移动目标和提供实时情报方面的诸多局限，实现穿透云层侦察，机动跟踪目标，按需持续监控等。其次，长航时无人机能够提供比卫星更详细的情报，能接收到微弱功率信号，可将通信扩展到卫星无法接收或被干扰的区域，保障作战需要。

（2）察打一体。

现代军事防御系统的不断完善和精确制导武器的广泛应用，大幅提升了有人驾驶飞机的作战风险，急需可直接参战的无人空中军事武器装备。察打一体无人机因能有效执行目标侦察与打击一体化，已成为反恐作战、边境巡逻的重要装备。目前察打一体无人机的研制主要有以下三种途径。

① 无人侦察机加装攻击系统，使原来具有单一侦察功能的无人机升级为具备察打一体功能的作战无人机。如美军为“捕食者”无人机加装空地导弹，使其成为具有直接攻击能力的无人机，这是无人机发展的里程碑。

② 改造退役有人驾驶飞机，使其“重生”为具备侦察、打击双重功能的新型无人机。改装有人机能节约制造成本、提高退役装备的利用率，还具有风险较低，能够迅速研制并部署的优点。

③ 研制全新的具备察打一体功能的无人作战飞机。20 世纪 90 年代初，美国最先开始研制该新型无人作战飞机。

（3）全频段隐身。

世界各国越来越注重发展无人机隐身技术。采用隐身设计能够提高侦察无人机的生存能力，降低其在作战中的被击毁率。目前的隐身设计方法一是采用隐身外形设计，无人机机体表面可尽量设计得圆滑，采用与飞机外形完全融合的简单进气道、扁平狭缝状固定尾喷管、无尾（无垂尾）布局等设计技术，可有效减少无人机的雷达反射面积，提高无人机的隐身能力。二是采用复合材料，无人机采用的复合材料主要有玻璃纤维加强合成树脂、石墨与环氧树脂等。美军“捕食者”无人机的机身除了主梁以外，全部采用石墨合成材料。三是降低噪声，目前无人机采用的最新的有效方法之一是用燃料电池取代内燃机。燃料电池可为无人机提供与内燃机相同的单位质量比功率，却具有较内燃机低的噪声和红外信号特征。四是采用等离子体隐身技术。近年来的研究表明，等离子体技术能够产生较好的隐身效果，已成为一种新的隐身技术发展方向。

1.2 无人机航测技术与应用

1.2.1 无人机航测技术的发展

随着我国经济的飞速发展，对高分辨率、大比例尺的航空遥感影像的需求与日俱增，同时对空间信息的现势性、精度、周期和成本等各方面的要求也越来越高，而传统的航天和航空摄影越来越显现出其局限性。现有的卫星遥感技术虽然能够获取大区域的空间地理信息，但受重访周期、轨道高度、气象等因素影响，影像数据分辨率和时效性难以保证。

传统的航空摄影测量利用有人机为载荷平台，对地物进行航拍获取影像数据，之后运用摄影测量学原理生成各种地形图数据产品。航空摄影采用的大中型有人机，由于受空域管制、气候等因素的影响较大，缺乏快速机动能力，同时使用成本较高，不适宜测区面积小、成图周期短的工程项目。

无人机技术的迅速发展为航空摄影测量提供了全新的技术平台。无人机航空摄影测量（简称“无人机航测”）系统主要包括无人机飞行平台、地面站、任务载荷和影像数据处理系统。无人机飞行平台是航测数据获取的系统平台，目前主流的系统平台分为固定翼无人机平台和多旋翼无人机平台。固定翼无人机续航时间长，遥控飞行和程控飞行均容易实现，抗风能力也比较强，在航测领域应用范围广，适用于土地利用、生态监测、海洋环境监测等大范围任务。多旋翼无人机体积较小，携带方便，可悬停以便对重点目标进行精准监测，比较适合在农业植保、电力巡线、城市环境污染源追踪等小范围超低空航测任务中应用。

无人机可搭载多种任务载荷，获取多源影像信息数据。无人机执行任务的能力主要由各种类型的任务载荷决定。随着无人机技术应用的拓展，与之相匹配的各种微型任务载荷技术也得到快速发展。无人机任务载荷的发展趋势是多样化、小型化和模块化。目前应用最广泛的是光电/红外载荷，其主要优点是体积小、质量轻、灵敏度高、抗冲击震动能力强和使用寿命长。光学载荷和红外成像仪组成能双光谱吊舱系统，可满足全天候实时图像获取需求。

轻小型多光谱成像仪在精准农业、病虫害识别、环境污染监测等作业场景中发挥着重要作用。激光雷达载荷穿透能力强，可以探测遮蔽目标，能在短时间内获得大范围的地表空间坐标数据，点云数据可进行三维建模，常应用在数字高程模型、土方量计算、道路工程测量、城市三维建模等领域。但是机载激光雷达目前成本仍然较高。

合成孔径雷达具有全天时、全天候的工作能力，能够有效应对云层、雾和一些遮蔽物的影响，在夜间和恶劣气候条件下有效地以高分辨率进行大范围成像。目前，随着轻型天线和紧凑信号处理装置的快速发展及成本降低，合成孔径雷达已经能够装备在军用无人机上。但是其价格相对昂贵，在民用领域应用较少。

目前无人机航测可利用国内外各类软件系统，进行数据获取、处理和分析，操作方便快捷。但是无人机平台、载荷、软件集成度低，通常分别出自不同的厂商，导致兼容性差，影响作业效率。

无人机航测技术不仅可以服务于传统测绘制图领域，还为更多行业应用提供了技术支撑，但是其在安全、监管方面还存在着一些不足，需要国家在立法、政策上加快完善相关监管措施和标准规范，以保障行业能够健康、有序发展。随着无人机航测技术、装备、性能等的逐渐提升，未来应用市场规模将持续增长，应用也将呈现出多元化的趋势。

1.2.2 无人机航测技术的优势

传统的航空摄影测量需要有人机进行作业，存在投入成本高、工作周期长、易受云层影响以及安全性能低等问题。随着无人机技术的发展，其在自主飞控、续航时间、数据获取等方面不断进步，近年已成为新的航空遥感手段，应用于众多行业领域。无人机航测技术的优势如下。

（1）机动灵活、安全性高，携带运输方便：无须专用起降场地，升空准备时间短、容易操控；能够在危险、恶劣环境下（如森林火灾、火山爆发等）和地形复杂地区直接获取影像，即便设备出现故障发生坠机，也可最大限度保障人身安全。

（2）影像获取高效快捷，自动化、智能化水平高，操作便捷：可自主按照设定的航线飞行，组装、调试、操控方便，人员经过短期培训学习即可掌握。若飞控系统出现故障，无人机会根据起飞前记录的坐标点自动返回降落。

（3）可搭载多种高精度遥感传感器，获取高分辨率、多角度（视角）影像：能够获取厘米级高分辨率的影像，满足 1：2000 或者更大比例尺的成图精度要求。

（4）成本相对较低：目前无人机整套系统成本相对较低，市场价格从 10 万元到 100 万元不等，覆盖多种档次需求；无人机设备存放、维护简便，无须飞机调配和停机费用，一般的单位和个人均能负担。

（5）受场地和天气影响小：无人机外业飞行条件要求较低，不需要专门的机场和跑道；在光照不足的阴天也能进行航拍，受云层影响较小。

（6）无人机获取影像周期短、时效性强：从准备飞行到获取影像周期短，飞行前准备工作可少于 2 小时，可快速获取数据，对于突发应急事件或灾害响应时效性强。

综上所述，无人机低空航测凭借其自身特点和优势，能够快速、精确地获取信息数据，未来将在更多行业领域得到广泛应用。

1.2.3 无人机航测应用领域

无人机航测以无人机为平台，可搭载多种任务载荷获取高分辨率地理信息数据，具有高效快捷、机动灵活、成本低、操作简单等技术优势，已被广泛用于国土测绘、城市规划、建筑施工、环境监测、农林资源调查、应急救灾等领域。

1. 国土测绘

我国幅员辽阔，地形、环境和气候复杂多变，传统测绘技术应用难度大、成本高。无人机航测受地形、环境、气候等限制较小，测绘范围广、效率高；在降低人力支出成本的同时，也显著降低了测绘人员的野外作业风险，保障了安全。因此，国土测绘是无人机航测的主流应用领域之一，在国土资源调查、土地利用动态监测、区域规划、土地确权等方面都有广泛应用。国土测绘应用如图 1-9 所示。

2. 城市规划

当前，我国城镇化发展速度不断加快，传统的规划手段已难以满足现代智慧城市规划和建设的发展需求。无人机航测从空中作业，能克服地面测绘的部分限制和视野盲区，提升测绘效率与精度。在城市土地调查、城市规划、违章建筑监管等方面，无人机航测作业效率高、机动灵活，能快速获取数据。城市规划应用如图 1-10 所示。

图 1-9 国土测绘应用

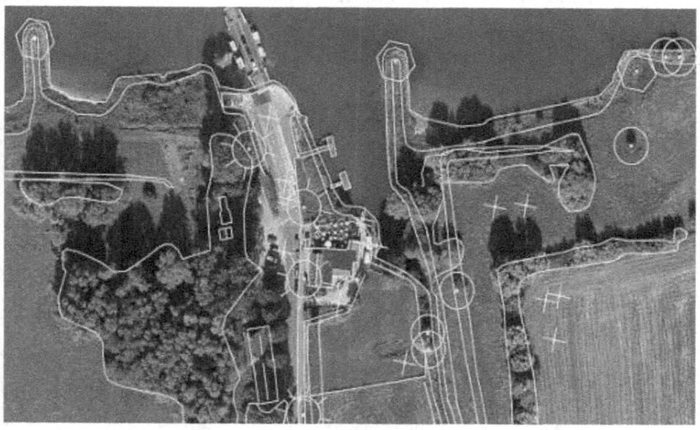

图 1-10 城市规划应用

3. 建筑施工

建筑施工前对周边环境和建筑区域进行测绘是至关重要的。无人机航测可应用于建筑施工、电力选线、公路选线等工程领域，根据项目需求高效获取并分析数据，为工程设计提供基础资料。此外，无人机通过获取的影像数据，可辅助监测管道渗漏等现象，对石油、天然气管道进行安全监测与管理。建筑施工应用如图 1-11 所示。

4. 环境监测

高分辨率航空影像能够及时有效地监测环境污染。借助无人机获取的航空影像或视频数据，可开展海洋溢油监测、水质监测、湿地监测、固体污染物监测、大气环境监测、海岸带环境监测、生态植被监测等。其中，水质监测、固体污染物监测、大气环境监测是主要应用方向。环境监测应用如图 1-12 所示。

图 1-11　建筑施工应用

图 1-12　环境监测应用

5. 农林资源调查

农作物面积和产量估测是农业生产中的关键任务，无人机获取的高分辨率航空影像能够提供准确的地表纹理和作物分类信息，可应用于土壤湿度测定、农业环境调查、水产养殖区监测、森林火灾监测、森林覆盖率分析、森林植被健康监测、森林蓄积量评估等方面，有效克服了传统的农作物实地测绘的部分局限。农林资源调查应用如图 1-13 所示。

图 1-13　农林资源调查应用

6. 应急救灾

无人机在测绘领域的广泛应用，很大程度上始于其在应急救灾中的突出表现。在汶川地震、玉树地震、舟曲泥石流等自然灾害救援中，测绘无人机均能及时到达现场，并充分发挥其机动灵活的优势，快速获取灾区影像数据。无论是在救灾部署还是在灾后重建工作中，无人机航测都发挥了不可替代的作用。应急救灾应用如图 1-14 所示。

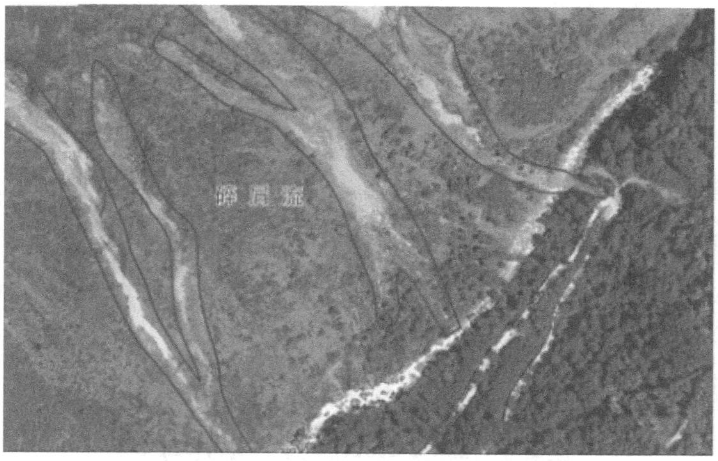

图 1-14　应急救灾应用

无人机航测能够克服复杂环境限制，快速采集目标信息。未来，结合互联网、人工智能技术，无人机航测技术将更趋成熟与智能化，在更多的领域得到深入应用。

第 2 章

测绘学基础

2.1 测绘学概念与分类

测绘是以地球为研究对象，对其进行测量和绘制的科学。测量是利用测量仪器获取地球的形状、重力场，以及反映地球表面自然形态的地理要素和人文要素的位置、形状、空间关系、区域空间结构等属性信息。绘制则是对测量到的数据进行处理、分析或综合后，通过地图制图学的方法加以表达和应用，将地表自然形态和各类要素绘制成地图。

测绘学研究的是地理信息的获取、处理、描述和应用，其核心内容包括：测定和描述地球的形状、大小、重力场、地表自然形态及人工设施的空间位置与属性；编制全球或局部地区的各种比例尺地形图，为国民经济发展、国防建设和地球科学研究服务。测绘学的主要研究对象是地球及其表面形态，在发展过程中形成了大地测量学、摄影测量学、工程测量学、海洋测绘和地图制图学等分支学科。

1. 大地测量学

测绘学中研究测定地球形状、大小、重力场、地球椭球参数，以及确定地面点几何位置的理论和技术的分支学科称为大地测量学。其主要研究方法包括几何法大地测量、物理法大地测量和卫星法大地测量。

几何法大地测量通过观测几何量（距离、角度、方向、高差）建立水平控制网和高程控制网，从而确定地面点的平面位置和高程；物理法大地测量利用地球重力等物理观测量，结合重力场的理论和方法，推求大地水准面相对于地球椭球的距离、地球椭球的扁率（地球形状）等参数；卫星法大地测量利用人造地球卫星等空间技术进行观测，实现高精度的空间定位，提供地面点的三维坐标。

2. 摄影测量学

摄影测量学是研究利用摄影或遥感传感器获取目标物的影像数据，从中提取几何或物理信息，并通过图形、图像和数字形式表达测绘成果的科学。摄影测量学包括航空摄影测量、航天摄影测量和地面摄影测量。

航空摄影测量是指利用安装在飞机或其他航空飞行器上的摄影机或传感器获取地面景物影像的技术；航天摄影测量是指利用安装在卫星、航天飞机、飞船等航天平台上的摄影机或遥感探测器获取地球影像和相关数据的技术；地面摄影测量是指利用安置在地面基线两端的专用摄影机拍摄立体像对，对所摄目标物进行测绘的技术。

3. 工程测量学

工程测量学是研究工程建设和自然资源开发在规划设计、施工建设和运营管理各阶段所进行的测量工作（包括地形测绘、施工放样、变形监测等）的理论、技术和方法的学科。它为工程建设提供精确的测量数据和大比例尺地形图，保障工程选址合理、按设计施工并进行有效管理。

规划设计阶段主要进行地形测量，并配合地质、水文等勘探工作；施工建设阶段按设计要求、精度要求建立施工控制网，并在实地精确标定工程结构的平面位置和高程，为工程施工和安装提供测量依据；运营管理阶段主要是工程竣工后为监测工程安全状况，进行周期性的重复测量，观测其变形情况。精密工程测量是指针对特定的高精度工程要求，采用特殊测量仪器和方法，进行绝对精度达到毫米级以上的测量。

4. 海洋测绘

海洋测绘是以海洋水体和海底为研究对象，进行测量和海图编制的理论与方法研究的学科，可为舰船航行安全和海洋工程建设提供保障。海洋测绘主要在船上进行，多采用声学或无线电方法，主要内容包括海洋大地测量、海底地形测量、海洋专题测量和海图制图等。这些测量内容，以及海面上的定位、海底控制网的建立、海洋重力测量等都不同于陆地测绘工作。

5. 地图制图学

测绘过程直接得到的成果通常只是原始数据或地形原图，需要经过地图投影、地图编绘、地图整饰和地图制印等工序，并可能增加某些专门要素，才能形成各种比例尺的地形图和专题地图。研究地图及其编制的理论和方法的测绘学分支学科称为地图制图学。

2.2 测绘基准

测绘学的主要研究对象是地球及其表面的各种形态。因此，首先要测定地球的形状、大小及其重力场，并在此基础上建立一个统一的基准和坐标系统，来确定地表任一点在地球上的位置。基准是为描述空间位置而定义的一系列点、线、面。在大地测量中，基准定义了描述地球形状的参考椭球的参数，坐标系则是描述空间位置的数学框架。

2.2.1 测绘基准面

地球是一个赤道半径略长于极半径、北极略凸出、南极略扁平的近似旋转椭球体。地表是一个起伏不平、极其复杂的不规则表面。在测绘学中，常用一个与地球外形极为接近的旋转椭球来代表地球，称为地球椭球（或参考椭球）。测量的基准面主要包括大地水准面和参考椭球面（体），这是出于描述地球形状、重力场特性及空间位置表示的需要。

1. 大地水准面

地球并非标准球体，而是近似一个椭球体，其自然表面又极其复杂，无法用简单的数学形式精确表达。因此，要寻求一个既能用数学方法表达，又要尽量简化表达的方式，在不过分扭曲地球真实表面的前提下，满足测绘的需要。

当海洋静止时，其自由水面与该面上各点的重力方向（铅垂线方向）处处正交，这个面称为水准面。水准面实际是一个起伏不平的重力等位面，理论上可有无数个。其中，假定海水静止不动，将海水面无限延伸，使静止的平均海水面穿过大陆和岛屿形成一个闭合的重力等位面，这个曲面就叫作大地水准面，如图 2-1 所示。

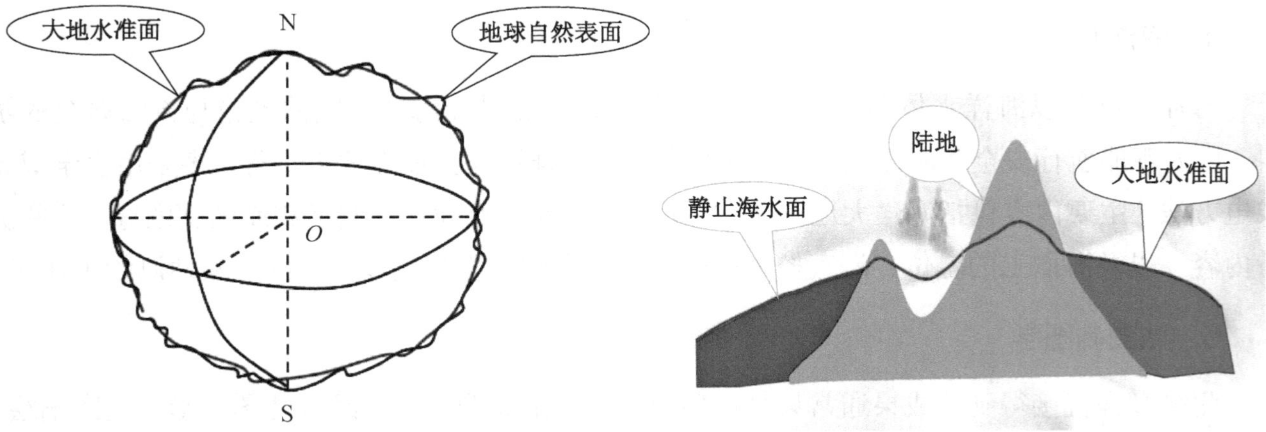

图 2-1 大地水准面

大地水准面包围的球体称为大地体，是对地球形体的一级逼近。从大地水准面起算的陆地高度，称为绝对高程或海拔。大地水准面具有以下性质。

（1）大地水准面是描述地球形状的物理参考面，由其起算的陆地高度称为海拔（Altitude）或绝对高程，在测量学中又称为正高（Orthometric Height）。

（2）由大地水准面包围的地球体称为大地体（Geoid Ellipsoid）。

（3）大地水准面表面起伏不平，可以反映地球内部的物质结构和密度分布等信息。

（4）大地水准面是一个重力等位面，而测量工作时铅垂线方向（重力方向）又易于取得，所以通常采用大地水准面作为高程测量的基准面。

大地水准面的表面并不规则，很难用简单的数学方法精确表述，不便于直接用于计算。因此，需要用一个更为规则的数学曲面来近似代替大地水准面，并对测量结果进行必要的改正。

2. 参考椭球体（面）

大地水准面定义了大地体的表面形状，但未能给出其整体的数学定义。假设大地体绕其短轴（地轴）匀速旋转，就会形成一个表面光滑的旋转椭球体，称为地球椭球体（Earth Ellipsoid，也称为地球椭球）。在测量和制图中常用地球椭球体来近似代表地球的大小和形状。地球椭球体的表面是一个规则的数学表面，是对地球形体的二级逼近。描述地球椭球体的三要素包括长轴（a）、短轴（b）和扁率（f）。一个理想的地球椭球体需要满足以下四个条件。

（1）地球椭球体的中心与地球的质心重合。

（2）地球椭球体的短轴与地球的自转轴（地轴）重合。

（3）地球椭球体的起始大地子午面与起始天文子午面重合。

（4）长轴、短轴及扁率的误差平方和最小。

即使满足上述条件，地球椭球体仍然是一个理论模型。实际应用中，必须确定大地水准面与该地球椭球体表面（称为地球椭球面）之间的相对关系。根据不同的定义方法和参数，可以得出不同的地球椭球体模型。每个国家或区域通常会选择一个与本区域大地水准面符合得最好的地球椭球体模型，作为参考椭球体。

通过数学方法将选定的地球椭球体定位（即确定其与地球质心、地轴的相对关系）和定向（确定其起始子午面），将其"摆到"与大地水准面最贴近的位置上，并求出两者各点间的偏差，这项工作就是参考椭球体定位。定位后的参考椭球体从数学上给出对地球形状的三级逼近，其主要作用是作为定义经度、纬度和高程的基础，是大地测量和空间定位的基准。地球椭球体和参考椭球体如图 2-2 所示。

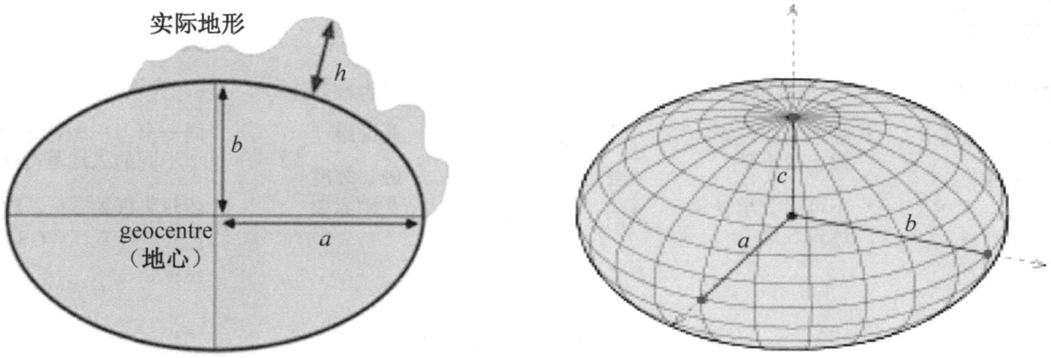

（a）地球椭球体　　　　（b）参考椭球体

图 2-2　地球椭球体和参考椭球体

3. 大地基准面

为了使选定的参考椭球面尽可能贴合特定区域的大地水准面，人们会选择一个合适的参考椭球体模型。参考椭球面与真实的大地水准面无法完全贴合。即使使用同一个参考椭球体模型，由于不同地区需要优先使参考椭球面最贴合本地区的大地水准面，因此需要通过调整参考椭球体的位置和方向定位来实现，这样最终得到的参考椭球体的表面就是大地基准面。不同地区的大地基准面也不同，如图 2-3 所示。

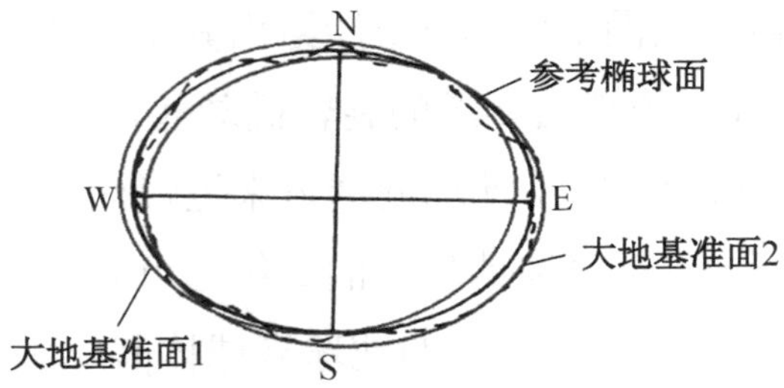

图 2-3　大地基准面

大地基准面是通过特定的参考椭球体并经过定位调整后，形成的用于逼近特定区域地球表面的参考框架。因此，每个国家或地区均有各自的大地基准面。我们常说的 1954 北京坐标系（北京 54 坐标系）、1980 西安坐标系（西安 80 坐标系）、WGS-84 坐标系实际上指的就是所采用的大地基准面。

参考椭球体与大地基准面之间的关系是一对多的关系，即大地基准面是在参考椭球体基础上建立的，但参考椭球体不能代表大地基准面，同一个参考椭球体能定义不同的大地基准面。大地基准面的确立方法如图 2-4 所示。

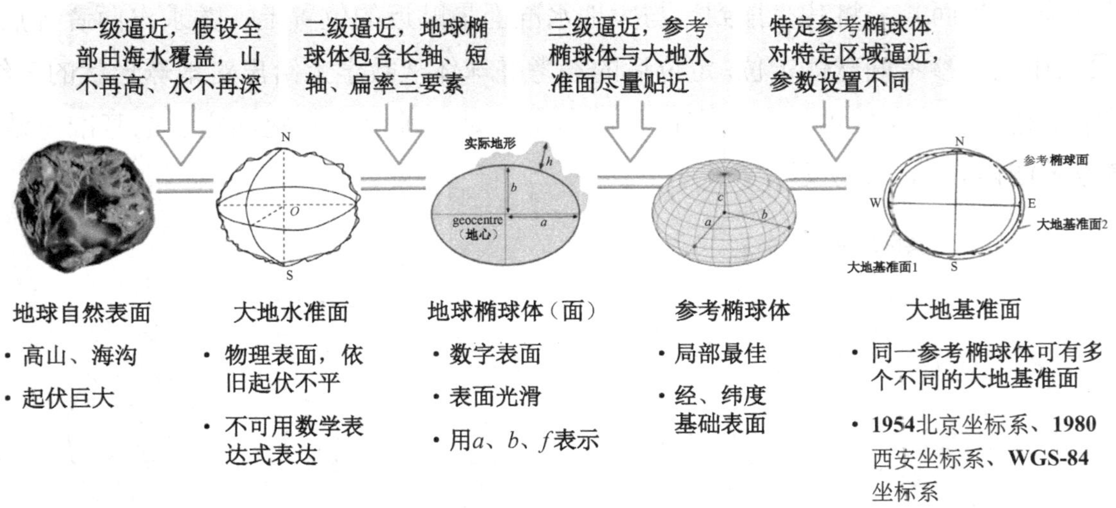

图 2-4　大地基准面的确立方法

2.2.2　测绘坐标系

坐标系是描述空间位置的数学框架。地球上的任何一点都有其相应的空间位置，为了度量该位置，需要建立坐标系统。测绘中常用的坐标系统是以地球参考椭球体为依据建立的，一般采用三种方式。

1. 地理（大地）坐标系

地理坐标系也称为大地坐标系，用大地经度（L）、大地纬度（B）和大地高（H）来描述参考椭球面上任意一点的空间位置。地球环绕其自转轴旋转，该轴称为地轴，轴的两端分别为南极和北极。垂直于地轴的平面与参考椭球面相交形成的圆称为纬线（Latitude），其中经过地心（地球质心）并垂直于地轴的平面与参考椭球面相交形成的圆称为赤道（Equator），定义为0°纬线，赤道以北的纬线称为北纬（N），以南的纬线称为南纬（S）。经过南北极并垂直于纬线的平面与参考椭球面相交成圆，再被南北极一分为二的半圆称为经线（Longitude），经线也称为子午线。经过英国格林尼治天文台旧址的经线称为本初子午线，也是0°经线，本初子午线以西的经线称为西经（W），以东的经线称为东经（E）。

设地面上有一点 P，通过点 P 作参考椭球面的垂线，称之为过点 P 的法线。该法线与赤道面的夹角是点 P 的纬度，以字母 B 表示。过点 P 的子午面与通过英国格林尼治天文台的子午面所夹的二面角是点 P 的经度，以字母 L 表示。大地高 H 是空间点 P 沿参考椭球体的法线方向到参考椭球面的距离，如图2-5所示。

2. 空间直角坐标系

空间直角坐标系的坐标系原点位于参考椭球体的中心，Z 轴指向参考椭球体地轴的北极，X 轴指向本初子午线与赤道的交点，Y 轴位于赤道面上，且按右手直角坐标系定则与 Z 轴、X 轴垂直。某点在空间中的坐标可用该点在此坐标系各坐标轴上的投影坐标来表示，如图2-6所示。

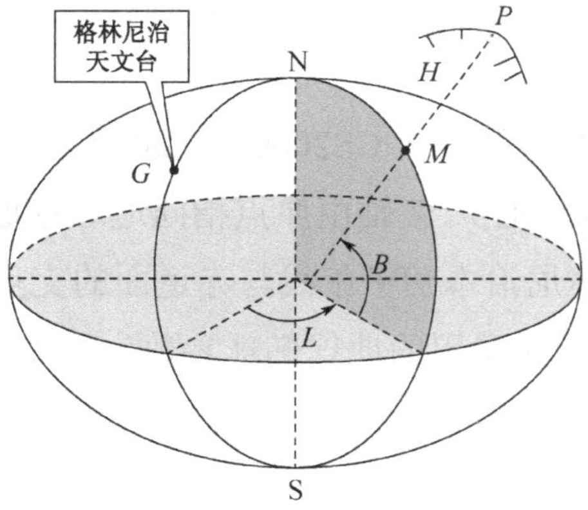

图2-5　大地坐标系

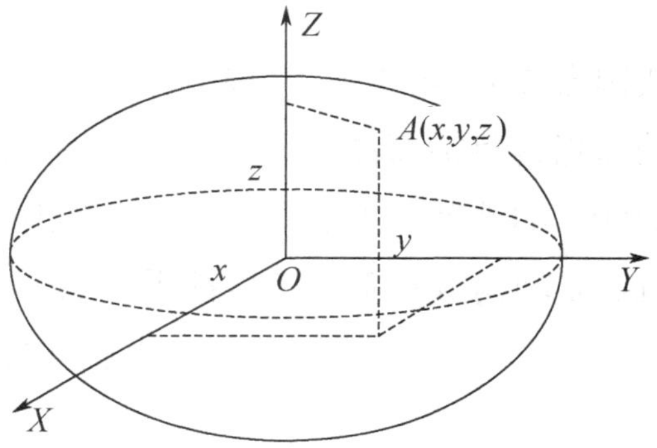

图2-6　空间直角坐标系

3. 平面（直角）坐标系

由于常用的地图基本是二维平面的，人们习惯于使用平面坐标系。平面坐标系用 XY 表示。将球体的空间坐标（空间直角坐标或大地坐标）转换成平面坐标需要利用投影变换，即通过某种数学变换将空间坐标映射到平面上。投影方法有多种，如高斯投影、墨卡托投影、通用横轴墨卡托投影（UTM）、兰勃特（Lambert）投影等，其主要目的是使当地的坐标最准确。我国采用的是高斯-克吕格投影，也称为高斯投影。

2.2.3 我国的测绘基准

统一的测绘基准和测绘系统是各类测绘工程的基础。由国家设立的全国统一采用的大地基准、高程基准和重力基准，其数据由国家测绘行政主管部门审核，并与国务院其他有关部门、军队测绘主管部门会商后，报国务院批准。我国建立了全国统一的大地坐标系统、平面坐标系统、高程系统、地心坐标系统和重力测量系统。因建设、城市规划和科学研究的需要，大城市和国家重大工程项目确需建立相对独立的平面坐标系统，由国务院测绘行政主管部门批准。其他确需建立相对独立的平面坐标系统，由省、自治区、直辖市人民政府测绘行政主管部门批准。建立相对独立的平面坐标系统，应当与国家坐标系统相联系。我国采用的测绘基准包括平面坐标系统、高程系统和各种控制网。

1. 我国采用的坐标系

我国曾先后采用 1954 北京坐标系、1980 西安坐标系。建国初期，我国参照苏联从 1946 年起采用的克拉索夫斯基（Krassovsky）椭球体，建立了全国统一的 1954 北京坐标系。该坐标系原点在苏联普尔科沃，1954 年，北京坐标系采用三角形联测的方法，将起始坐标（苏联普尔科沃天文台的大地基点坐标）传递到我国，经各局部外业逐步布测并分别平差后，得到全国三角点的平差结果。

1978 年，我国决定重新对全国天文大地网施行整体平差。采用国际大地测量与地球物理学联合会（International Union of Geodesy and Geophysics，IUGG）推荐的 1975 地球椭球体（IAG75），建立了我国新的大地坐标系——1980 西安坐标系，其大地原点在陕西省泾阳县永乐镇。

我国自 2008 年 7 月 1 日起，启用 2000 国家大地坐标系（CGCS2000）。2000 国家大地坐标系的原点为包括海洋和大气的整个地球的质量中心（地心）。Z 轴由原点指向地球赤道面（历元 2000.0）的地球参考极的方向；X 轴由原点指向格林尼治本初子午线与赤道面的交点；Y 轴与 Z 轴、X 轴构成右手直角坐标系。2000 国家大地坐标系采用的地球椭球参数为

$$\text{长半轴 } a = 6378137\text{m}$$

$$\text{扁率 } f = 1/298.257222101$$

$$\text{地心引力常数 } GM = 398600.4\text{km}^3 \cdot \text{s}^{-2}$$

$$\text{地球自转角速度 } \omega = 7.292115 \times 10^{-5}\text{rad} \cdot \text{s}^{-1}$$

2. 高程系统

高程是地面上某点沿铅垂线方向到高程基准面的距离。最常用的高程系统采用大地水准面作为高程基准面，由其所测得的高程称为绝对高程，即海拔，又称为正高。

我国之前采用 1956 年黄海高程系统，其水准原点设在青岛市观象山。该原点以 1956 年黄海高程系统计算的高程为准（72.289m）。目前采用 1985 国家高程基准，以青岛港验潮站历年记录的黄海平均海水面为高程基准面，水准原点位于青岛市观象山，其高程值为 72.260m。1985 国家高程基准是一个正常高系统，所采用的黄海平均海水面是似大地水准面。1985 国家高程基准于 1987 年 5 月启用，1956 年黄海高程系统同时废止。

3. WGS-84坐标系

WGS-84坐标系的全称是World Geodical System 1984（1984世界大地测量系统），它是目前全球定位系统（GPS）所采用的坐标系。WGS-84坐标系由美国国防部制图局建立，基准面采用WGS-84椭球体，GPS所发布的星历参数就基于此坐标系统。它是一地心坐标系，坐标原点位于地球的质心，Z轴指向BIH（国际时间局，1987年停止运作）1984.0定义的协议地球极方向，X轴指向BIH1984.0的起始子午面和赤道的交点，Y轴与X轴和Z轴构成右手直角坐标系。WGS-84坐标系所采用的地球椭球参数为

$$\text{长半轴}\, a = 6378137\text{m}$$

$$\text{扁率}\, f = 1/298.257223563$$

$$\text{二阶带谐系数}\, \bar{C}_{20} = -484.16548 \times 10^{-6}$$

$$\text{地球自转角速度}\, \omega = 7.292115 \times 10^{-5}\,\text{rad} \cdot \text{s}^{-1}$$

$$\text{地心引力常数}\, GM = 398600.5\text{km}^3 \cdot \text{s}^{-2}$$

4. 控制网

（1）国家平面控制网。

国家平面控制网是将全国大地控制点构成网状，通过测定网中的角度、边长和方位角，推算网点的平面坐标，形成地貌地物平面位置的坐标体系。其按控制等级和施测精度分为一、二、三、四等网。目前提供使用的国家平面控制网含三角点、导线点共154348个，构成1954北京坐标系、1980 西安坐标系两套系统。国家平面控制网的布设原则是：分级布设、逐级控制，布满全国；有足够的精度和密度；须统一规格。我国的国家平面控制网主要采用三角测量方法布设，在西部地区采用导线测量法。

（2）国家高程控制网。

地面点的高程是指该点至某一高程基准面的垂直距离。我国采用似大地水准面（从水准原点按正常重力推算的“近似的”大地水准面）作为高程基准面，相应的高程系统叫正常高系统。正常高系统是我国的法定高程系统。国家高程控制网是确定地貌地物海拔高程的坐标系统，按控制等级和施测精度分为一、二、三、四等网。目前提供使用的1985国家高程系统共有114041个水准点成果，水准路线长度为 416619.1km。国家高程控制测量采用水准测量方法布设水准网。国家水准网的布设原则：由高级到低级、从整体到局部逐级控制、逐级加密。国家水准网的布设形式以环形水准网为主，三、四等可布设闭合水准路线或附合水准路线。

（3）重力测量控制网。

重力测量控制网分为重力基本网、一等重力网和二等重力点。国家重力基本网是确定我国重力加速度数值的坐标体系。重力成果在研究地球形状、精确处理大地测量观测数据、发展空间技术、地球物理、地质勘探、地震、天文、计量和高能物理等方面有着广泛的应用。目前使用的2000国家重力基本网由原国家测绘局、原中国人民解放军总参谋部测绘局和中国地震局于2000年至2002年联合实施，从2003年开始投入使用。该网由21个重力基准点（绝对重力

点）、126个重力基本点（相对重力点）和112个基本点引点共计259个重力控制点组成；覆盖范围涵盖我国大陆地区及部分海域；全网实际精度为$\pm10\times10^{-8}m/s^2$，其中基准点精度为$\pm5\times10^{-8}m/s^2$。一等重力网是在重力基本网基础上建立的次级重力加密控制网。二等重力点是一等重力网的加密。

（4）国家GPS控制网。

2000国家GPS控制网由原国家测绘局布设的高精度GPS A、B级网，原中国人民解放军总参谋部测绘局布设的GPS一、二级网，以及中国地震局、原中国人民解放军总参谋部测绘局、中国科学院、原国家测绘局共建的中国地壳运动观测网组成。该控制网整合了上述三个大型的、有重要影响力的GPS观测网的成果，共包含约2609个点。通过联合数据处理将其统一归算至一个坐标参考体系，可满足现代测量技术对地心坐标的需求，同时为建立和维持我国新一代的地心坐标系统奠定了坚实的基础。

2.3 地图投影和分幅

2.3.1 地图投影

1. 地图投影基本概念

地图通常是绘制在平面介质上的，而地球表面是曲面。因此，制图时首先需要将曲面展开为平面。然而，球体表面是不可展曲面，地图投影即是由曲面到平面的转换过程。设想地球是一个透明球体，在球心放置一个点光源（投影中心）向四周辐射光线。球面上的点通过光线投射到可展面（投影面）上，得到投影点。然后将投影面展开，按照比例尺制成地形图。地图投影原理如图2-7所示。

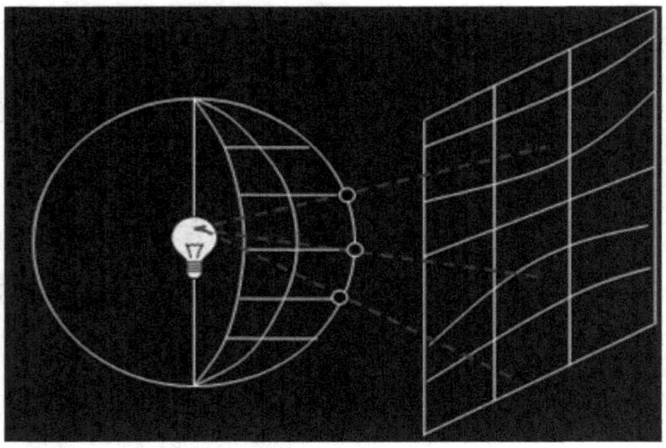

图2-7 地图投影原理

地图投影是研究将地球椭球体面上的经纬网按照一定的数学法则转绘到平面上的理论和方法。任何一种投影都必须基于一个特定的椭球体模型，通过投影算法将球面坐标（经度，维度）转换为平面坐标(X, Y)。

由于投影是一种数学变换，任何一种投影都产生一定的变形。按照变形性质，投影方法主要分为：等角投影（Conformal Projection 或 Equiangle Projection）、等积投影（Equivalent Projection）、等距投影（Equidistant Projection）、正方位投影（Zenithal Projection）。根据名称可以知道每种投影方法保留了数据的某些几何属性，在实际应用中，可以根据地图用途的需求选择具有相应特性的投影方法。

按照投影面的几何形状，投影方法又可分为圆柱投影、圆锥投影、方位投影。如图 2-8 所示为不同地图投影的构成方法及其成图效果。

地图投影方法的选择将直接影响地图的精度和使用价值。通常，地图投影对中小比例尺地形图的影响很大，对于大比例尺地形图的影响相对较小。各国国家基本比例尺地形图所采用的地图投影方法通常由国家测绘部门统一规定，不允许随便更改。选择地图投影方法的主要依据包括目标区域的地理位置、轮廓形状、地图用途，以及地图比例尺。

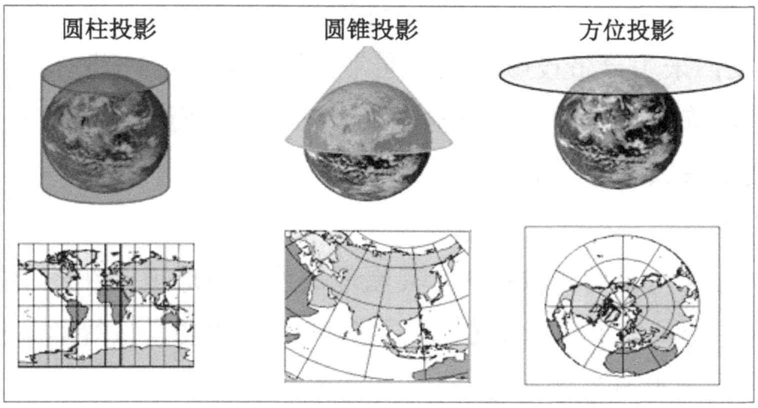

图 2-8　不同地图投影的构成方法及其成图效果

2. 常用地图投影

（1）高斯-克吕格投影。

我国大中比例尺地形图均采用高斯-克吕格（Gauss-Krüger）投影。该投影是由德国数学家、物理学家、天文学家高斯（Gauss）于 19 世纪 20 年代提出的基本构想，后经德国大地测量学家克吕格（Krüger）于 1912 年对投影公式加以补充，发展成为一种横轴等角切椭圆柱投影。高斯-克吕格投影如图 2-9 所示。

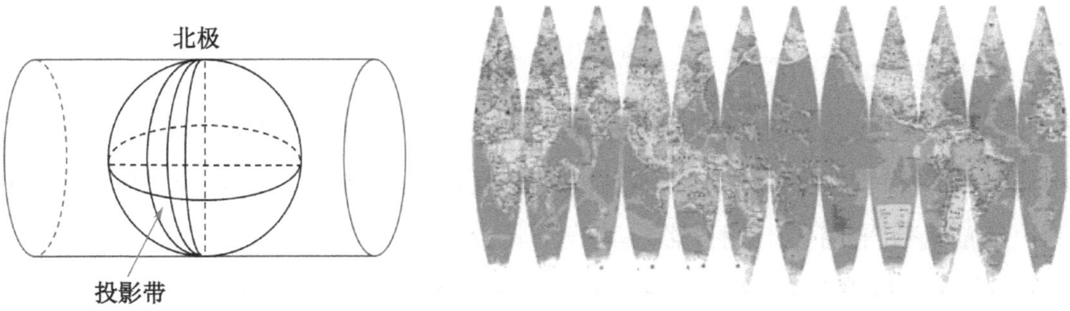

图 2-9　高斯-克吕格投影

高斯-克吕格投影方法是以一个椭圆柱面作为投影面，使地球椭球体的某一经线与椭圆柱面相切，然后按等角条件，将中央经线两侧一定范围内的区域投影到椭圆柱面上，再将椭圆柱面沿母线剪开展成平面，即得到高斯-克吕格投影平面。

高斯-克吕格投影后，除中央经线和赤道投影为互相垂直的直线外，其他经线均为对称于中央经线的曲线。该投影没有角度变形，在长度和面积上变形也很小，中央经线无变形，自中央经线向投影带边缘，变形逐渐增加，其特点如下。

① 在中央经线上，纬线间隔相等；在赤道上，经线间隔自投影中心（中央经线与赤道交点）向东、向西逐渐增大。

② 中央经线附近变形小，向东、向西方向变形逐渐增大。长度变形与面积变形均较小，其中在6° 投影带（也称为6° 带）内，长度变形最大不超过0.14%，面积变形最大不超过0.27%。

③ 在同一条经线上，长度变形随纬度的降低而增大，在赤道处达到最大；在同一条纬线上，长度变形随经差的增加而增大，且增大速度较快。

④ 为保证精度，采用分带投影方法，通常按经差6° 或3° 进行分带。中央经线投影后为坐标纵轴（*X* 轴），赤道投影后为坐标横轴（*Y* 轴），从而构成高斯平面直角坐标系。在6° 带范围内，长度变形最大不超过0.14%。

（2）墨卡托投影。

墨卡托投影又称等角正切圆柱投影。其原理是设想地球被围在一个中空的圆柱里，标准纬线与圆柱相切接触，光源位于地球中心，将地球表面上的要素按等角条件投影到圆柱面上，再将圆柱面展开成平面，如图2-10所示。

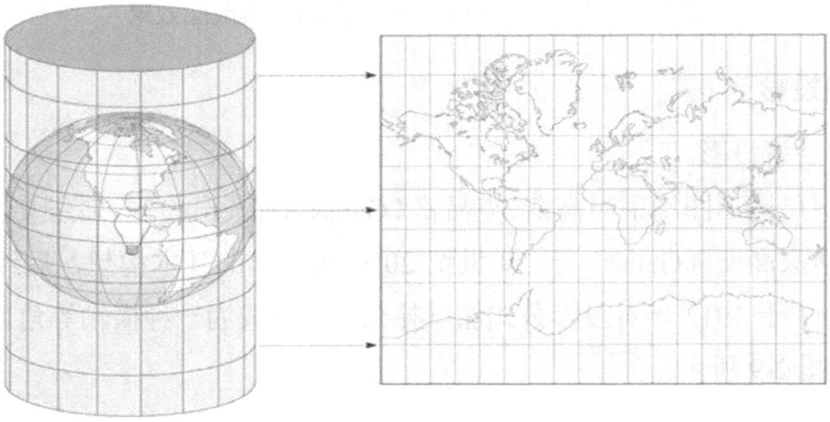

图2-10　墨卡托投影

墨卡托投影的主要优点是没有角度变形，在地形图上能保持方向和角度正确，因此，这种地图常用作航海图和航空图。《海底地形图编绘规范》（GB/T 17834—1999）规定1∶25万及更小比例尺的航海图采用墨卡托投影，其投影特点如下。

① 投影没有角度变形，由每一点向各方向的长度比（投影长度/实地长度）相等。经纬线都是平行直线，且相交成直角，经线间隔相等，标准纬线（赤道）无变形，纬线间隔从标准纬线向两极逐渐增大。

② 投影中长度和面积变形明显，尤其是高纬度地区面积变形最大。但该投影具有各个方向均等扩大的特性，保持了方向和相互位置关系的正确。

③ 在地图上保持方向和角度的正确，如果沿着墨卡托投影图上两点间的直线航行，方向不变可以一直到达目的地，这为舰船在航行中定位和确定航向提供了极大便利。

（3）通用横轴墨卡托投影。

通用横轴墨卡托投影（UTM）如图 2-11 所示，是一种横轴等角割椭圆柱投影。该投影以横置的椭圆柱面割于地球椭球体的两条等高圈（通常位于距中央子午线约 180km 处），按等角条件，将中央子午线两侧一定范围内的区域投影到椭圆柱面上，再将其展成平面而得。

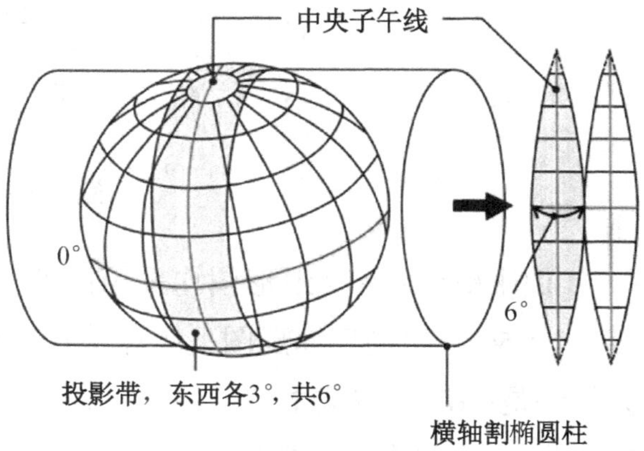

图 2-11 通用横轴墨卡托投影

投影无角度变形，中央经线（中央子午线）长度变形比为 0.9996，距中央经线约±180km 处的两条割线上长度无变形。采用分带投影方法，按经差 6° 或 3° 分带，在 6° 带内长度变形最大不超过 0.04%。投影带编号自西向东排列，第 1 带在西经 177° （自 180° 经线起始）。通用横轴墨卡托投影的其他特点与高斯投影类似，可视为改进的高斯投影（也称高斯-克吕格投影）。

（4）兰勃特投影。

兰勃特（Lambert）投影通常是指等角正轴割圆锥投影，如图 2-12 所示。等角投影后，纬线为同心圆弧，经线为直线，且经线与纬线处处正交。国际上常用此投影编制 1∶100 万地形图和航空图。

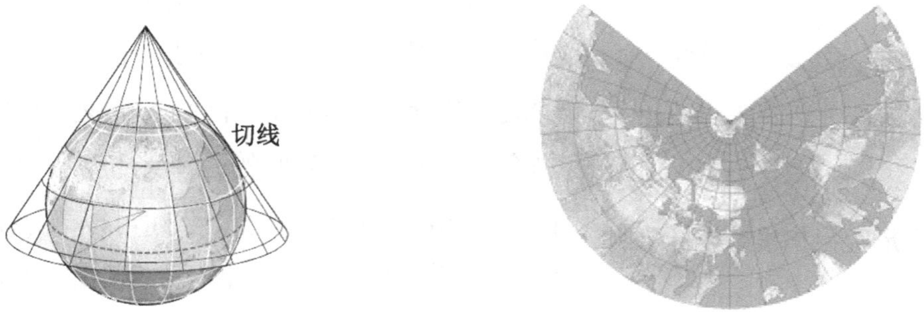

图 2-12 兰勃特投影

3. 投影分带

任何一种投影都存在一定的变形，为有效控制高斯投影的长度变形，需将地球椭球面划分成若干投影带进行投影。分带时既要控制长度变形，又要使带数不至于过多以减少换带计算工作量。据此，通常沿子午线方向将地球椭球面划分为经差相等的瓜瓣形地带。一般带的宽度分为经差 6° 带和 3° 带，如图 2-13 所示。

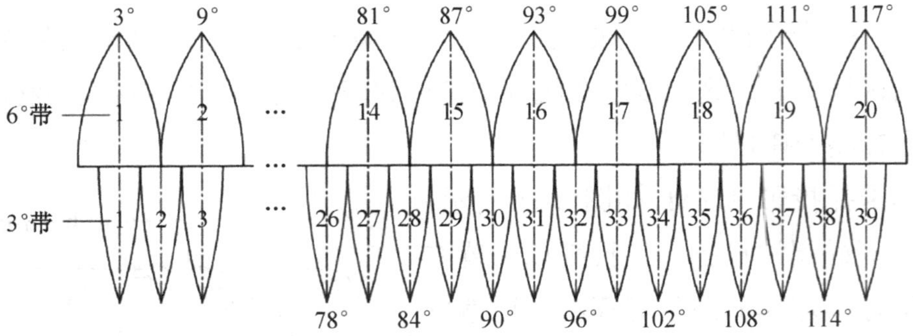

图 2-13　经差 6° 带和 3° 带

我国大中比例尺地形图均采用高斯-克吕格投影，通常是按 6° 和 3° 分带投影，1∶2.5 万～1∶50 万比例尺地形图采用经差 6° 分带，1∶1 万比例尺的地形图采用经差 3° 分带。具体分带法是：6° 分带从本初子午线（0° 经线）开始，按经差 6° 为一个投影带自西向东划分，全球共分 60 个投影带，带号分别为 1～60；3° 分带是从东经 1° 30′经线开始，按经差 3° 为一个投影带自西向东划分，全球共分 120 个投影带。我国的经度范围西起 73° 东至 135°，可分成 11 个 6° 带，各带中央子午线依次为 75°、81°、87°、…、117°、123°、129°、135°；或分成 22 个 3° 带。

为了便于地形图的测量作业，在高斯-克吕格投影带内布置了平面直角坐标系统。该坐标系统规定：中央子午线为 X 轴，赤道为 Y 轴，中央子午线与赤道交点为坐标原点，X 值在北半球为正，南半球为负，Y 值在中央子午线以东为正，以西为负。由于我国疆域均位于北半球，X 值均为正值，为了避免 Y 值出现负值，规定各投影带的坐标横轴均向西平移 500km。平移后，原位于中央子午线上的点，其横坐标 Y 值由 0 变为 500km。为区分不同投影带内的点位坐标，可以在每个点位横坐标 Y 值的百千米位数前加上所在的带号，例如，20 带内 P 点的横坐标可以表示为 Y=20678km，我国高斯-克吕格投影坐标示例如图 2-14 所示。

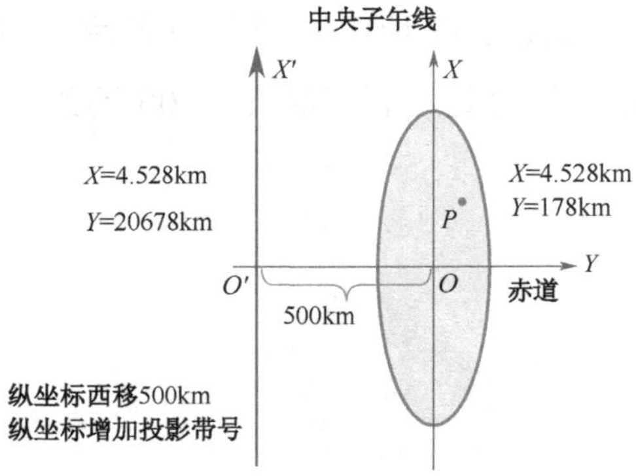

图 2-14　我国高斯-克吕格投影坐标示例

2.3.2　地图比例尺

地图上某一线段的长度与地面上相应线段水平投影长度之比，称为地图比例尺，即

比例尺=地图上距离/实地距离

比例尺的表示方法主要包括数字比例尺、文字比例尺、图示比例尺（直线比例尺）和面积比例尺。

（1）数字比例尺：以分数或比例形式表示，如 1/10000 或 1∶1 万。表示地图上（沿特定方向）1 单位长度代表地球表面上的 10000 单位长度。

（2）文字比例尺：用文字描述地图上距离与实地距离的关系。例如，数字比例尺 1∶100000

可描述为“图上 1cm 等于实地 1km”。

（3）图示比例尺（直线比例尺）：常绘制于图例框内或图廓下方，用标有分划的直线段直观表示图上长度对应的实地距离。

（4）面积比例尺：表示图上面积与相应实地面积之比，即图上 1 单位面积（如 cm^2）与实地上同一种平方单位的特定数量之比。例如，线性比例尺为 $1:M$ 时，面积比例尺为 $1:M^2$。

基本比例尺地形图是国家经济建设、社会发展和国防建设的基础用图，也是编制各类专题地图的基础资料。根据我国测绘工作实际，确定下列比例尺为我国的基本比例尺地形图系列。

① 大比例尺地形图（比例尺＞1/1 万）：1∶500、1∶1000、1∶2000、1∶5000。

② 中比例尺地形图（比例尺在 1/1 万～1/10 万）：1∶1 万、1∶2.5 万、1∶5 万、1∶10 万。

③ 小比例尺地形图（比例尺＜1/10 万）：1∶25 万、1∶50 万、1∶100 万。

1∶100 万和 1∶50 万地形图：综合反映制图区域的自然地理和社会经济概况，是国家各部门共同需要的基础地理信息平台。主要用于经济建设总体规划、经济与生产力布局、国土资源开发利用的规划与管理（作为工作底图）、国防建设，以及作为编制更小比例尺普通地形图和专题地图的地理底图。

1∶25 万地形图：较全面和系统地反映区域自然地理条件和经济概况。主要用于较大范围的区域总体规划、查勘计划、资源开发利用与自然地理调查、国防建设，也可作为编制更小比例尺地形图或专题地图的基础资料。

1∶10 万地形图：主要用于一定范围内的较详细地形研究和评价。服务于我国国民经济各部门的勘察、规划、设计、科研、教学等，也是军队的战术用图（用于国防工程的规划和设计等），同时也是编制更小比例尺地形图或专题地图的基础资料。

1∶5 万地形图：是我国国民经济各部门和国防建设的基本用图，用途与 1∶10 万地形图类似，但内容更详尽，精度更高。

1∶2.5 万和 1∶1 万地形图：主要用于较小范围内的详细地形研究和评价，大比例尺工程勘察、规划、设计，科研和国防建设的特殊需要，以及作为编制更小比例尺地形图或专题地图的基础资料。

1∶5000 地形图：主要用于小范围内的详细地形研究和评价，可供各部门勘察、规划、设计、科研等使用，也可作为编制更小比例尺地形图或专题地图的基础资料。

1∶500、1∶1000、1∶2000 地形图：主要用于小范围内的精确地形研究和评价，可供勘察、规划、设计和施工等工程应用。当对平面控制网有特殊要求时，可采用任意经线作为中央子午线、以当地高程参考面为投影面的独立坐标系。我国各级基本比例尺地形图采用的地图投影和编绘方法如表 2-1 所示。

表 2-1　我国各级基本比例尺地形图采用的地图投影和编绘方法

地图类型	所用地图投影方法	主要技术参数
中国全图	兰勃特投影 （等角正轴割圆锥投影）	投影中心： 维度 $j=27°\ 30'$，经度 $\lambda=+105°$ 或 $j=30°\ 30'$，$\lambda=+105°$ 或 $j=35°\ 00'$，$\lambda=+105°$
中国全图 （南海诸岛做插图）	主图：兰勃特投影（等角正轴割圆锥投影） 插图：等积圆锥投影	标准纬线： $j_1=25°$，$j_2=45°$
中国分省（区）地图 （海南省除外）	兰勃特投影 （等角正轴割圆锥投影）	各省（区）独立选取标准纬线
海南省地图	横轴墨卡托投影 （横轴等角割椭圆柱投影）（3° 分带）	独立选取标准纬线
国家地形图 1∶100 万	兰勃特投影 （等角正轴割圆锥投影）	按国际统一分幅：经差 6°×维差 4°， 标准纬线公式： $j_1=j_s+35'$ $j_2=j_n-35'$
国家地形图 1∶5 万～1∶50 万	高斯-克吕格投影 （6° 分带）	投影带号（N）：13～23 中央子午线：$\lambda_0=(6N-3)°$
国家地形图 1∶5000～1∶2.5 万	高斯-克吕格投影 （3° 分带）	投影带号（N）：24～46 中央子午线：$\lambda_0=(3N)°$
城市地图系列 1∶500～1∶5000	城市独立坐标系 （多采用高斯-克吕格投影局部变形优化）	

2.3.3　地图分幅与编号

地图分幅方法有两种：一种是梯形分幅法（国际分幅法），按经纬线划分图幅，主要用于中、小比例尺国家地形图；另一种是矩形分幅法，按直角坐标格网划分图幅，一般用于城市和工程建设中的大比例尺地形图。常见的地图编号方法有行列式编号法、自然序数编号法、行列-自然序数编号法。

1. 梯形分幅法

我国基本比例尺地形图的分幅与编号是在国际规定的 1∶100 万地形图的基础上，按经纬度进行分幅和编号的。1∶100 万地形图按照纬差 4°、经差 6° 分幅，即从地球赤道起，向两极每 4° 纬度为一行，依次用字母 A，B，C，…，V 表示（至维度 88°）；从西经 180° 起，向东每 6° 经度为一列，依次用数字 1，2，3，…，60 表示。每个图幅的编号由该图幅所在的行号（字符码）和列号（数字码）组成。例如，北京在 1∶100 万地形图上的图幅处于第 J 行第 50 列，故编号为 J50。全球 1∶100 万梯形分幅法地形图如图 2-15 所示。

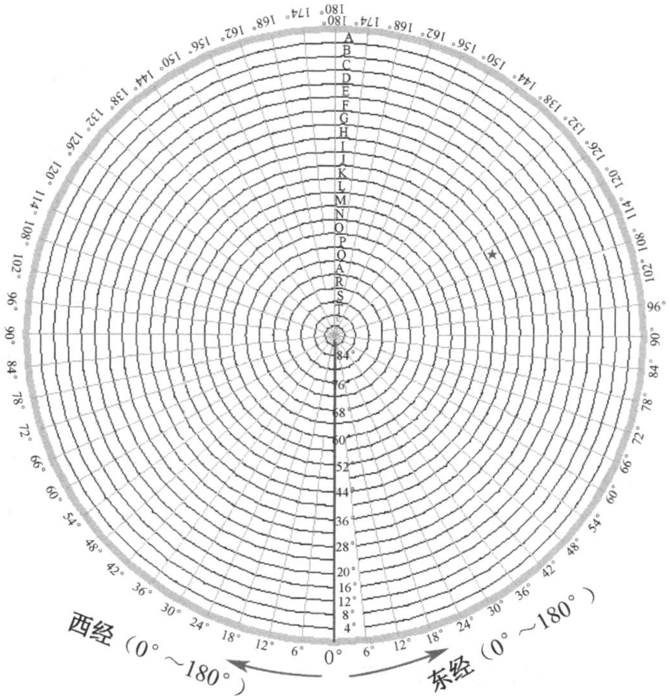

图 2-15　全球 1：100 万梯形分幅法地形图

在 1992 年前，我国 1：50 万、1：25 万、1：10 万地形图的分幅在 1：100 万地形图图幅的基础上，按规定的经差和纬差进行划分。1：5 万、1：2.5 万、1：1 万地形图的分幅在 1：10 万地形图图幅的基础上进行划分。为便于图幅编号的计算机处理，我国于 1992 年制定了《国家基本比例尺地形图分幅和编号》国家标准（现行标准编号为 GB/T 13989—2012）。新标准的特点如下。

分幅基础：仍然以 1：100 万地形图分幅为基础，所有更大比例尺地形图图幅均由 1：100 万地形图图幅逐级加密划分而成。编号规则：仍然以 1：100 万地形图图幅编号为基础，后接相应比例尺代码和该比例尺地形图图幅在 1：100 万地形图图幅内的行、列号，所有编号均由 5 个元素（10 位编码）组成。我国 1：50 万～1：5000 地形图图幅编号的组成如图 2-16 所示。

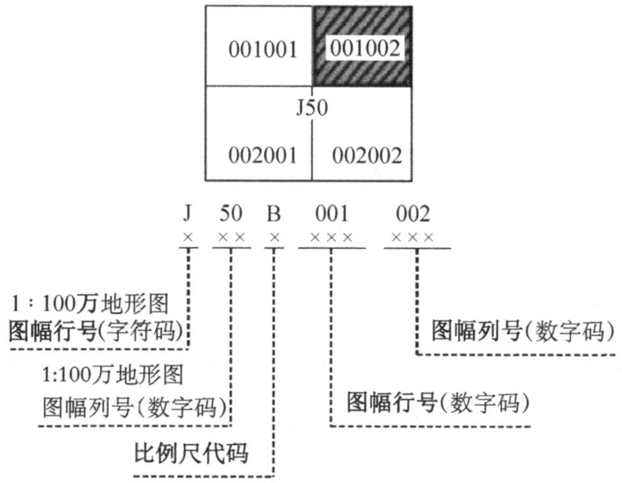

图 2-16　我国 1：50 万～1：5000 地形图图幅编号的组成

2. 矩形分幅法

为满足工程设计和施工需要，大比例尺地形图（如城市图、工程图）通常采用按纵横坐标格网线等间距分幅的矩形分幅法。图幅编号一般采用坐标编号法，由图幅西南角纵坐标 X 和横坐标 Y 组成编号，1∶5000 地形图坐标值取至 1km，1∶2000、1∶1000 地形图坐标值取至 0.1km，1∶500 地形图坐标值取至 0.01km。

1∶500、1∶1000、1∶2000 地形图一般采用 50cm×50cm 正方形分幅或 40cm×50cm 矩形分幅。基本图幅编号常以 1∶5000 地形图图幅编号为基础，在 1∶5000 地形图图幅编号后，加上代表其在 1∶5000 地形图图幅内位置的罗马数字（如 I，II，III，IV）。例如，如某 1∶5000 地形图图幅编号为 20-60，则其包含的 1∶2000 地形图图幅编号可能为 20-60-II，1∶100 或 1∶500 地形图图幅编号可能为 20-60-III 等。1∶5000 基本地形图图幅编号如图 2-17 所示。

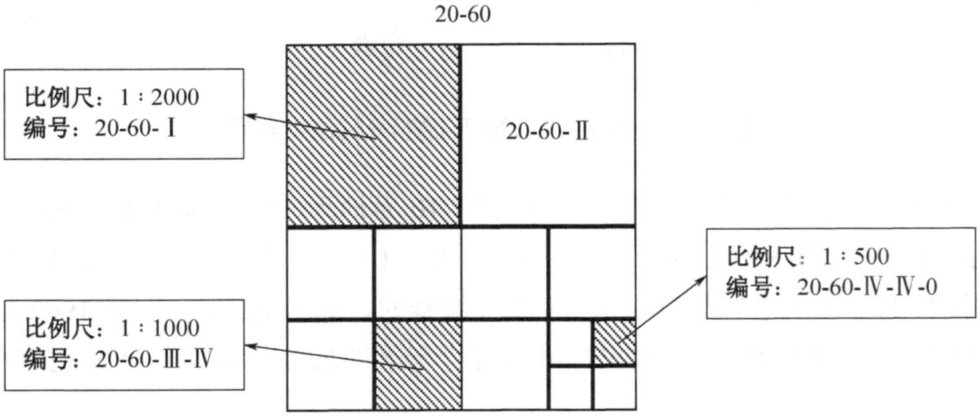

图 2-17　1∶5000 基本地形图图幅编号

2.4　测量误差理论

为研究测量误差的来源、性质及其产生和传播的规律，解决测量工作中的实际问题而建立起来的理论概念和方法体系，称为“测量误差理论”。

2.4.1　测量误差及分类

在实际的测量工作中发现，对某一个量进行多次重复观测时，其测量的结果总存在差异。这种差异是测量工作中普遍存在的现象，是由观测值中包含的各种误差引起的。

1. 误差来源

产生观测误差的原因可概括为三个方面。

（1）观测者：测量由观测者完成。受感觉器官局限性的影响，在仪器的安置、校准、读数等操作中都可能产生误差。此外，观测者的技术熟练程度和工作态度也会对观测结果的精度带来不同程度的影响。

（2）测量仪器：测量需借助专业的仪器、工具。仪器、工具精度有限及其构造上的缺陷，均会使观测结果产生误差。

（3）外界观测条件：测量是在一定的外界环境（如温度、湿度、风力、光照）下进行的。这些条件的差异和变化会导致误差（例如，温度变化引起钢尺伸缩、风力和光照影响仪器的稳定性）。观测条件相同的各次观测称为等精度观测；观测条件不相同的称为不等精度观测。

2. 误差分类

按性质不同，观测误差可分为系统误差、偶然误差和粗差。

（1）系统误差：由仪器制造或校正不精准、观测者的固定习惯、测量时的外界条件、仪器检定不一致等因素引起。在相同的观测条件下，系统误差的符号和数值大小保持恒定或按确定的规律变化。

一方面，系统误差具有积累性，对测量结果的影响较大。另一方面，系统误差具有一定的规律性，可通过计算公式加以改正，或采用一定的测量措施加以消除或削弱。

（2）偶然误差：在相同的观测条件下对某个量进行一系列观测，误差出现的符号和数值大小均呈现随机性，表面上没有规律，但实际上服从统计规律，这样的误差叫作随机误差。随机误差可分为两种，一种是误差的数学期望不为零的部分，称为随机性系统误差；另一种是误差的数学期望为零的部分，称为偶然误差。

偶然误差是由人眼分辨力、温湿度微小波动等不可控随机因素引起的。但偶然误差具有抵偿性，即通过多次观测取其平均值，可以削弱其影响。偶然误差无法完全避免或消除，但可通过适当的方法加以限制，如最小二乘法。

（3）粗差（错误）：在测量工作中还可能发生错误，例如，瞄错目标、读错读数等，通常称这类异常误差为粗差。粗差由主观疏忽或客观干扰引起。含有粗差的观测成果是不合格的，必须采取一定的措施剔除或重新观测。

为防止错误的产生并提高观测成果的质量，在测量工作中，实际观测数量通常要多于要求观测数量，多出的部分即为多余观测。通过多余观测可以检验和发现观测值中的粗差。有了多余观测，观测值之间必然产生差值（不符值、闭合差），因此可根据差值的大小评定测量的精度（精确程度）。若差值大到一定的程度，就认为观测值中有粗差，称为误差超限。若差值不超限，则按偶然误差的规律加以处理，称为闭合差调整，以求得最可靠的测量结果。

3. 偶然误差的特性

测量误差理论主要研究含有偶然误差的一系列观测值，解决求取最可靠结果及评定观测成果的精度问题。为此，需要深入理解偶然误差的性质。设某个量的真值为 X，对此量进行 n

次观测，得到的观测值为l_1，l_2，…，l_n，每次观测中，观测值和真值之间的差值为偶然误差（又称真误差），其大小为Δ_1，Δ_2，…，Δ_n，定义如下：

$$\Delta_i = X - l_i \quad (i = 1, 2, \cdots, n) \tag{2-1}$$

就单个偶然误差而言，其符号和数值的大小没有任何规律。但是，若观测的次数很多，偶然误差就能发现隐藏在偶然性下面的必然性规律。大量实验统计结果证明了偶然误差具有如下特性。

（1）有限性：在给定的观测条件下，偶然误差的绝对值不超过一定的限度。

（2）集中性：绝对值小的误差出现频率高于绝对值大的误差。

（3）对称性：绝对值相等的正、负误差出现的概率相等。

（4）抵偿性：当观测次数无限增多时，偶然误差的算术平均值趋近于零，用公式表示为

$$\lim_{n\to\infty}\frac{[\Delta]}{n} = 0 \tag{2-2}$$

式中，[ ]表示取括号中数值的代数和，即$[\Delta] = \Delta_1 + \Delta_2 + \cdots + \Delta_n$；$n$为$\Delta$的个数。当误差的个数$n \to \infty$，且误差区间d$\Delta$足够小时，偶然误差服从正态分布，其数学表达式为

$$y = f(\Delta) = \frac{1}{\sigma\sqrt{2\pi}}\mathrm{e}^{-\frac{\Delta^2}{2\sigma^2}} \tag{2-3}$$

式中，π=3.1416 为圆周率；e =2.7183 为自然对数的底；σ为标准差，标准差的平方σ^2称为方差，是偶然误差平方的理论平均值，其数学表达式为

$$\sigma^2 = \lim_{n\to\infty}\frac{\Delta_1^2 + \Delta_2^2 + \cdots + \Delta_n^2}{n} = \lim_{n\to\infty}\frac{[\Delta\Delta]}{n} \tag{2-4}$$

标准差σ为

$$\sigma = \pm\lim_{n\to\infty}\sqrt{\frac{[\Delta\Delta]}{n}} \tag{2-5}$$

由式（2-5）可知，标准差σ的大小反映了该观测条件下偶然误差分布的离散程度。因其计算涉及误差的平方和，绝对值较大的偶然误差对其值影响显著。式（2-5）称为正态分布的密度函数，它以偶然误差Δ为自变量，标准差σ为密度函数的唯一参数。

2.4.2 评定精度的标准

评定观测结果精度的常用标准包括中误差、相对误差和容许误差。

1. 中误差

在一定观测条件下，观测结果的精度通常用标准差σ表示。然而，在实际测量工作中，不可能对某个量进行无限次观测，故无法获得理论标准差。因此，定义由有限次观测的偶然误差计算得到的标准差近似值为中误差，也称均方误差，一般用 m 表示。在等精度观测列中，中误差m定义为各偶然误差平方的平均数的平方根，公式为

$$m=\pm\sqrt{\frac{\Delta_1^2+\Delta_2^2+\cdots+\Delta_n^2}{n}}=\pm\sqrt{\frac{[\Delta\Delta]}{n}}=\sqrt{\frac{\sum_{i=1}^{n}\Delta_i^2}{n}} \quad (2\text{-}6)$$

式中，Δ_i 为各观测值的偶然误差（真误差），n 为观测次数，$[\Delta\Delta]=\sum_{i=1}^{n}\Delta_i^2$ 表示偶然误差的平方和。

【例】设有两组等精度观测列，其真误差分别如下。

第一组：−3″、+3″、−1″、−3″、+4″、+2″、−1″、−4″

第二组：+1″、−5″、−1″、+6″、−4″、0″、+3″、−1″

试求这两组观测值的中误差。

解：$m_1=\pm\sqrt{\frac{9+9+1+9+16+4+1+16}{8}}=2.9''$

$m_2=\pm\sqrt{\frac{1+25+1+36+16+0+9+1}{8}}=3.3''$

比较 m_1 和 m_2 可知，第一组观测值的精度要比第二组高。

2. 相对误差

在某些测量工作中，仅用中误差还不能反映出观测的质量及观测量的精度高低。例如，用钢尺分别丈量200m和100m两段距离，观测值的中误差均是±0.02m。虽然两者的中误差相同，但考虑单位长度上的误差，前者精度更高。因此，为了客观反映实际精度，常采用相对误差。

观测值中误差 m 的绝对值与相应观测值 D 的比值称为相对误差，用字母 K 表示

$$K=\frac{|m|}{D}$$

相对误差 K 是一个无量纲数，常用分子为1的分数 $\frac{1}{N}$ 表示，其中 $N=\frac{D}{|m|}$。

上例中，200m距离的相对中误差为 $K_1=0.02/200=1/10000$，而100m距离的相对中误差则为 $K_2=0.02/100=1/5000$，所以200m距离丈量的精度高于100m距离丈量的精度。

3. 容许误差

根据偶然误差的有限性特性，在一定的观测条件下，偶然误差的绝对值不会超过一定的限值，这个限值称为容许误差或极限误差。根据误差理论和大量实践证明，在一系列的等精度观测误差中，真误差绝对值大于中误差的概率约为32%；大于2倍中误差的概率约为5%；大于3倍中误差的概率约为0.3%。也就是说，大于3倍中误差的真误差绝对值出现的可能性极小。因此，通常以2倍中误差或3倍中误差作为偶然误差的容许误差极限。

$$\Delta_{容}=2m \quad 或 \quad \Delta_{容}=3m \quad (2\text{-}7)$$

其中，$\Delta_{容}=2m$ 要求较严格，$\Delta_{容}=3m$ 要求较宽松。若测量中出现某观测值的误差绝对值大于容许误差是不正常的，则认为该观测值中存在粗差，应剔除并重测观测值。

2.4.3 观测值的精度评定

1. 算术平均值

对某未知量进行 n 次等精度观测，其观测值分别为 l_1，l_2，…，l_n，取这些观测值的算术平均值 x 作为该未知量的最可靠的数值，即最或然值（也称为最或是值），表达式为

$$x=\frac{l_1+l_2+\cdots+l_n}{n}=\frac{[l]}{n} \tag{2-8}$$

下面根据偶然误差的特性来说明算术平均值 x 作为某量的最或然值的合理性和可靠性。设某量的真值为 X，各观测值为 l_1，l_2，…，l_n，其相应的真误差为 Δ_1，Δ_2，…，Δ_n，则

$$\begin{aligned}\Delta_1&=X-l_1\\ \Delta_2&=X-l_2\\ &\vdots\\ \Delta_n&=X-l_n\end{aligned}$$

将等式两端分别相加并除以 n，则

$$\frac{[\Delta]}{n}=X-\frac{[l]}{n}=X-x$$

根据偶然误差的抵偿性，当观测次数 n 无限增大时，$\frac{[\Delta]}{n}$ 就趋近于零，即

$$\lim_{n\to\infty}\frac{[\Delta]}{n}=0$$

由此看出，当观测次数无限大时，算术平均值 x 趋近于该量的真值 X。但在实际工作中不可能进行无限次的观测，这样，虽然算术平均值不等于真值，但是根据此性质，可以认为有限次观测值的算术平均值是该量的最可靠估值，即最或然值。

2. 观测值的改正数

观测值的改正数（或残差）（以 v 表示）定义为算术平均值（最或然值）与观测值之差，即

$$\begin{aligned}v_1&=x-l_1\\ v_2&=x-l_2\\ &\vdots\\ v_n&=x-l_n\end{aligned} \tag{2-9}$$

将等式两端分别相加，得 $[v]=nx-[l]$，将 $x=\frac{[l]}{n}$ 代入式（2-9），得

$$[v]=n\frac{[l]}{n}-[l]=0 \tag{2-10}$$

因此，一组等精度观测值的改正数之和恒等于零，这一结论可用于计算校核。另外，设在式（2-8）中以 x 为自变量（待定值），则改正数 v_i 为自变量 x 的函数。如果使改正数的平方和为最小值，即

$$[vv]_{\min}=(x-l_1)^2+(x-l_2)^2+\cdots+(x-l_n)^2 \tag{2-11}$$

以此为条件（最小二乘原理）来求解，就是高等数学中求条件极值的问题。令式（2-11）的一阶导数为零

$$\frac{\mathrm{d}[vv]}{\mathrm{d}x}=2[(x-l)]=0 \tag{2-12}$$

可得到$nx-[l]=0$，即$x=\frac{[l]}{n}$，此式即式（2-8）。由此可知，取一组等精度观测值的算术平均值x作为最或然值，据此得到的各观测值的改正数是符合最小二乘原理的。

3. 按观测值的改正数计算中误差

在实际工作中，观测值的真值X往往是不知道的，真误差Δ也就无法求得。由上面的内容可知，在相同观测条件下对某个量进行多次观测，可以计算其最或然值x和各观测值的改正数v_i。当观测次数n无限增多时，最或然值x将逐渐趋近于真值X。当观测次数n有限时，用x代替X，就相当于以改正数v_i代替真误差Δ_i。由此得到按观测值的改正数计算观测值的中误差m的实用公式

$$m=\pm\sqrt{\frac{[vv]}{n-1}} \tag{2-13}$$

分子以$[vv]$代替$[\Delta\Delta]$，分母以$n-1$代替n。实际上，n和$n-1$代表两种不同情况下的多余观测数。因为，在真值已知的情况下，所有n次观测均为多余观测，而在真值未知的情况下，其中一个观测值是必要的，其余$n-1$个观测值是多余的。

根据偶然误差的特性

$$\begin{aligned}&\Delta_1=X-l_1,\quad v_1=x-l_1\\&\Delta_2=X-l_2,\quad v_2=x-l_2\\&\quad\vdots\qquad\qquad\quad\ \vdots\\&\Delta_n=X-l_n,\quad v_n=x-l_n\end{aligned}$$

上列左、右两式分别相减，得到

$$\begin{aligned}&\Delta_1=v_1+(X-x)\\&\Delta_2=v_2+(X-x)\\&\ \vdots\\&\Delta_n=v_n+(X-x)\end{aligned} \tag{2-14}$$

上列各式取其总和，且$[v]=0$，得到

$$[\Delta]=nX-nx$$

$$X-x=\frac{[\Delta]}{n} \tag{2-15}$$

为了求得$[\Delta\Delta]$与$[vv]$的关系，得到

$$[\Delta\Delta]=[vv]+n(X-x)^2 \tag{2-16}$$

式中，$(X-x)^2=\frac{[\Delta]^2}{n^2}=\frac{\Delta_1^2+\Delta_2^2+\cdots+\Delta_n^2}{n^2}+\frac{2(\Delta_1\Delta_2+\Delta_2\Delta_3+\cdots+\Delta_{n-1}\Delta_n)}{n^2}$，式中右端第二项中

$\Delta_i\Delta_j(j\neq i)$为两个偶然误差的乘积，仍具有偶然误差的特性，根据其第四特性（抵偿性），有

$$\lim_{n\to\infty}\frac{\Delta_1\Delta_2+\Delta_2\Delta_3+\cdots+\Delta_{n-1}\Delta_n}{n}=0$$

当n为有限数值时，上式的值为一微小量，再除以n后更可以忽略不计，因此

$$(X-x)^2=\frac{[\Delta\Delta]}{n^2} \tag{2-17}$$

将式（2-17）代入式（2-16），得到

$$[\Delta\Delta]=[vv]+\frac{[\Delta\Delta]}{n} \quad 或 \quad \frac{[\Delta\Delta]}{n}=\frac{[vv]}{n-1} \tag{2-18}$$

对于等精度观测算术平均值的中误差可用下式计算

$$m_x=\frac{m}{\sqrt{n}}=\pm\sqrt{\frac{[vv]}{n(n-1)}} \tag{2-19}$$

2.4.4 误差传播定律

在实际测量工作中，某些未知量不能直接测定，而是由观测值通过一定的函数关系间接计算出来的。例如，在水准测量中，某测站测得的后视读数和前视读数分别为 a、b，则高差 $h=a-b$，这时高差 h 就是直接观测值 a、b 的函数。当 a、b 存在误差时，h 也受其影响而产生误差，这就是所谓的误差传播。阐述观测值中误差与观测值函数中误差之间关系的定律称为误差传播定律。下面针对四种常见的函数形式来讨论误差传播规律。

1．线性函数

（1）倍数函数。

设函数关系为

$$z=kx \tag{2-20}$$

式中，k为常数，x为直接观测值，其中误差为m_x，则观测值函数z的中误差为

$$m_z=km_x \tag{2-21}$$

即观测值倍数函数的中误差等于观测值中误差乘倍数（常数）。

（2）和、差函数。

设函数关系为

$$z=x\pm y \tag{2-22}$$

式中，x、y为独立观测值，它们的中误差分别为m_x和m_y，观测值函数z的中误差为m_z，则

$$m_z^2=m_x^2+m_y^2 \tag{2-23}$$

即观测值和或差函数的中误差平方，等于两观测值中误差的平方之和。

（3）一般线性函数。

设线性函数

$$z=k_1x_1\pm k_2x_2\pm\cdots\pm k_nx_n \tag{2-24}$$

式中，x_1，x_2，…，x_n 为独立观测值；k_1，k_2，…，k_n 为常数，观测值函数 z 的中误差为 m_z，则

$$m_z^2=(k_1m_1)^2+(k_2m_2)^2+\cdots+(k_nm_n)^2 \tag{2-25}$$

即一般线性函数的中误差平方，等于各常数平方与相应观测值中误差平方的乘积之和。

2. 非线性函数

设有一般函数

$$z=f(x_1,\ x_2,\ \cdots,\ x_n) \tag{2-26}$$

式中 x_1，x_2，…，x_n 为独立观测值，已知其中误差为 m_i（$i=1,2,\cdots,n$），则

$$m_z^2=\left(\frac{\partial f}{\partial x_1}\right)^2 m_1^2+\left(\frac{\partial f}{\partial x_2}\right)^2 m_2^2+\cdots+\left(\frac{\partial f}{\partial x_n}\right)^2 m_n^2 \tag{2-27}$$

式（2-27）是误差传播定律的一般形式，前述的线性函数都可看作上式的特例。

2.5 测 量 平 差

在测量工作中，由于测量仪器精度、人为因素和外界条件的影响，使得测量结果都不可避免地带有误差。为了处理好测量中存在的误差问题，提高测量结果的质量，就要进行多余观测。有了多余观测就会使观测结果存在差异。测量平差就是研究观测误差的内在规律，对带有误差的观测数据进行数学处理，以求得观测量的最可靠结果，并评定测量结果的精度的理论与方法体系。

2.5.1 平差中的基本概念

测量的基本任务是获取地理空间位置信息，为此需要建立控制网。控制网由点、线构成的各种几何图形（如水准网、导线网、三角网）组成，其内部元素（如角度、边长、高程、坐标等几何量）天然存在着某种数学关系，故称之为几何模型。每种几何模型都包含不同的元素，如高程、点间高差、角度、边长、边的坐标方位角，以及点的二维或三维坐标，这些元素都被称为几何量。在各几何量中，有的是直接测量的，有的则是通过直接测量值和它们存在的数学关系间接求出的。确定一个几何模型，并不需要知道其中所有元素的大小，只需知道其中的一部分即可，其他元素可以通过它们之间的函数描述而确定，这种描述所求量与已知量之间的关系式称为函数模型。

能够唯一确定一个几何模型所必要的元素，称为必要元素，必要元素的个数用 t 来表示。当某个几何模型给定之后，就能够唯一地确定该模型的必要元素的个数 t 及其观测量的类型，t 只与几何模型有关，与实际观测量无关。在具体的测量平差问题中，对一个几何模型的观测次

数用 n 表示，必要观测次数用t表示，n 总是大于必要观测次数t，不然无法确定该模型。即使在$n=t$的情况下能够确定该几何模型，但由于没有多余观测，就不可能发现测量中存在的误差，这在测量工作中是不被允许的。为了能及时发现测量中的误差和错误，并提高测量结果的精度，就必须使$n>t$。若令$r=n-t$，式中n为对一个几何模型观测的总次数，t是在假定测量无任何误差情况下为确定该模型所需的最小观测次数，即必要观测次数，r就称为多余观测次数，在测量中又称为自由度。每增加一个多余观测，必然增加且只增加一个确定的函数关系式，增加多少个多余观测，就会增加多少个这样的关系式。这种函数关系式，在测量平差中称为条件方程。

有了多余观测，必然产生条件方程，但由于观测不可避免地含有误差，故观测值之间必然不能满足理论上的条件方程。比如任意一个三角形，3 个内角和（L_1、L_2、L_3）应为 180°。但是由于观测误差的存在，当测量三角形的三个内角时，会有$L_1+L_2+L_3-180°\neq 0°$的情况，即观测值产生了矛盾，从而使观测值不能完全吻合于理论模型。为了消除矛盾，通常用另一组被称为“观测值估值”（又叫平差值、最或然值）$\hat{L}$来代替观测值，是由观测值加上改正数而得到的，所以任何一个观测值估值都可以看作是一个改正了的观测值，即$\hat{L}_i=L_i+v_i$，式中v_i称为观测值的改正数，但这种改正数有无数多组。从统计学角度讲，只有一组改正数能得到最优解。为了求得唯一的一组最优改正数，必须附加一定的约束准则，按照某一约束准则求得观测值的一组最优估值，该计算过程称为平差。求观测值的平差值是测量平差的任务之一。除此之外，还要对计算结果进行分析，衡量平差结果的精度。

测量平差的方法步骤：首先进行数据观测，起算数据正确性的核验；其次列出误差方程式或条件方程式，按最小二乘原理进行平差；最后进行平差结果的质量评定。按观测值之间的相关性，可分为相关平差和不相关平差。平差的方法有直接平差、间接平差、条件平差、附有条件的间接平差和附有未知数的条件平差等。

一些平差的基本概念总结如下。

（1）几何模型：为求某些点的坐标、高程而建立的，由角度、边长、高差等观测值和坐标、高程等已知值构成的测量网，如水准网、导线网、三角网。

（2）必要元素：是能够唯一确定一个几何模型所必要的元素。必要元素的个数用 t 来表示，通常称为必要观测数。对于一个确定的几何模型，必要观测数 t 是确定的。t 只与几何模型有关，与实际观测值无关。例如，三角形前方交会确定一个待定点坐标，必要观测数为 2，可测两个角、两边或一边及其对角，都可唯一确定这个几何模型。但要注意，t 个元素之间必须不存在函数关系，否则实际必要观测数小于 t。

（3）多余观测数：设对一个几何模型观测了 n 个几何元素，该模型的必要观测数为 t，则$n<t$时，几何模型不能确定，即某些几何元素不能求出。$n=t$时，虽几何模型可唯一确定，但没有验核条件，即使有错也不能发现，可靠性低。测量工作中一般要求$n>t$，此时称$r=n-t$为多余观测数，又称自由度。

（4）条件方程：一个几何模型若有多余观测值，则观测值之间或观测值与正确值之间必然存在相应的几何约束关系，这样的约束关系式在测量平差中称为条件方程。

（5）闭合差：以观测值代入条件方程时，由于存在观测误差，方程通常不成立。测量平差中将代入观测值后条件方程的计算值称为闭合差。测量平差的任务之一是消除不符值，也就是合理地调整观测值，对观测值加改正数，以消除闭合差。

2.5.2 平差数学模型

用数学关系描述几何模型的几何关系和内在联系，称为数学模型。其中几何关系是描述观测量之间或观测量与待定量之间的数学函数关系式，称为函数模型。内在联系则是描述观测量及其相互间的统计相关性质，称为随机模型。因此，数学模型包括函数模型和随机模型，处理一个平差问题，必须首先确定数学模型。

函数模型不是唯一的，同一个平差问题可能有不同的函数模型，因而有不同的平差方法，但随机模型取决于观测方法和观测条件，观测值一旦给出，理论上就唯一确定。实际上，在测量平差中，随机模型就是观测值向量的权阵。平差结果不因平差方法不同而异。

1. 条件平差法

以条件方程 $r=n-t=1$ 为函数模型的平差方法，称为条件平差法。条件方程就是观测值的平差值（消除了不符值后的观测值）应满足的函数关系式。条件方程可能是非线性的，一般形式是 $f(\underset{n\times1}{\hat{\boldsymbol{L}}})=0$，对于非线性形式，平差时需要线性化。

设在一个三角形中观测了三个内角（L_1、L_2、L_3），$n=3$，$t=2$，则存在一个函数关系式（条件方程），可以表示为

$$L_1+L_2+L_3-180^\circ=0^\circ \tag{2-28}$$

令 $\underset{1\times3}{\boldsymbol{A}}=[1\quad1\quad1]$，$\underset{3\times1}{\hat{\boldsymbol{L}}}=\begin{bmatrix}\hat{L}_1 & \hat{L}_2 & \hat{L}_3\end{bmatrix}^{\mathrm{T}}$，$\boldsymbol{A}_0=[-180^\circ]$，则条件方程的矩阵式为

$$\boldsymbol{A}\hat{\boldsymbol{L}}+\boldsymbol{A}_0=0 \tag{2-29}$$

代入 $\hat{\boldsymbol{L}}=\boldsymbol{L}+\boldsymbol{V}$，并令 $\boldsymbol{W}=\boldsymbol{AL}+\boldsymbol{A}_0$，则条件方程式为

$$\boldsymbol{AV}+\boldsymbol{W}=0 \tag{2-30}$$

这就是条件平差的函数模型，以此模型为基础的平差计算，称为条件平差法。

2. 间接平差法

对一个确定的几何模型，必要观测数 t 是一定的。如果选定 t 个函数独立且必要的几何元素作为参数，那么该几何模型就由这 t 个参数唯一确定。换言之，该几何模型的所有观测值平差值都可表示为这 t 个参数的函数。

如果选 t 个函数独立的参数，将每个观测值的平差值都表达成所选参数的函数，则 n 个观测值可列出 n 个函数式。以这 n 个函数式作为平差的函数模型，相应的平差方法就称为间接平

差法，又称参数平差法。

条件方程 $f(\underset{n\times1}{\hat{L}})=0$ 直接表达了观测值平差值应满足的关系式。在间接平差中，观测值平差值当然同样应满足这些关系式，只不过是隐含在观测值平差值由 t 个参数表达的参数方程中。如能从 n 个参数方程中消去 t 个参数，则 n 个参数方程就变为 r 个条件方程。所以间接平差的函数模型本质上是参数形式的条件方程。同样，参数形式的条件方程可能是非线性的，一般形式是 $\underset{n\times1}{\hat{L}}=f_{n\times1}(\hat{x})$，对于非线性形式，平差时需要线性化。

例如，观测了三角形 ABC 三个内角，必要观测数 $t=2$，设 $x_1=\hat{L}_1$、$x_2=\hat{L}_2$，则参数形式的条件方程为

$$\begin{cases}\hat{L}_1=x_1\\ \hat{L}_2=x_2\\ \hat{L}_3=-x_1-x_2+180^\circ\end{cases} \tag{2-31}$$

若令

$$\boldsymbol{B}=\begin{bmatrix}1&0\\0&1\\-1&-1\end{bmatrix},\quad \boldsymbol{d}=\begin{bmatrix}0\\0\\180^\circ\end{bmatrix},\quad \boldsymbol{x}=\begin{bmatrix}x_1\\x_2\end{bmatrix}$$

则矩阵式为 $\hat{\boldsymbol{L}}=\boldsymbol{Bx}+\boldsymbol{d}$，代入 $\hat{\boldsymbol{L}}=\boldsymbol{L}+\boldsymbol{V}$，并令 $\boldsymbol{l}=\boldsymbol{d}-\boldsymbol{L}$，则矩阵式又可写成

$$\boldsymbol{V}=\boldsymbol{Bx}+\boldsymbol{l} \tag{2-32}$$

这就是间接函数模型的形式，称为误差方程。

3. 附有参数的条件平差法

设 u（$0<u<t$）个独立量为参数。由于独立参数个数达不到 t，不能将所有观测值平差值表达成设定参数的函数，所以平差函数模型属于条件方程，但又由于设有参数，且应满足一定的条件，或者说参数与观测值平差值之间应存在一定的约束关系。每增选一个参数，就应多一个对这个参数进行约束的条件方程，以这种包含了参数的条件方程为平差函数模型的平差方法，就称为附有参数的条件平差法。

例如，在三角形 ABC 中观测了三个内角（L_1、L_2、L_3），又设 $x=\hat{L}_1$，则除原有的一个条件方程外，还应增加一个条件方程 $\hat{L}_1-x=0$，令

$$\boldsymbol{A}=\begin{bmatrix}1&1&1\\1&0&0\end{bmatrix},\quad \boldsymbol{B}=\begin{bmatrix}0\\-1\end{bmatrix},\quad \boldsymbol{A}_0=\begin{bmatrix}-180^\circ\\0\end{bmatrix}$$

则矩阵式 $\boldsymbol{A}\hat{\boldsymbol{L}}+\boldsymbol{Bx}+\boldsymbol{A}_0=0$，代入 $\hat{\boldsymbol{L}}=\boldsymbol{L}+\boldsymbol{V}$，并令 $\boldsymbol{W}=\boldsymbol{AL}+\boldsymbol{A}_0$，则矩阵式又可写成

$$\boldsymbol{AV}+\boldsymbol{Bx}+\boldsymbol{W}=0 \tag{2-33}$$

当采用条件平差法设立某些条件方程有困难时，可采用附有参数的条件平差法平差。一般

而言，观测数 n，必要观测数 t，多余观测数 r，选参数个数 u（$0<u<t$），则条件方程数 $c=r+u$。

同样，条件方程可能是非线性的，一般形式为 $\underset{C\times1}{\boldsymbol{F}}(\hat{\boldsymbol{L}},\boldsymbol{x})=0$，线性化后的矩阵形式与式（2-33）相同。

4. 附有限制条件的间接平差法

若采用间接平差时，选定 u（$u>t$）个参数，则仅有 t 个参数是独立的，多余的 $s=u-t$ 个参数是不独立的，即它们可表示为 t 个独立参数的函数。换言之，存在 s 个函数式表达这些参数间应满足的约束关系式。因此，此时除间接平差原有的 n 个误差方程式（参数形式的条件方程）外，还应增加 s 个约束参数的条件方程式。由于这种条件方程与条件平差的条件方程的差别是其中不含观测值平差值，所以称为限制条件方程。其一般形式为

$$\left.\begin{aligned}\underset{n\times1}{\hat{\boldsymbol{L}}}&=\underset{n\times1}{\boldsymbol{F}}(\underset{u\times1}{\boldsymbol{x}})\\ \boldsymbol{\Phi}(\underset{u\times1}{\boldsymbol{x}})&=0\end{aligned}\right\}\tag{2-34}$$

线性形式为

$$\left.\begin{aligned}\boldsymbol{V}&=\boldsymbol{B}\boldsymbol{x}+\boldsymbol{l}\\ \boldsymbol{C}\boldsymbol{x}+\boldsymbol{W}_x&=0\end{aligned}\right\}\tag{2-35}$$

式中 $\boldsymbol{W}_x=\boldsymbol{\Phi}(\underset{u\times1}{\boldsymbol{x}})$，以上述函数模型为基础的平差计算称为附有限制条件的间接平差法。

5. 平差的随机模型

随机模型随观测条件而定，与平差方法无关。平差前除必须确定函数模型外，还要确定随机模型。随机模型本是指观测值的协方差阵，但协方差阵平差前一般不可知，而权阵则可依据一定的假设得到，所以实际上，测量平差中应用的随机模型就是观测值的权阵。

$$\boldsymbol{D}=\sigma_0^2\boldsymbol{Q}=\sigma_0^2\boldsymbol{P}^{-1}\tag{2-36}$$

测量平差是基于线性函数模型的，而大多数情况下，描述观测值平差值或参数平差值应满足的条件关系式是非线性的，因此必须通过泰勒级数展开将其转换为线性形式，这一过程称为线性化。

2.5.3 参数估计与最小二乘法

平差问题是由多余观测引起的，平差的目标是对观测值或所选参数的真值做出估计，并评定精度，即给出估计值及其方差、协方差。

1. 参数估计及其最优性质

平差的函数模型中，未知数个数多于方程个数（即存在多余观测），导致方程没有唯一解。平差就是在无穷组解中，依据特定的最优准则，确定一组最合理的解（即估计值，也称估值）。平差函数模型本身的多解性是无法改变的，只能在附加一定条件的情况下得到一组特解。在测量平差中，附加的条件通常是最小二乘准则。这类问题在数理统计中称为参数估计问题。根据

一组具有随机特性的观测值确定的估计值是否具有最优统计特性，有三个重要的判断标准。符合这三个标准的估计值则称为最优估计值，这三个标准如下。

（1）无偏性：设$\hat{\theta}$为参数θ的估计值，若有$E(\hat{\theta})=\theta$，即估计值$\hat{\theta}$的数学期望等于被估计参数的真值θ，则称$\hat{\theta}$是θ的无偏估计值。换言之，尽管误差使$\hat{\theta}$不等于θ，但$\hat{\theta}$是以θ为对称中心或大或小分布的。

（2）一致性：满足概率表达式$\lim\limits_{n\to\infty}P(\theta-\varepsilon<\hat{\theta}<\theta+\varepsilon)=1$的估计值$\hat{\theta}$为参数$\theta$的一致估计值，其中$n$是子样容量，$\varepsilon$是任意小量，随着观测量（子样容量）无限增大，估计值$\hat{\theta}$趋于真值θ是一必然事件。

（3）有效性：具有无偏性的估计值不唯一，设θ有两个无偏估计值$\hat{\theta}_1$、$\hat{\theta}_2$，若$D(\hat{\theta}_1)<D(\hat{\theta}_2)$，则称$\hat{\theta}_1$较$\hat{\theta}_2$有效。若$\hat{\theta}$具有$D(\hat{\theta}_1)=\min$（最小值），就称$\hat{\theta}_1$是$\theta$的最有效估计值，或称最优估计值。理论证明，具有无偏性、最优性的估计值，一定是一致性估计值，所以测量平差中对参数估计值要求是最优无偏。由于测量平差的函数模型是线性的，所以参数又称最优线性无偏估计值。

2. 最小二乘法

测量平差是用最小二乘原理处理各种观测结果的理论和计算方法。德国数学家高斯首次提出最小二乘法并应用，之后经过许多科学家的不断完善和发展，已成为测量平差重要的基础理论与数据处理方法。

设已知一质点做匀速直线运动，则运动轨迹可由如下线性函数来描述

$$\tilde{y}=\tilde{\alpha}+t\tilde{\beta} \tag{2-37}$$

式中，$\tilde{\alpha}$、$\tilde{\beta}$都是未知参数。若观测值没有误差，则只要在t_1、t_2两个时刻，分别观测质点的相应位置$\tilde{y}_1$、$\tilde{y}_2$，则可建立两个方程，从而唯一确定参数$\tilde{\alpha}$、$\tilde{\beta}$。但由于存在观测误差，只能测得y_1、y_2，相应的真误差为Δ_1、Δ_2，即有$y_i+\Delta_i=\tilde{y}_i\ (i=1,2)$，此处应注意测量平差中定义观测值加真误差等于真值，也就是定义真误差为观测值中误差的负值。为了提高估计值的精度及可靠性，现在t_1-t_n时刻分别测得y_1-y_n，由于存在误差，这n个点不会在一条直线上，即(t_i, y_i)不满足方程$\tilde{y}_i=\alpha+t_i\beta$。但由于存在真误差$\Delta_i$，可建立$n$个关系式

$$\Delta_i=\alpha+t_i\beta-\tilde{y}_i \tag{2-38}$$

由于存在真误差Δ_i，未知数为$n+2$，多余关系式数为n，所以方程没有唯一解。令

$$\underset{n\times1}{\boldsymbol{y}}=\begin{bmatrix}y_1\\y_2\\\vdots\\y_n\end{bmatrix},\quad \underset{n\times2}{\boldsymbol{B}}=\begin{bmatrix}1&t_1\\1&t_2\\\vdots&\vdots\\1&t_n\end{bmatrix},\quad \underset{2\times1}{\tilde{\boldsymbol{x}}}=\begin{bmatrix}\tilde{\alpha}\\\tilde{\beta}\end{bmatrix},\quad \underset{n\times1}{\boldsymbol{\Delta}}=\begin{bmatrix}\Delta_1\\\Delta_2\\\vdots\\\Delta_n\end{bmatrix}$$

关系式可写成矩阵式$\boldsymbol{\Delta}=\boldsymbol{B}\tilde{\boldsymbol{x}}-\boldsymbol{y}$，显然，这是间接平差的函数模型。若用$\tilde{\boldsymbol{y}}$的估计值$\hat{\boldsymbol{y}}=\boldsymbol{y}+\boldsymbol{V}$代替$\tilde{\boldsymbol{y}}$，其中$\boldsymbol{V}$是真误差$\boldsymbol{\Delta}$的估计值，则对应的有：

（1）纯量式：$v_i=\hat{\alpha}+t_i\hat{\beta}-y$；

（2）矩阵式：$\boldsymbol{V}=\boldsymbol{B}\hat{\boldsymbol{x}}-\boldsymbol{y}$。

由于上述关系式没有唯一解，只能求附加一定条件的特解，若附加条件为

$$\sum_{i=1}^{n}v_i^2=\sum_{i=1}^{n}(\hat{\alpha}+t_i\hat{\beta}-y_i)^2=\min \quad 或 \quad \boldsymbol{V}^{\mathrm{T}}\boldsymbol{V}=(\boldsymbol{B}\hat{\boldsymbol{x}}-\boldsymbol{y})^{\mathrm{T}}(\boldsymbol{B}\hat{\boldsymbol{x}}-\boldsymbol{y})=\min \tag{2-39}$$

这一附加条件（准则）就称为最小二乘条件（准则），按此准则求得的估计值叫作最小二乘估计值，所得特解称为最小二乘解。最小二乘估计不需要知道随机向量的分布函数，计算方法简单而有唯一解，是测量数据处理采用的准则。依最小二乘原理，平差计算所得的观测值改正数，称为最或然改正数（简称改正数），也称残差；经最小二乘法平差计算所得的有关量的最可靠值，称为最或然值，也称平差值。

对于上述范例，按最小二乘准则所得估计值确定的直线$y=\hat{\alpha}+t\hat{\beta}$是这样一条直线——它不通过所有的观测点（$t_i, y_i, i=1,\cdots, n$），但距这些点的距离平方和为最小。可以证明，在随机向量服从正态分布时，最小二乘估计与极大似然估计相同。

设有观测向量$\underset{n\times1}{\boldsymbol{L}}$服从正态分布，其期望$\boldsymbol{\mu}_L$和方差$\boldsymbol{D}_{LL}$分别是

$$\boldsymbol{\mu}_L=E(\underset{n\times1}{\boldsymbol{L}})=\begin{bmatrix}\mu_1\\ \mu_2\\ \vdots\\ \mu_n\end{bmatrix},\quad \boldsymbol{D}_{LL}=\begin{bmatrix}\sigma_{11}^2 & \sigma_{12} & \sigma_{13} & \cdots & \sigma_{1n}\\ \sigma_{21} & \sigma_{22}^2 & \sigma_{23} & \cdots & \sigma_{2n}\\ \vdots & \vdots & \vdots & & \vdots\\ \sigma_{n1} & \sigma_{n2} & \sigma_{n3} & \cdots & \sigma_{nn}\end{bmatrix}$$

则$\underset{n\times1}{\boldsymbol{L}}$的联合密度函数$G$为

$$G=\frac{1}{(2\pi)^{\frac{n}{2}}\left|\boldsymbol{D}\right|^{\frac{1}{2}}}\exp\left[-\frac{1}{2}(\boldsymbol{L}-\boldsymbol{\mu}_L)^{\mathrm{T}}\boldsymbol{D}^{-1}(\boldsymbol{L}-\boldsymbol{\mu}_L)\right]$$

G也称为似然函数，对于本范例$\boldsymbol{\Delta}=\boldsymbol{B}\tilde{\boldsymbol{x}}-\boldsymbol{y}$，其中$\boldsymbol{y}$是观测值，改写为似然函数中的$\boldsymbol{L}$，即$\boldsymbol{\Delta}=\boldsymbol{B}\tilde{\boldsymbol{x}}-\boldsymbol{L}$，可见$\boldsymbol{\mu}_L=E(\boldsymbol{L})=\boldsymbol{B}\tilde{\boldsymbol{x}}$。所以极大似然函数又可以写为

$$G=\frac{1}{(2\pi)^{\frac{n}{2}}\left|\boldsymbol{D}\right|^{\frac{1}{2}}}\exp\left[-\frac{1}{2}(\boldsymbol{L}-\boldsymbol{B}\tilde{\boldsymbol{x}})^{\mathrm{T}}\boldsymbol{D}^{-1}(\boldsymbol{L}-\boldsymbol{B}\tilde{\boldsymbol{x}})\right] \tag{2-40}$$

根据极大似然法的思想，一次观测取得观测值$\underset{n\times1}{\boldsymbol{L}}$，则$\underset{n\times1}{\boldsymbol{L}}$的出现应是所能取得的最大概率事件，即似然函数$G$取得最大值。由于$G$表达式中真数部分是常数，$G$取决于指数部分，而指数为负，所以$G$最大，则$(\boldsymbol{L}-\boldsymbol{B}\tilde{\boldsymbol{x}})^{\mathrm{T}}\boldsymbol{D}^{-1}(\boldsymbol{L}-\boldsymbol{B}\tilde{\boldsymbol{x}})=\min$。顾及$\boldsymbol{D}=\sigma_0^2\boldsymbol{Q}=\sigma_0^2\boldsymbol{P}^{-1}$，$\sigma_0^2$是常量，又有

$$(\boldsymbol{L}-\boldsymbol{B}\tilde{\boldsymbol{x}})^{\mathrm{T}}\boldsymbol{D}^{-1}(\boldsymbol{L}-\boldsymbol{B}\tilde{\boldsymbol{x}})=\min \Rightarrow (\boldsymbol{L}-\boldsymbol{B}\tilde{\boldsymbol{x}})^{\mathrm{T}}\boldsymbol{P}(\boldsymbol{L}-\boldsymbol{B}\tilde{\boldsymbol{x}})=\min \tag{2-41}$$

实际工作中$\tilde{\boldsymbol{x}}$不可得，从而$\Delta=\boldsymbol{B}\tilde{\boldsymbol{x}}-\boldsymbol{L}$的实用公式是$\boldsymbol{V}=\boldsymbol{B}\tilde{\boldsymbol{x}}-\boldsymbol{L}$，极大似然条件$(\boldsymbol{L}-\boldsymbol{B}\tilde{\boldsymbol{x}})^{\mathrm{T}}\boldsymbol{P}(\boldsymbol{L}-\boldsymbol{B}\tilde{\boldsymbol{x}})=\min$就演化为$\boldsymbol{V}^{\mathrm{T}}\boldsymbol{P}\boldsymbol{V}=\min$，这就是测量平差中最小二乘法的数学表达式。应用极大似然法需要知道观测向量$\boldsymbol{L}$的联合密度分布函数。所谓联合密度函数，是指求观测向量取得值$\underset{n\times1}{\boldsymbol{L}}$概率值的函数。

第 3 章

航空摄影测量原理

3.1 摄影测量概述

3.1.1 摄影测量学

摄影测量学是通过影像研究信息的获取、处理、提取和成果表达的信息科学，是测绘学科的一个分支。1988 年，国际摄影测量与遥感学会 ISPRS（Intenational Society for Photogrammetry and Remote Sensing）在日本京都第 16 届大会上对摄影测量与遥感的定义是：摄影测量与遥感是从非接触成像和其他传感器系统，通过记录、量测、分析与表达等处理，获取地球及其环境和其他物体可靠信息的科学、技术与工艺。其中，摄影测量侧重于提取目标的几何信息，遥感侧重于提取目标的物理信息。

摄影测量的基础理论源于 18 世纪，与德国数学家 J.H.Lambert 在 1759 年提出的透视几何理论有着密切的关系。1839 年，法国的 Niepce 与 Daguerre 发明了摄影技术。1851 年，法国陆军上校 Aimé Laussedat 利用几何交会原理进行了摄影测量。由于当时飞机尚未发明，摄影测量仅限于处理地面的正直摄影（即正射投影），因此主要用于建筑物摄影测量，而非地形测图。

摄影测量的特点是以摄影机所拍摄物体的影像为依据，通过对影像进行量测与解译等处理来获取信息，无须接触物体本身，因而受周围环境与条件的限制较少。由于影像是客观物体或目标的真实反映，其信息丰富、形态逼真，具有良好的量测精度和判读性能，所以其在地形测量、建筑工程及其他学科中逐渐得到广泛应用。

摄影测量按照摄影成像距离的不同，可分为航天摄影测量、航空摄影测量、近景摄影测量和显微摄影测量等几类。

（1）航天摄影测量通过人造卫星、航天飞机搭载传感器对地面进行探测。它通常与遥感技术紧密结合，主要应用于大面域的资源调查、环境保护、灾害监测、农业、林业、气象和军事侦察等领域。

（2）航空摄影测量是将摄影机安装在飞机上，对地面进行摄影，这是摄影测量最主要和最经典的方式，广泛应用于地形图测绘等领域。

（3）近景摄影测量一般是在地面上对目标（如建筑物、工程结构、文物、生物等）进行摄影，距离相对较近。主要应用于小范围的地形测量、工程测量、工业测量、变形监测、生物医学等领域。

（4）显微摄影测量是利用显微镜与摄影技术相结合，对微小目标进行测量（此处不做赘述）。

按照应用对象的不同，摄影测量可分为地形摄影测量与非地形摄影测量两大类。

（1）地形摄影测量的主要任务是测绘各种比例尺的地形图，以及为城镇、农业、林业、地质、交通、工程、资源与规划等领域制作所需的专题图（如土地利用图、地质图等），并建立各种地形数据库，为地理信息系统（GIS）提供三维的基础数据。

（2）非地形摄影测量应用于工业（产品检测、质量控制）、建筑（古建筑测绘、施工监测）、考古（文物记录与重建）、医学（生物医学测量）、生物（生物形态学研究）、体育（运动分析）、变形观测（工程结构、地质灾害体）、事故调查、公安侦破与军事侦察等各领域。

3.1.2 摄影测量技术的发展

摄影测量技术的发展大致可分为三个阶段：模拟摄影测量、解析摄影测量和数字摄影测量。每个阶段的发展都是一次技术的飞跃与革新，也是测绘生产力提升的重要体现。

1. 模拟摄影测量（约 1851—1970 年）

模拟摄影测量的基本原理是利用光学和机械仪器模拟摄影过程。它使用两个或多个投影器，模拟摄影机在摄影时的位置和姿态，从而在仪器内部构建一个与实际地形表面成比例的几何模型，再通过对该模型的量测，即可绘制地形图和各种专题图。

在 19 世纪中叶，Aimé Laussedat 于 19 世纪六七十年代测制了万森城堡图，当时主要采用图解法进行逐点测绘。在 20 世纪初，维也纳军事地理研究所按照奥地利科学家奥雷尔（E.von Orel）的思想，研制出“自动立体测图仪”。随后，德国卡尔·蔡司厂对这项技术进行了重大改进，成功制造出了更为实用的立体自动测图仪。到 20 世纪六七十年代，这类仪器的发展达到巅峰。这类仪器的模拟摄影过程与模拟摄影测量的基本原理相同，通过光学、机械投影器或光学与机械相结合的投影器实现交会被测物体的空间位置。因此，将这类仪器称为模拟摄影测量仪器。

在模拟摄影测量阶段的发展过程中，摄影测量工作主要是依赖这些十分昂贵的模拟立体测图仪（见图 3-1）完成的。立体测图的基本原理是将摄影过程进行几何反转，模拟立体测图仪的基本原理是利用光学机械仪器模拟投影光线实现“同名像点”，从而进行“空间前方交会”，最终获得目标点的空间位置，并建立立体模型完成立体测图。

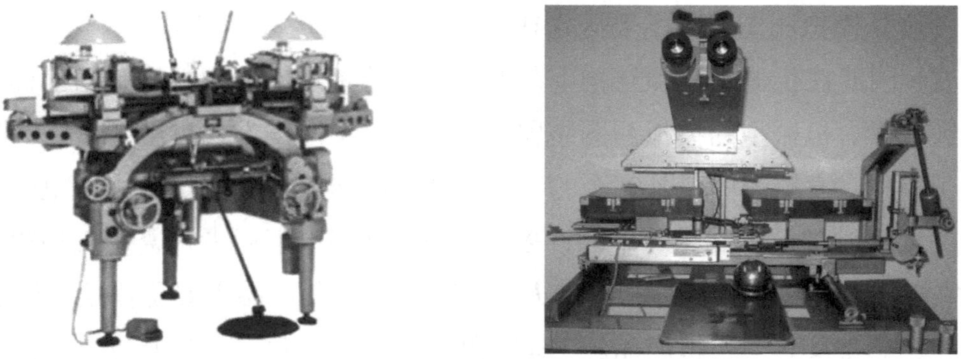

图 3-1 模拟立体测图仪

2. 解析摄影测量（1950—1980 年）

在解析摄影测量阶段，电子计算机开始取代部分昂贵且复杂的光学、机械仪器，采用模拟信号和数字信号相结合的仪器应运而生。这类仪器对摄影像片采用量测和解析交会的计算方法绘制图像，根据物点与像点的几何关系式确定物点坐标，将坐标储存于计算机中，再通过数控绘图桌绘出图形，这类仪器被称为解析测图仪，如图 3-2 所示。

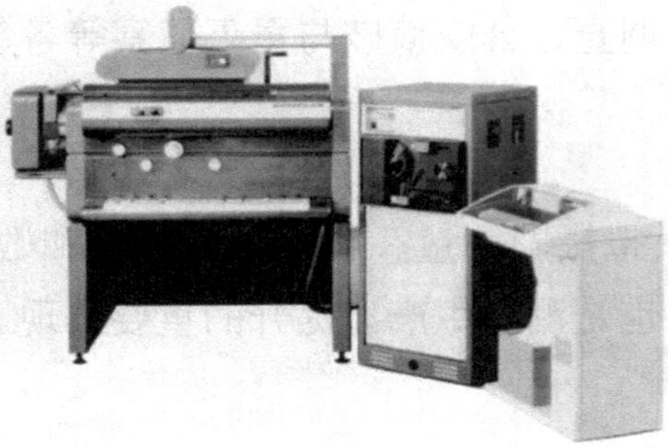

（a）德国 Zeiss 厂 C-100 型解析测图仪

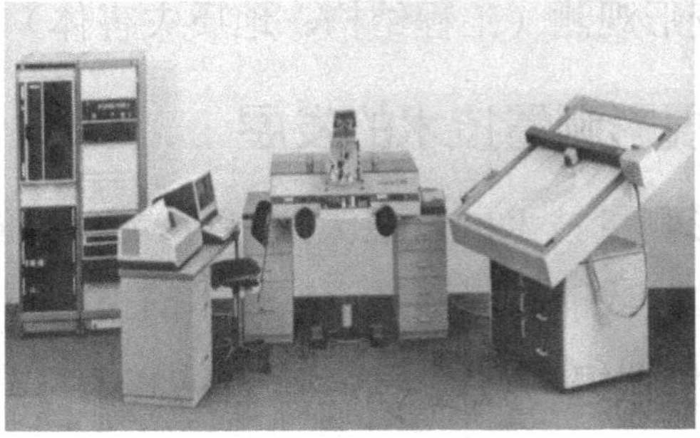

（b）瑞士 Kern 厂 DSR-1 型解析测图仪

图 3-2　解析测图仪

随着模数转换、电子计算机与自动控制技术的发展，海拉瓦（U. V. Helava）于 1957 年提出一种新的摄影测量概念，用数字投影的方式来代替物理投影。物理投影就是上述的光学、机械或光学-机械模拟投影。数字投影就是利用电子计算机实时地进行投影光束（共线方程）的解算，从而进行交会得到被摄物体的空间位置。然而，由于当时电子计算机价格昂贵，而且经常发生故障，再加上实际摄影测量的工作人员通常没有接受过计算机方面的专业培训，所以这一创新思想没有引起摄影测量界的广泛关注。

1961 年，美国的本迪克斯（Bendix）公司与意大利的欧米（OMI）公司合作，研制出世界上第一台解析测图仪 AP-1。此后，解析测图仪技术不断发展。到 1976 年，在国际摄影测量会议上有七家公司展出了 8 种不同型号的解析测图仪，标志着该类仪器开始逐步成为摄影测量的主要测图工具。进入 20 世纪 80 年代，解析测图仪的生产逐渐普及，不再被少数国际大型仪器厂商所垄断，包括中国在内的多个国家也具备了生产能力。

解析测图仪与模拟测图仪的主要区别在于前者使用的是数字投影方式，后者使用的是模拟物理投影方式，因此在仪器设计和结构上截然不同，前者是由计算机控制的坐标测量系统，后者使用的是纯光学、机械型的模拟测图装置。此外，二者操作方式也不同，解析测图仪是计算机辅助的人工操作，模拟测图仪是完全的手工操作。由于解析测图仪应用了电子计算机，所以免除了定向的烦琐过程及测图过程中的许多手工作业方式。但两者都需要使用摄影的正片（或负片），并主要依赖人眼进行立体观测和人工操控仪器。其产品主要是描绘在纸上的线画地图或印在相纸上的影像图，即模拟产品。在模拟测图仪上附加数字记录装置，或在解析测图仪上以数字形式记录量测坐标等信息，也可形成数字产品。

3. 数字摄影测量（1970 年至今）

数字摄影测量是基于摄影测量的基本原理，通过对所获取的数字化影像进行处理，自动提取被摄对象的几何与物理信息，并用数字方式进行表达，从而获得多种形式的数字化产品和可视化产品的摄影测量技术。

数字摄影测量的发展源于对摄影测量自动化的实践，即利用数字图像处理、模式识别等技术，实现真正的自动化测图。早在 20 世纪 30 年代，就有学者对摄影测量自动化进行了理论探索，但受限于技术条件，并没有真正实施。到了 20 世纪 50 年代，Bausch and Lomb 光学仪器公司与美国研究发展实验室合作研制出世界上第一台自动化摄影测量测图仪。20 世纪 60 年代初期，美国也成功研制了全数字自动化测图系统 DAMC。1985 年，我国也成功研制了全数字自动化测图软件系统 WUDAMS。从发展历程可以看出，数字摄影测量技术是摄影测量迈向自动化的必然结果。

数字摄影测量可以应用于存储在计算机上并能由计算机处理的数字影像。这些数字影像可以由传统照片扫描或用数码相机直接拍摄得到。数字摄影测量的核心优势在于许多处理任务能够实现高度的自动化。随着数字摄影测量学的发展，摄影测量技术与遥感、地理信息系统的结合日益紧密，形成了强大的空间信息获取与处理技术体系。数字摄影测量系统使用精密的软件，将与传统摄影测量学相关的任务变得自动化，显著减少了对人工操作的依赖。JX-4A 数字摄影测量工作站如图 3-3 所示。

图 3-3　JX-4A 数字摄影测量工作站

随着计算机技术及其应用的发展，再加上数字图像处理、模式识别、人工智能、专家系统、计算机视觉等学科的不断进步，数字摄影测量的内涵已经远远超过了传统摄影测量的范围。数字摄影测量与模拟、解析摄影测量的根本区别在于：它处理的原始资料是数字影像或数字化影像。它以计算机视觉代替人眼的立体观测，所使用的仪器是通用计算机及其外部设备，其产品以数字形式为主。摄影测量三个发展阶段及其特点如表 3-1 所示。

表 3-1　摄影测量三个发展阶段及其特点

发 展 阶 段	原 始 资 料	投 影 方 式	仪　　器	操 作 方 式	产　　品
模拟摄影测量	像片	物理投影	模拟测图仪	作业员手工操作	模拟产品（线划图、影像图）
解析摄影测量	像片	数字投影	解析测图仪	机助作业员操作	模拟产品为主，可输出数字产品
数字摄影测量	数字/数字化影像	数字投影	计算机	自动化操作加作业员干预	数字产品为主，可输出模拟产品

数字摄影测量是将摄影测量的基本原理与计算机视觉技术相结合，从数字影像中自动或半自动地提取被摄对象的几何与物理信息，并用数字方式表达。在数字摄影测量中，不仅最终产品是数字的，而且其中间数据记录也是数字的，所处理的原始资料也是数字或数字化的影像。并且数字摄影测量强调自动化，即应用计算机视觉的理论与方法，自动提取所摄对象的信息。综上所述，数字摄影测量系统是由计算机视觉代替人的立体量测与识别能力，完成影像几何与物理信息的（半）自动提取。

3.1.3　航空摄影测量及应用

航空摄影测量（aerial photogrammetry）是通过航摄飞机对地面进行摄影，根据所获得的航摄像片或影像数据，测绘拍摄区域地形图或制作其他地理信息产品的工作。航空摄影测量是一种高技术含量的遥感测绘方法，其核心是在不接触被测物体的情况下，利用各类传感器从空中获取地物信息，进而量测和判读地物的性质以及几何参数。

航空摄影测量技术诞生于 19 世纪中叶。1858 年，法国摄影师纳达尔首次在热气球上对城市进行拍摄，这是人类发展历史上第一次从空中对地进行成像观测。1909 年，美国的莱特兄弟（W.Wright）首次在有人驾驶的动力飞机上对地拍摄影像。此后，随着各项相关技术的快速发展，航空影像的空间分辨率有了较大提高，其应用也越来越广泛。在 20 世纪 80 年代，出现了数字航空摄影仪。现在我国的航空摄影测量仪器也从以胶片为载体的设备过渡到了数字航摄仪。数字航摄仪按工作模式可分为框幅式和推扫式两种。

航空摄影获取的航摄像片或影像数据是航空摄影测量成图的原始依据。航空摄影测量作为空间数据获取的重要手段之一，具有作业效率高、成本相对较低、成果精度可靠等特点。航空摄影测量通过摄影像片进行量测和判读，无须接触物体本身，受自然和地理条件的限制较少。影像能够客观真实地反映地表目标，信息丰富详实，可以直接从中获取大量的几何和物理信息。这种方法显著减少了野外工作量，使测量工作者可以将主要工作转到室内进行。同时，由于在量测的过程中广泛采用了数字化和自动化技术，能有效缩短工期，提高成图效率。

目前，航空摄影测量已是测绘地形图最主要、最有效的方法。近年来迅猛发展的无人机航测技术已经被广泛应用于军事、地质、水文、森林、道路、水利水电、城建规划等众多领域。与传统有人机航空摄影测量相比，无人机航测具有机动灵活、响应快捷、运营成本低等优势。

3.2 单张航摄像片解析

航摄影像是航空摄影测量的原始资料。像片解析就是用数学分析的方法，研究被摄物体在航摄像片上的成像规律、像片上影像与被摄物体之间的数学关系，从而建立像点与物点的坐标关系式，航摄像片解析是摄影测量的理论基础。

3.2.1 中心投影

航空摄影测量是通过量测像片来获得地面目标的几何信息，这就要研究像片和地面之间的几何投影关系。投影是在某个平面获得空间目标物的构像。目标物由一个固定点投射出的一组投影光线，通过目标物后与投影平面相交，形成目标物构象的投影方法，称为中心投影，如图 3-4（a）所示，空间 A、B、C（物点）与一个固定点 S（投影中心）连成的直线被一平面（像面）所截，则直线与该平面的交点 a、b、c（像点）就称为 A、B、C 点的中心投影。

投影射线平行于某一固定方向的投影称为平行投影。投影射线与承影面垂直称为正射投影（垂直投影），如图 3-4（b）所示。投影射线与投影平面斜交称为斜投影。

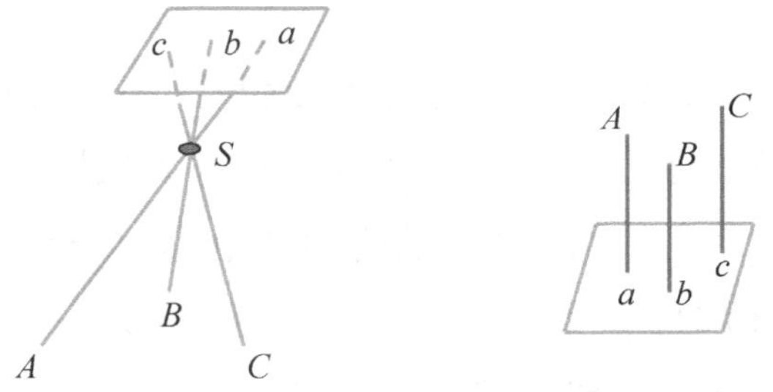

（a）中心投影　　（b）正射投影（垂直投影）

图 3-4　中心投影与正射投影

航摄像片是地面目标物的中心投影，地形图是地面目标物的正射投影。因此，将航摄像片上的影像绘制成地形图上的图形，实际上就是把目标物为中心投影的构象转换为正射投影的构象。地形图上任意两点间的距离与相应地面点的水平距离之比为常数，等于该地形图的比例尺。地形图上任一点引出的两条方向线间的夹角，等于地面上对应的水平角。航摄像片不能直接作为地形图使用，航摄像片与地形图的主要区别包括以下几个方面。

（1）航摄像片与地形图的投影方法不同。

地形图是正射投影，比例尺处处一致，常以 $1/M$ 表示。地形图上所有的图形不仅与实际形状完全相似，而且其相对方位关系也保持不变。

航摄像片是中心投影，由于存在像片倾斜和地形起伏两种误差的影响，致使航摄像片上的影像有变形，各处比例尺也不一致。

（2）航摄像片与地形图的表示方法和内容不同。

在表示方法上，地形图为线划图，是按成图比例尺所规定的各种符号、注记和等高线来表示地物、地貌的。航摄像片为影像图，表示为影像的大小、形状和色调。

在表示内容上，地形图表达需要综合取舍，只表示那些经选择的有意义的地物；而在航摄像片上则包含被摄地物的全部影像。

（3）航摄像片与地形图的几何信息不同。

航摄像片可构成立体像对进行立体观察。航空摄影测量的主要任务之一就是将按中心投影规律获取的航摄像片转换成以测图比例尺表示的正射投影地形图。在实际航空摄影时，当像片有倾斜，地面有起伏时，会导致地面点的构像产生位置的差异，这一差异称为像点位移。由于像点位移，像片上任一点引出的方向线，相对于地面上相应的水平方向线产生了方向偏差，如图 3-5 所示。

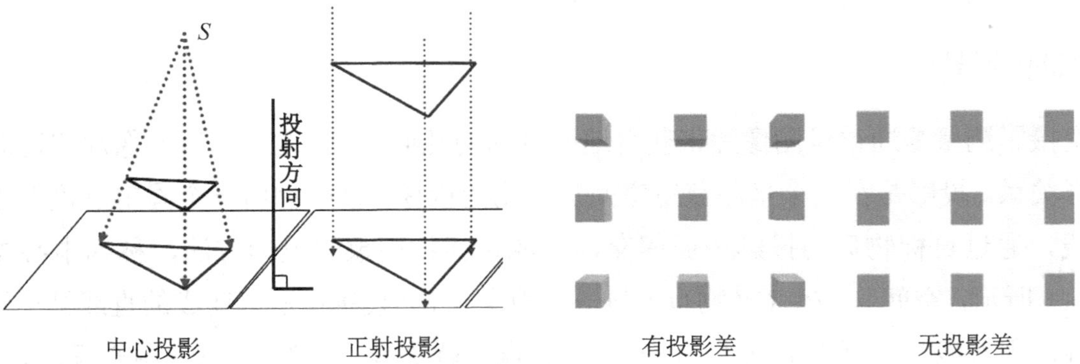

图 3-5　投影差

航摄像片上的像点产生位移，主要是由地形起伏和像片倾斜引起的。因地形起伏出现高差，在航摄像片上引起的像点位移称为投影误差。当像片水平而地面有起伏时，像点会产生位移。例如，当地面点高于或低于基准面（通常以测区地面的平均高程作为航高起算面，该面即为基准面）时，地面点在像片上的影像虽是一个点，但是与其在基准面上垂直投影的点的影像相比，却产生了一段直线位移，这种像点位移就是投影误差。地形起伏引起的像点位移如图 3-6（a）所示。A_0 的像点为 a_0，线段 aa_0 即为 A 点的投影误差。同理，低于基准面的 B 点，其投影误差为 bb_0。投影误差无法完全消除，只能加以限制。

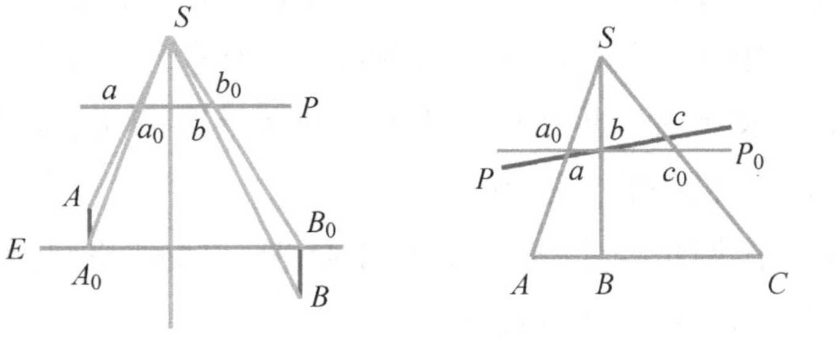

（a）地形起伏引起的像点位移　　（b）像片倾斜引起的像点位移

图 3-6　像点位移

假设在同一摄站，拍摄了水平像片和倾斜像片，以水平像片为标准，与倾斜像片比较，则会发现地面同一点在倾斜像片上的像点位置，相对于水平像片上相应像点的位置产生了位移，这种像点位移称为倾斜误差。像片倾斜引起的像点位移如图 3-6（b）所示，P 为倾斜像片，P_0 为水平像片，SA、SC 为投影光线。地面点在像片 P 和 P_0 上的像点，分别为 a 和 a_0，c 和 c_0。

很明显，在倾斜像片 P 上可以看出像点偏移了 aa_0、cc_0，即为倾斜误差。倾斜像片可以通过纠正仪转化为水平像片，因此用纠正仪做像片纠正，可以消除倾斜误差。

3.2.2 摄影测量坐标系

摄影测量的任务是根据像片上像点的位置确定相应地面点的空间位置。摄影测量将二维影像进行三维重建，即依据像点二维坐标解算对应物点的三维坐标。因此，必须建立物点坐标与像点坐标的数学关系，即影像的构像模型。这个数学模型的建立，涉及坐标系、内外方位元素、旋转矩阵和坐标变换等内容。在研究摄影像点与物点空间位置的关系时，常用的坐标系有两大类：像方坐标系和物方坐标系，如图 3-7 所示。

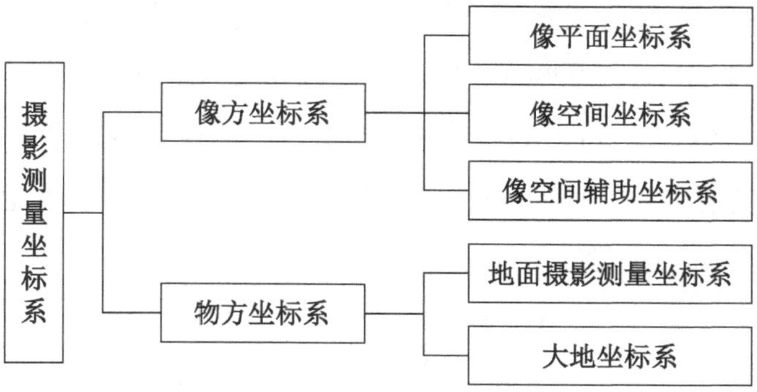

图 3-7 摄影测量坐标系类型

像方坐标系描述像点的位置，包括像平面坐标系、像空间坐标系、像空间辅助坐标系。物方坐标系描述地面点的位置，包括地面摄影测量坐标系和大地坐标系。摄影测量坐标系关系如图 3-8 所示。

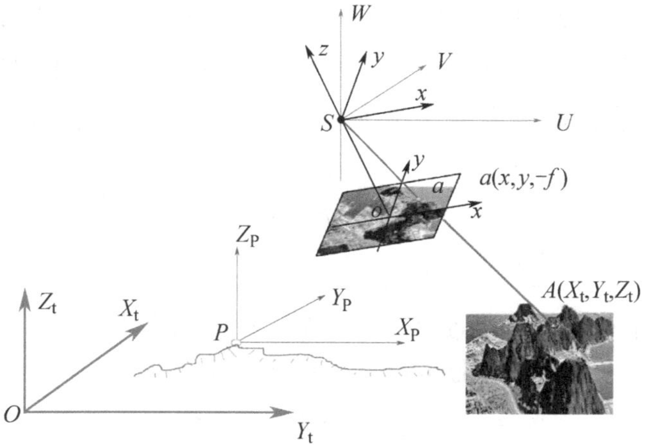

图 3-8 摄影测量坐标系关系

1. 像平面坐标系 o–xy

像平面坐标系 o-xy（见图 3-9）是定义在像平面内的右手直角坐标系，用来表示像点在像平面内的位置。摄影机主光轴与像平面的交点为像主点，其坐标原点定义为像主点 o，一般以航线方向的一对框标连线为 x 轴，记为 o-xy。

2. 像空间坐标系 S−xyz

像空间坐标系 *S-xyz*（见图 3-10）是在像平面坐标系基础上建立的空间直角坐标系，用来表达像点的空间位置。该坐标系以投影中心（摄影点 *S*）为坐标原点，像空间坐标系的 *x* 轴、*y* 轴分别平行于与像平面坐标系的 *x* 轴、*y* 轴，且方向相同，以摄像的主光轴 *So* 作为 *z* 轴。摄影机物镜后节点到像片主点的垂直距离称为摄影机主距 *f*。

如果不考虑相机的镜头畸变，在这个系统中，每个像点的 *z* 坐标值都等于−*f*（主距 *f* 的负值）。该坐标系一般表示为 *S-xyz*。

3. 像空间辅助坐标系 S−UVW

像空间辅助坐标系 *S-UVW*（见图 3-11）用来表示像点在像方空间上的位置。该坐标系的原点在摄影中心 *S* 上，其坐标轴方向(U, V, W)通常与选定的物方坐标系（如地面摄影测量坐标系）方向大致平行或一致，是为了后续坐标转换（如旋转）的方便。该坐标系是一种过渡坐标系，是为了公式推导方便而假设的，在实际中并不存在。其核心功能是作为桥梁，简化像空间坐标系到物方坐标系的转换计算。

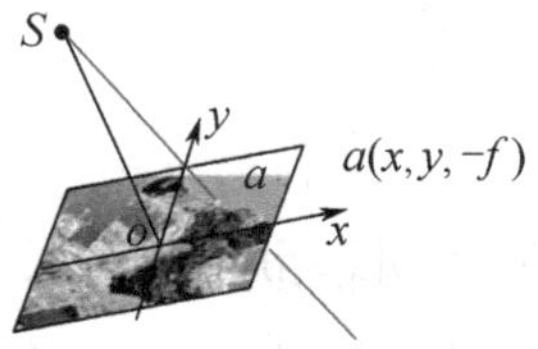

图 3-9　像平面坐标系 o-xy

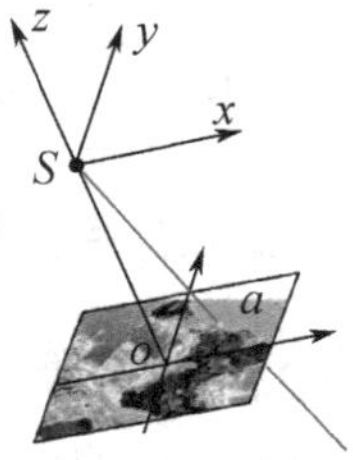

图 3-10　像空间坐标系 S-xyz

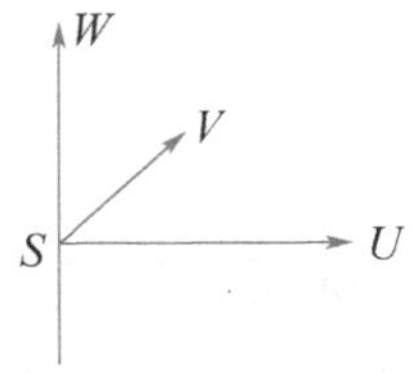

图 3-11　像空间辅助坐标系 S-UVW

像空间坐标与像空间辅助坐标之间的变换是正交变换，即一个坐标按照某种次序有规律地旋转三个角度即可变换为另一个原点的坐标系。假设像点 *a* 在像空间坐标系中的坐标为$(x, y, -f)$，在像空间辅助坐标系中的坐标为(X, Y, Z)，两者的正交关系为

$$\begin{bmatrix} X \\ Y \\ Z \end{bmatrix} = \boldsymbol{R} \begin{bmatrix} x \\ y \\ z \end{bmatrix} = \begin{pmatrix} a_1 & a_2 & a_3 \\ b_1 & b_2 & b_3 \\ c_1 & c_2 & c_3 \end{pmatrix} \begin{bmatrix} x \\ y \\ -f \end{bmatrix} \tag{3-1}$$

式中，$\boldsymbol{R}$ 是一个 3×3 的正交矩阵，得到 9 个方向矩阵的元素为

$$\left.\begin{aligned} a_1 &= \cos\varphi\cos\kappa - \sin\varphi\sin\omega\sin\kappa \\ a_2 &= -\cos\varphi\sin\kappa - \sin\varphi\sin\omega\cos\kappa \\ a_3 &= -\sin\omega\cos\omega \\ b_1 &= \cos\omega\sin\kappa \\ b_2 &= \cos\omega\cos\kappa \\ b_3 &= -\sin\omega \\ c_1 &= \sin\varphi\cos\kappa + \cos\varphi\sin\omega\sin\kappa \\ c_2 &= -\sin\varphi\sin\kappa + \cos\varphi\sin\omega\cos\kappa \\ c_3 &= \cos\varphi\cos\omega \end{aligned}\right\} \tag{3-2}$$

4. 地面摄影测量坐标系 $P-X_PY_PZ_P$

摄影测量坐标系采用的是右手系（右手直角坐标系），而大地坐标系采用的是左手系，这给摄影测量坐标到大地测量坐标的转换带来了困难。因此，需要在摄影测量坐标系与大地坐标系之间建立一种过渡性坐标系，称之为地面摄影测量坐标系 $P\text{-}X_PY_PZ_P$ ，如图 3-12 所示。

该坐标系的原点和坐标轴方向的选择需要根据实际情况而定。一般地，原点选为测区内某一控制点 P，X_P 轴与航线方向基本一致且水平，Z_P 轴垂直于水平面（或参考椭球面法线方向），向上为正，Y_P 轴与 X_P 轴、Z_P 轴构成右手直角坐标系。在摄影测量中，先将像点坐标通过像空间辅助坐标系转换到地面摄影测量坐标（右手直角坐标系），再将地面摄影测量坐标转换到大地坐标（左手直角坐标系）。

5. 大地坐标系 $O-X_tY_tZ_t$

以上叙述的 4 种坐标系都满足右手定则，而大地坐标系是满足左手定则的坐标系。

大地坐标系为国家统一坐标系，其平面坐标为高斯-克吕格 3° 分带或 6° 分带投影。在大地坐标系中，X_t 轴指向为正北，Z_t 轴指向参考椭球短轴方向（与地球自转轴平行），Y_t 轴与 X_t 轴、Z_t 轴构成左手直角坐标系。地面点的高程是以国家黄海高程基准为标准测量出的高程值。大地坐标系 $O\text{-}X_tY_tZ_t$ 如图 3-13 所示。

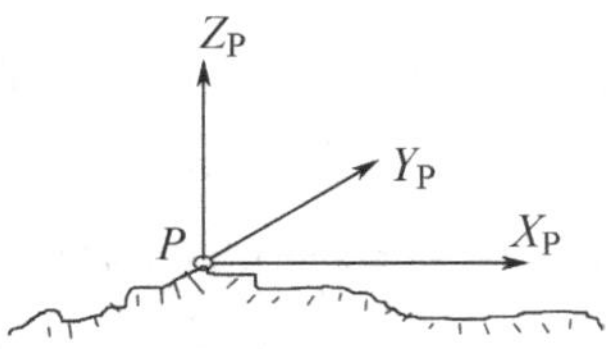

图 3-12 地面摄影测量坐标系 $P\text{-}X_PY_PZ_P$

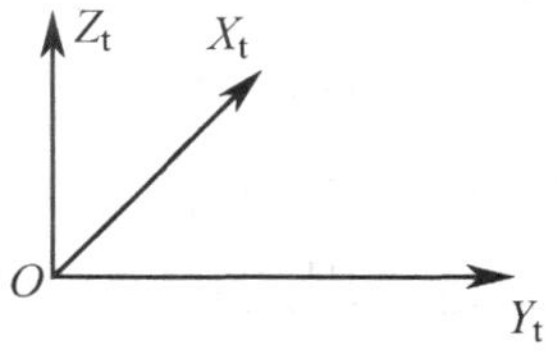

图 3-13 大地坐标系 $O\text{-}X_tY_tZ_t$

3.2.3 内、外方位元素

航摄像片的内、外方位元素是建立物与像之间数学关系的重要基础。在航测中，描述摄影瞬间摄影中心和像片在物方空间坐标系中的位置与姿态的参数，称为航摄像片的方位元素。像片的方位元素分为内方位元素和外方位元素两部分。

内方位元素包括三个参数，是表示摄影中心和像片之间位置关系的参数，如图 3-14（a）所示。三个参数即摄影中心 S 到像片的垂直距离 f，像主点 O 在像方坐标系中的坐标 x_0、 y_0。在摄影测量中，当恢复了像片的内方位元素，诸像点与投影中心之间形成的投影光束就与摄影时的摄影光束完全相似，即恢复了摄影时的光束（形状）。像片的内方位元素通常是已知的，一般通过航空相机的检校获取。

外方位元素包括六个参数，其作用是描述在拍摄瞬间，摄影中心 S 和像片在物方空间坐标系中的位置信息和姿态信息，如图 3-14（b）所示。摄影中心点 S 在物方空间坐标系的坐标为 (X_S, Y_S, Z_S)，这三个坐标元素描述摄影中心在拍摄瞬间在物方空间坐标系中的位置信息；像片在空间平移、倾斜和旋转的空间姿态由三个角元素 φ、κ、ω 来表达，它描述了像片在摄影瞬间的空间姿态（航向倾角 φ、像片旋角 κ、旁向倾角 ω）。

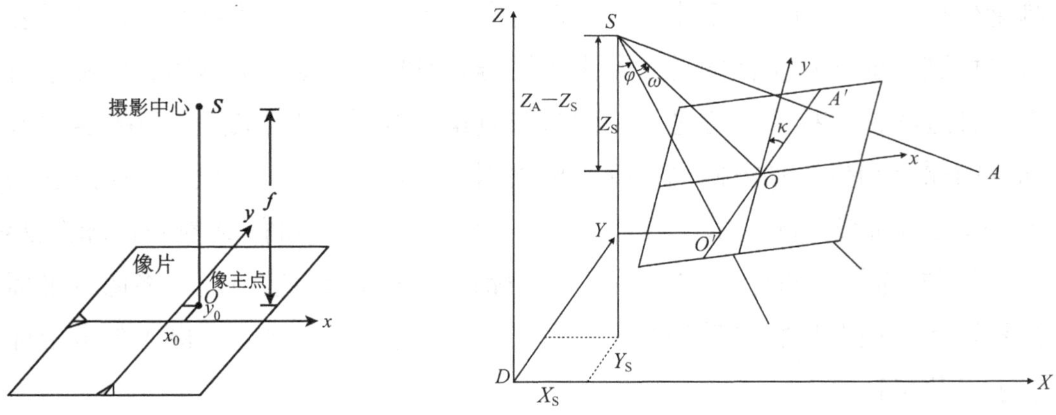

（a）　　　　　　　　（b）

图 3-14　内、外方位元素

外方位三个角元素可看作是摄影机（相机）轴从起始的铅垂方向绕空间坐标轴按某种次序连续三次旋转所形成的。先绕每一轴旋转一个角度，其余两轴的空间方位随之变化；再绕变动后的每二轴旋转一个角度，两次旋转的结果达到恢复摄影机（相机）轴的空间方位；最后绕经过两次变动后的每三轴（与摄影方向重合）旋转一个角度，也称为像片在其本身平面内绕其中心旋转一个角度。所谓每一轴是绕它旋转每一个角度的轴，也称为主轴，它的空间方位是不变的。每二轴随之绕主轴旋转，空间方位要变动的，也称为副轴。结合不同的摄影测量仪器的结构，有以 V 轴、U 轴或 W 轴为主轴的三种转角系统来表达像片的外方位元素。

传统摄影测量采用的是量测型相机，其内方位元素已知并且有较高的稳定性、较小的镜头畸变，但其价格昂贵且设备较为复杂。近些年，随着非量测相机（普通数码相机）分辨率、稳定性等性能的提高，并具有价格低廉、携带方便等优点，被广泛应用于无人机航空摄影测量。但是普通数码相机由于内方位元素未知、镜头畸变较大，所以为了满足摄影测量要求，在进行测量之前必须进行相机检校。

空间点的三维位置信息与通过相机拍摄到的二维图像中的对应点之间的相互关系是由摄像机成像的几何模型决定的，该几何模型称为相机内方位元素（计算机视觉中称为相机参数）。相机内方位元素需要通过实验和计算来确定，解求这些参数的过程即为相机检校。

按照是否需要控制场，相机检校方法可分为传统检校方法和自检校方法。传统检校方法是将含有众多控制点的控制场作为拍摄对象，然后对拍摄的图像进行相关处理，并利用一系列的数学变换求取相机的参数。相机自检校方法不需要特定的控制场，仅仅依靠多幅图像之间的对应点关系（如 Kruppa 方程等）直接解算相机参数。传统检校方法较为成熟，检校精度较高，已得到了较广泛的应用，但是检校过程烦琐。自检校方法较为灵活，缺点是需要特定的拍摄条件或位置，并且相关参数过多，容易导致解算不够稳定。

1. 张正友相机检校法

张正友在 1998 年提出了一种比较简单灵活的检校方法。该检校方法只需要相机对一个检校模板在不同的方向拍摄不少于三张影像，再通过提取二维图像点坐标得到与三维点的对应来获得最终结果，该检校方法是目前摄像机检校研究中比较热门的算法之一。该方法假定平面检校板置于其所在的坐标系平面上，通过线性成像模型来求得相机参数的初值，然后基于非线性成像模型给出考虑过非线性畸后变的目标函数，然后使用非线性最优化的方法来获得相机参数的最优解。这种检校方法具有较好的鲁棒性、实用性，但检校精度较低。

2. 直接线性变换相机检校

Abdel-Aziz 和 Karara 首次在 1971 年提出直接线性变换方法（DLT）。该方法通过简单地解线性方程组得到相机的参数，这是直接线性变换方法的优点所在。最初，这种方法的提出没有考虑非线性畸变补偿问题，只给出了基本的线性约束方程来表示像平面坐标系与摄影测量坐标系之间的变换关系。在后来的使用中，为了提高相机检校的精度，研究者们在 DLT 的线性模型基础上引入了非线性优化算法，通过非线性手段来补偿畸变等因素。由此可知，直接线性变换方法有两种模型，一种是直接通过求解线性方程得到相机的参数；另一种是使用非线性优化算法。第一种模型是

$$\begin{cases} x+\dfrac{l_1X+l_2Y+l_3Z+l_4}{l_9X+l_{10}Y+l_{11}Z+1}=0 \\ y+\dfrac{l_5X+l_6Y+l_7Z+l_8}{l_9X+l_{10}Y+l_{11}Z+1}=0 \end{cases} \tag{3-3}$$

其中，(X, Y, Z)是物方点在摄影测量坐标系中的三维坐标，(x, y)是该点在影像中的投影点在像平面坐标系的坐标。l_{ij} 是 11 个待求变换参数，解算这 11 个变换参数至少需要 6 个物方点三维坐标以及其对应的像点坐标。

当考虑非线性畸变因素时，直接线性变换的关系模型为

$$\begin{cases} x+\Delta x(x,y)+\dfrac{l_1X+l_2Y+l_3Z+l_4}{l_9X+l_{10}Y+l_{11}Z+1}=0 \\ y+\Delta y(x,y)+\dfrac{l_5X+l_6Y+l_7Z+l_8}{l_9X+l_{10}Y+l_{11}Z+1}=0 \end{cases} \tag{3-4}$$

其中，$\Delta x(x,y)$与$\Delta y(x,y)$为像点(x,y)的镜头畸变校正。由式（3-4）可以看出，利用直接线性变换模型可以很方便地加入非线性畸变参数进行计算。该方法原理简单，易于实现，但是检校精度较低。

3. 基于 Kruppa 方程的相机自检校

Kruppa 方程最初是由 Faugeras、Luong 和 Maybank 引入到计算机视觉领域中来的，他们提出了求解 Kruppa 方程的相机自检校方法，这被看作是历史上第一个相机自检校方法。Faugeras 等的研究证明了每两幅图像间存在两个形如 Kruppa 方程的二次约束，内部参数可以通过求解 Kruppa 方程组来确定。

基于 Kruppa 方程的自检校方法检校相机的过程仅需要建立两幅图像之间的方程，对图像

序列的摄影重建过程并不考虑。如果图像序列较长，且所有图像相对于确定的摄影空间无穷远平面的一致性无法保证，则检校算法的稳定性会受到影响，而且求解 Kruppa 方程的计算量太大，非线性优化后收敛性不好，因此该自检校方法鲁棒性较低。

4. 基于空间后方交会的相机检校

基于空间后方交会的相机检校是一种依据共线条件方程式，以像点坐标作为观测值，以解求像片内方位元素和某些附加参数为主要目的，但又同时解求像片外方位元素的相机检校方法。误差方程如下

$$V = AX_1 + BX_2 + CX_{\text{ad}} - L \tag{3-5}$$

式中，X_1 表示像片外方位元素改正数，X_2 表示相机内参数改正数，X_{ad} 表示镜头畸变参数改正数。利用物方点的三维坐标与对应的像点坐标，按式（3-5）逐点组成误差方程，进行法化、求解，可以得到相机内参数、镜头畸变参数以及相片外方位元素。

基于空间后方交会的相机检校可分为单片检校和多片检校两种，单片检校的稳定性较差，并且很难保证精度。多片检校具有较好的稳定性。但是无论是单片还是多片，检校的精度比较依赖控制点的物方坐标，如果想要达到物方坐标的精度要求，需要高精度的量测配合，并且也需要消耗大量的人力物力。

3.2.4 共线条件方程

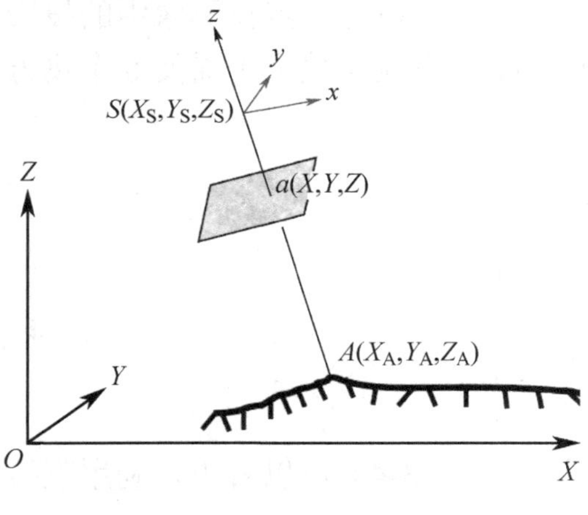

图 3-15 共线条件方程示意图

为了研究像点与地面相应点的数学关系，必须建立中心投影的构像方程。由于中心投影的构像方程在推导中像点、投影中心和地面点三点共线，故又称共线条件方程，如图 3-15 所示。

假定 S 为摄影中心点，主距为 f，在地面摄影测量坐标系中，它的坐标(X_S, Y_S, Z_S)，物点 A 是坐标为(X_A, Y_A, Z_A)在地面摄影测量坐标系中的空间点，a 是 A 在影像上的构像，它对应的像空间坐标系中的坐标为$(x, y, -f)$，像空间辅助坐标系的坐标为(X, Y, Z)。此时 a、A、S 三点位于一条直线上，像点的像空间辅助坐标(X, Y, Z)与地面摄影测量坐标(X_A, Y_A, Z_A)之间的关系如下

$$\frac{X}{X_A - X_S} = \frac{Y}{Y_A - X_S} = \frac{Z}{Z_A - Z_S} = \lambda \tag{3-6}$$

式中，λ 为比例因子，则

$$X = \lambda(X_A - X_S), \quad Y = \lambda(Y_A - Y_S), \quad Z = \lambda(Z_A - Z_S) \tag{3-7}$$

由像点的像空间坐标与像空间辅助坐标的关系可知

$$\frac{x}{-f} = \frac{a_1 X + b_1 Y + c_1 Z}{a_3 X + b_3 Y + c_3 Z} \tag{3-8}$$

$$\frac{y}{-f}=\frac{a_2X+b_2Y+c_2Z}{a_3X+b_3Y+c_3Z} \tag{3-9}$$

其中，a_i、b_i、c_i（$i=1,2,3$）为方向余弦，分别是像空间辅助坐标系各轴与相应的像空间坐标系各轴夹角的余弦。像主点坐标为(x_o, y_o)，带入式（3-7）得

$$\left.\begin{aligned} x-x_o &= -f\frac{a_1(X_A-X_S)+b_1(Y_A-Y_S)+c_1(Z_A-Z_S)}{a_3(X_A-X_S)+b_3(Y_A-Y_S)+c_3(Z_A-Z_S)} \\ y-y_o &= -f\frac{a_2(X_A-X_S)+b_2(Y_A-Y_S)+c_2(Z_A-Z_S)}{a_3(X_A-X_S)+b_3(Y_A-Y_S)+c_3(Z_A-Z_S)} \end{aligned}\right\} \tag{3-10}$$

上式就是常见的共线条件方程式，式中，x、y 为像点的平面坐标值；x_o、y_o、f 为影像内方位元素；X_S、Y_S、Z_S 为摄站点的地面摄影测量坐标值；X_A、Y_A、Z_A 为物方点的地面摄影测量坐标值。

共线条件方程是描述摄影中心点 S，像片上的像点 a，以及被摄物体 A 三点处于一条直线上的数学关系式。该方程是摄影测量学中最基本的原理公式之一，是解算摄影测量学重要的理论基础。根据不同的解算目的，共线方程可以解算出以下几种未知数。

（1）利用空间后方交会法，可以解算出外方位元素（X_S、Y_S、Z_S、φ、ω、κ）。

（2）利用空间后方交会法和光线束解法，可以解算出内方位元素（f、x_0、y_0）。

（3）利用空间前方交会法和光线束解法，可以解算出物方空间坐标(X,Y,Z)。

（4）利用生成模拟数据、逆反摄影测量，可以解算出像点坐标(x,y)。

3.3 双像解析摄影测量

单张像片只能研究物体的平面位置，而在两个不同摄站对同一地区摄取具有一定重叠度的立体像对，则可构成立体模型进而解求地面物体的空间位置。按照立体像对与被摄物体的几何关系，以数学计算方式，通过计算机解求被摄物体的三维空间坐标，称为双像解析摄影测量。其主要研究立体像对与被摄物体之间的数学关系，以及如何计算被摄物体的三维空间位置。

3.3.1 人眼立体视觉

用双眼看物体，能自然地分辨出物体的远近、高低和大小，这是天然的立体视觉，是由于双眼观察时，同一物体在左、右视网膜上形成的构像不同所造成的。人眼两瞳孔之间的距离大约为 65mm，使得双眼在一定距离范围内观察同一目标时的角度略有不同，这一细微差别使得同一目标投影到左右视网膜上的像略有不同，在视觉上产生差异，这就是双目视差。双目视差是反映空间物体深度信息的客观物理现象，是感知立体知觉的重要生理基础。

人眼双目视觉模型如图 3-16 所示，空间物体从 A、B 两点发出的光线，通过人眼的晶状体在左眼和右眼视网膜上构成影像，分别为 A_L、B_L 和 A_R、B_R。由于 A、B 两点在用眼睛观察时角度略有不同，致使视网膜上 A_LB_L 和 A_RB_R 长度不等，产生生理视差。生理视差由视神经传导到大脑皮层的视觉中心，便产生了物体具有远近差异的效果。所以，生理视差是产生天然立体感觉的根本原因。

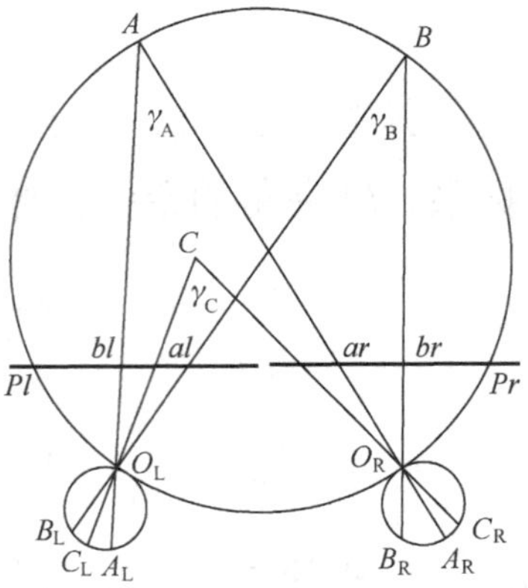

图 3-16　人眼双目视觉模型

人造立体视觉是基于人类生理视差产生立体视觉的原理形成的。当在两眼前各安置一对承影板，如果拿掉 A、B 两点，只要保持两只眼睛和承影板原有的相关位置不变，仍会产生直接观测 A、B 点的视觉效果，并能分辨目标点的远近。这时，所看到的不是空间物体本身，而是目标点按一定的投影方法所形成的影像，故称为人造立体视觉。根据这个原理，如果从两个不同位置对同一物体拍摄两幅像片，按照相应空间位置恢复摄影光束，就可以建立所摄物体的立体模型。在进行航空摄影时，要求沿航向的相邻航片有 65%左右的重叠影像，利用相邻的航片，基于上述原理，就能获得所摄地面的立体影像。因此，建立人造立体视觉必须具备以下条件。

（1）为了组成立体像对，两张像片必须是从不同摄站对同一目标物摄取的。

（2）需要两只眼睛分别观察像对中的每一张像片，即进行分像处理。

（3）观察时，像对上同名像点的连线要与人的眼睛基线大致平行，以保证两视线在同一个视平面内。

（4）比例尺基本一致（差异小于比例尺的 16%）。

通常，建立立体视觉的方法有立体镜法、互补色法、光闸法和偏振光法。立体镜是对像对进行立体观察的工具，具有分光的功能。摄影测量中所使用的精密测图仪就是根据这个原理制造的。互补色法是利用自然界中颜色相补的原理达到隔离视线的目的，将像对分别安放在两个投影器中，通过互补色滤光片投影到承影板上，借助互补色眼镜承影板上的影像就能构造立体模型。

计算机立体视觉也是以人眼视觉模型为基础的。立体视觉的应用使得摄影测量从单像量测发展为立体像对量测，不仅提高了量测的精度和工作效率，还扩大了摄影测量的应用范围，为立体摄影测量奠定了基础。

3.3.2　立体像对的相对定向

由两相邻摄站所摄取的、具有一定重叠度的一对像片称为立体像对（简称像对），立体像对如图 3-17 所示。利用立体像对的两张像片进行投影，可以建立按比例缩小的地物模型。设想利用两个投影器，将立体像对的两张像片分别投影。如果能保证投影光束与摄影光束完全相似，而且将两投影器连同像片还原到两摄站上，并与摄影时的摄影机空间方位保持一致，同时在恢复了两张像片的内、外方位元素的情况下，同名点的投影射线必然对对相交，进而形成实地的几何模型。

通过立体观察，可直接量测几何模型并绘出一定比例尺的地形图。这种方法是模拟空中摄影过程的基本思想，或者说是摄影过程的几何反转。一般来讲，每个像对有十二个外方位元素，可分成两组：五个相对定向元素和七个绝对定向元素。

利用立体像对进行摄影时存在同名光线对应相交的几何关系，再通过量测的像点坐标，以解析计算的方法（此时不需要野外控制点），解求两张像片的相对方位元素值的过程，称为相对定向。确定相邻两张像片的相对位置和姿态的要素，称为相对定向元素。相对定向的目的是建立一个与被摄物体相似的几何模型，以确定模型点的三维坐标。

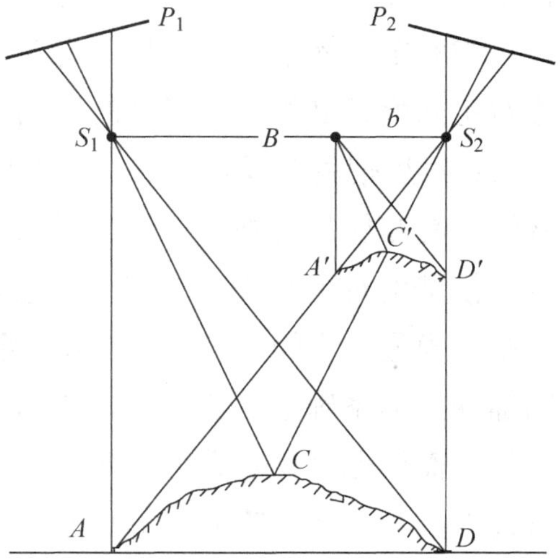

图 3-17 立体像对

相对定向元素是确定像对两张像片相对位置的元素。相对定向元素随着像空间辅助坐标系的不同而有所不同。保持投影基线不动，取它作为像空间辅助坐标系的 X 轴，以左方投影中心 S_1 作为坐标原点，通过原点与左方主核面相垂直的方向线作为 Y 轴。相对于这样一个像空间辅助坐标系而言，方位元素有五个：φ_1、κ_1、φ_2、κ_2、ω_2，它们并称为单独像对的相对定向元素，如图 3-18 所示。

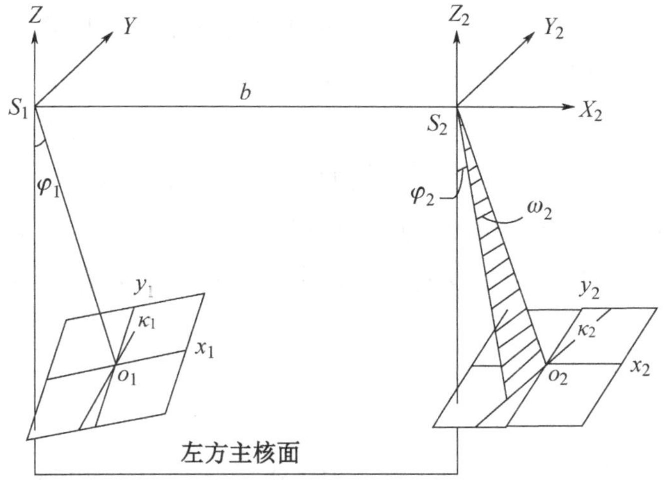

图 3-18 单独像对的相对定向元素

进行像对的相对定向，目的是恢复两张像片的相对位置，达到同名射线对对相交。需要通过五个相对定向元素来完成，但这几个元素的数值并不重要，因为对同一个像对而言，五个相对定向元素的数值是随着所取的像空间辅助坐标系的变化而变化的。

3.3.3 模型的绝对定向

相对定向建立立体模型是相对于选取的某个坐标系来讨论的，这个坐标系在地面坐标系中的方位是未知的，比例尺也是任意的。要确定立体模型在地面坐标系中的方位和大小，需要把模型坐标变换为地面坐标，并化为规定的比例尺。这种坐标系的变换称之为模型的绝对定向。

绝对定向元素是确定相对定向所建立的几何模型的比例尺和恢复模型的空间方位的元素。相对定向所建立的几何模型的比例尺是任意的，需要改变投影基线 b 的长度，使之符合测图比例尺；然后把两个像片看成一个整体，连同建立的模型一起在空间内进行平移和旋转，能够间接地恢复左像片的外方位元素：X_S、Y_S、Z_S、φ、ω、κ，同时也恢复了右像片的外方位元素。

模型绝对定向就是确定七个绝对定向元素 X_S、Y_S、Z_S、Φ、Ω、K、b，前六个元素用以恢复整个模型的空间位置，而 b 只关系到模型的比例尺。模型的定向要依照相对定向所取的像空间辅助坐标系确定，通过 Φ、Ω、K 的三次旋转，纳入到相应的地面坐标系。求解七个绝对定向元素需要七个已知数据，所以至少要有三个已知的地面控制点，而且这三个点不能位于一条直线上，其中两点需要知道平面坐标 X、Y 和高程，而另一个点只需要知道高程就够了。

根据立体像对的内在几何特性，按物点、摄站点与像点构成的几何关系，用数学计算方式求解物点的三维空间坐标的方法有三种。

（1）用单张像片的空间后方交会与立体像对的前方交会方式求解物点的三维空间坐标。这种方法是以像片对内已有足够数量的地面控制点坐标为基础的。其计算分两步走，第一步是先根据地面控制点坐标，按共线条件方程解求像片的外方位元素。第二步是依据求得的两张像片的外方位元素，按照前方交会公式计算像对内其他所有地面点的三维坐标，从而建立数字立体模型。

（2）用相对定向和绝对定向方法求解地面点的三维空间坐标。此法是利用具有相互重叠部分的两张像片，先进行恢复摄影瞬间两像片的相对位置和方位的操作，使同名光线达到对对相交，再建立与地面相似的几何模型，然后将立体模型进行平移、旋转和缩放的绝对定向，把立体模型的模型点坐标纳入到规定的坐标系中，并化为规定的比例尺，以确定立体像对内所有地面点的三维坐标。

（3）采用光束法求解地面点三维坐标。这种方法是找到待求的地面点与已知地面点坐标，按照共线条件方程，用连结点条件和控制点条件同时列出误差方程式，统一进行平差计算，以求得地面点的三维坐标。此法理论上较为严密，它将前两种方法的两个计算步骤合为一体，同时进行解算。

3.3.4 影像匹配

构建立体像对达到同名射线对对相交的方法，实质上也是在两幅影像之间识别同名点的过程。随着科技的进步，数字摄影测量以计算机视觉代替传统的人工立体视觉观测来获取同名像点，即影像匹配。影像匹配方法主要可以分为两类：基于灰度的影像匹配和基于特征的影像匹配。基于灰度的影像匹配方法相对简单快速，基于特征的影像匹配方法更适合于复杂空间变换图像之间的匹配。

（1）基于灰度的影像匹配。

基于灰度的影像匹配主要是根据不同的函数算法来定义匹配测度的。常用的函数算法有：相关函数法、协方差函数法、最小二乘法、相关系数法、差平方和法、差绝对值和法等。数字

影像实质是一个二维的灰度矩阵 $\boldsymbol{g}$，即

$$\boldsymbol{g}=\begin{pmatrix} g_{11} & g_{12} & \cdots & g_{1n} \\ g_{21} & g_{22} & \cdots & g_{2n} \\ \vdots & \vdots & & \vdots \\ g_{m1} & g_{n1} & \cdots & g_{mn} \end{pmatrix} \tag{3-11}$$

式（3-11）中二维数组中的每一个像元素 g_{ij} 都代表一个灰度值，其集合组成对应着光学影像或实体的一个微小区域，称为像素或像元素。灰度值 g_{ij} 代表像素的量化“灰度级”。灰度匹配是指寻找类似待相关的一个小区域的影像灰度。首先在一张影像上确定一个目标点，并在该点周围选取 $n\times n$ 个点的灰度值矩阵组成一个目标区。将目标区中任意一个像元素的灰度值设为 g_{ij}（$i,j=1,2,\cdots,n$），一般取 n 为奇数，其围绕的点即为目标点。根据在第一张影像上的目标点的坐标概略地估计出它在另一张影像上的相关目标点的范围，以此为绕点取在其周围 $l\times m(l>n, m>n)$个影像灰度序列，组成一个比第一张像片目标区范围要大的搜索区。

二维影像相关目标区与搜索区如图 3-19 所示，在搜索区寻找同名像点时，若搜索工作在 x、y 两个方向进行，则是二维相关运算。在搜索区内有 $(l-n+1)\times(m-n+1)$ 个与目标区等大的区域，称为相关窗口，$g'_{i+k,j+h}$（$i,j=1,\cdots,n$；$k=0,1,\cdots,l-n$；$h=0,1,\cdots,m-n$）为窗口内任意一点的灰度值。

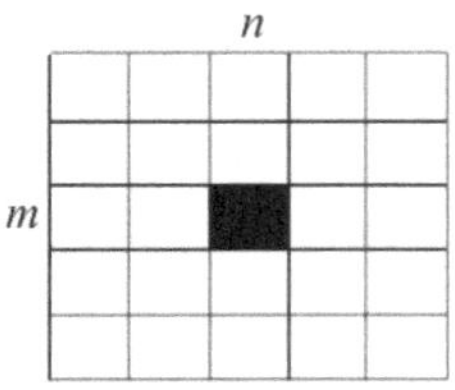

（a）目标区

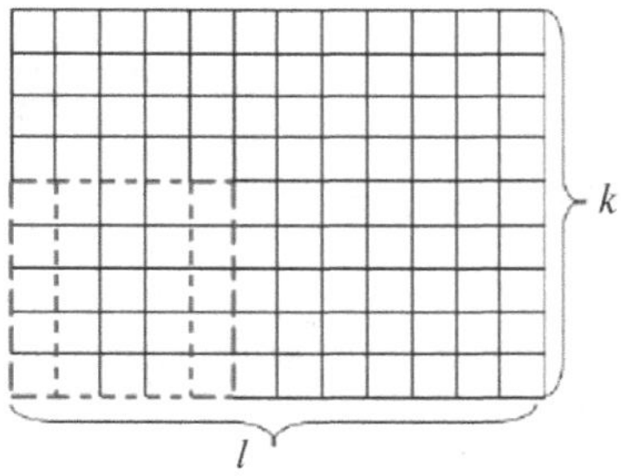

（b）搜索区

图 3-19 二维影像相关目标区与搜索区

两个点组的均值 $\overline{g}$、$\overline{g'}$ 分别为

$$\overline{g}=\frac{1}{n}\sum_{i=1}^{n}g_i,\ \overline{g'}=\frac{1}{n}\sum_{i=1}^{n}g'_{i+k}\quad(k=0,1,2,3,\cdots,m-1) \tag{3-12}$$

两个点组的方差 σ_{gg}、$\sigma_{g'g'}$ 分别为

$$\sigma_{gg}=\overline{g}=\frac{1}{n}\sum_{i=1}^{n}g_i^2-\overline{g}^2,\quad \sigma_{g'g'}=\frac{1}{n}\sum_{i=1}^{n}{g'_{i+k}}^2-\overline{g'}^2\quad(k=0,1,2,3,\cdots,m-1) \tag{3-13}$$

两个点组的协方差 $\sigma_{gg'}$ 为

$$\sigma_{gg'}=\frac{1}{n}\sum_{i=1}^{n}g_i\,g'_{i+k}-\overline{g'}\,\overline{g'}^2 \tag{3-14}$$

两个点组的相关系数 ρ_k 为

$$\rho_k=\frac{\sigma_{gg'}}{\sqrt{\sigma_{gg}\sigma_{gg'}}}\quad(k=0,1,2,3,\cdots,n) \tag{3-15}$$

在搜索区内寻找同名像点，每移动一个像素，按照上述公式计算，最终得出目标区和搜索区的相关系数 ρ，共能计算出 $m-n+1$ 个相关系数，取 ρ 的最大值，选取其对应的一维相关窗口的中心像素，叫作目标点的同名像点。

当 $k=k_0$ 时，相关系数取得最大值，同名像点在搜索区内的序号为

$$k_0+\frac{1}{2}(n+1) \tag{3-16}$$

在二维相关的情况下，g_{ij}，g'_{ij} 表示二维目标影像（左影像）和二维搜索影像（右影像）的灰度分布影像窗口，大小为 $m\times n$，均值为

$$\left.\begin{aligned}
\bar{g} &= \frac{1}{n^2}\sum_{i=1}^{m}\sum_{j=1}^{n} g_{ij} \\
\overline{g'} &= \frac{1}{mn}\sum_{i=1}^{m}\sum_{j=1}^{n} g'_{ij} \\
\sigma_{gg} &= \frac{1}{mn}\sum_{i=1}^{m}\sum_{j=1}^{n}(g_{ij}-\bar{g})^2 = \frac{1}{mn}\sum_{i=1}^{m}\sum_{j=1}^{n} g_{ij}{}^2-\bar{g}^2 \\
\sigma_{g'g'} &= \frac{1}{mn}\sum_{i=1}^{m}\sum_{j=1}^{n}(g'_{ij}-\overline{g'})^2 = \frac{1}{mn}\sum_{i=1}^{m}\sum_{j=1}^{n} g'^2_{ij}-\overline{g'}^2
\end{aligned}\right\} \tag{3-17}$$

相关函数匹配测度 R 为

$$R=\sum_{i=1}^{m}\sum_{j=1}^{n} g_{ij}\cdot g'_{ij} \tag{3-18}$$

协方差函数匹配测度 $\sigma_{gg'}$ 为

$$\sigma_{gg'}=\frac{1}{mn}\sum_{i=1}^{m}\sum_{j=1}^{n}(g_{ij}-\bar{g})(g'_{ij}-\overline{g'}) \tag{3-19}$$

相关系数匹配测度 ρ 为

$$\rho=\frac{\dfrac{1}{mn}\sum\limits_{i=1}^{m}\sum\limits_{j=1}^{n}(g_{ij}-\bar{g})(g'_{ij}-\overline{g'})}{\sqrt{\dfrac{1}{mn}\sum\limits_{i=1}^{m}\sum\limits_{j=1}^{n}(g'_{ij}-\overline{g'})^2\cdot\dfrac{1}{mn}\sum\limits_{i=1}^{m}\sum\limits_{j=1}^{n}(g_{ij}-\bar{g})^2}} \tag{3-20}$$

当相关函数匹配测度、协方差函数匹配测度和相关系数匹配测度取最大时，搜索到的相关点即为目标点的同名像点。

（2）基于特征的影像匹配。

基于特征的影像匹配利用计算机视觉和图像处理技术，提取影像中同名点的图像信息。该信息决定影像中的相同特征。特征通常按形状划分，可分为点特征、线特征和面特征。点特征主要包含影像中的明显点；线特征是线状地物或面状地物的边缘在影像中的构像。面特征是影像中明显的闭合区域信息特征。影像特征点、线、面的提取一般是依靠影像中灰度的分布情况来确定特征的位置、形状以及大小。影像特征的灰度与周围影像的灰度有比较明显的差异和区别。

① 匹配策略。

为同时满足匹配结果的可靠性和匹配精度的要求，可以采用一种自上而下、由粗到精、不

断细化的分级匹配策略。这种策略采用不同带宽的低通滤波器对原始影像进行低通滤波、降采样和平滑处理，生成多级影像。通过降低原始影像的像元空间分辨率，使得在较小的影像范围内保持地面范围不变。平滑处理减少了影像中存在的噪声信息。将原始图像分解成许多不同空间分辨率的子图像，高分辨率（尺寸较大）的子图像放在下层，低分辨率（尺寸较小）的图像放在上层，进而形成了一组影像序列，影像序列呈金字塔形状，故称为金字塔影像。因此，分级匹配又称为金字塔影像匹配策略。

对于二维影像，平均每$2\times2=4$（或$3\times3=9$）个像元为一个第二级影像，再在第二级影像基础上构成第三级影像，以此类推，构成金字塔影像，如图 3-20 所示。

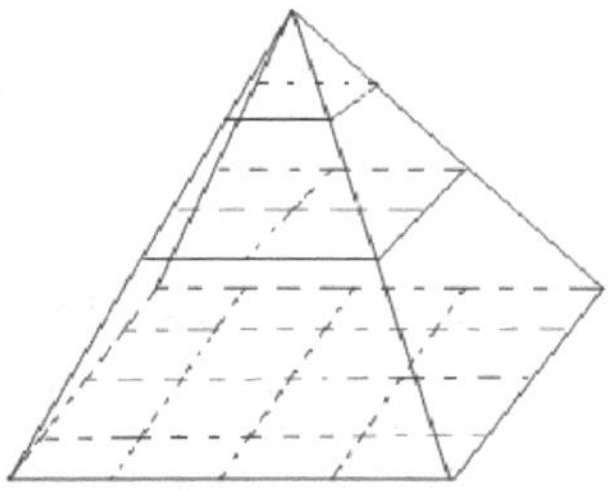

（a）四像元平均

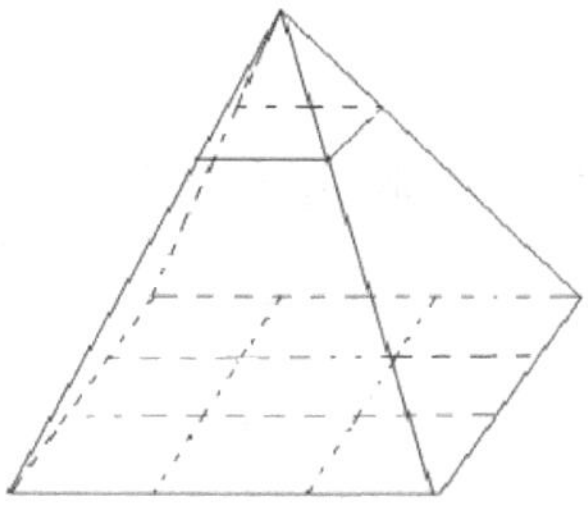

（b）九像元平均

图 3-20 金字塔影像

利用金字塔最上层影像的初相关，找出匹配位置，并将其作为下一层对应的预测位置，将该层的匹配结果传递到下一层作为初始值。然后把这些匹配结果用作控制，对其他特征点进行匹配。由于金字塔分解的过程具有误差传递性，所以在每一级匹配中都需要一个控制策略来保证匹配的正确性。此时搜索区域的位置和范围已经可以基本确定，这保证了影像搜索过程中的可靠性。最后逐步过渡到金字塔影像中底层的原始影像中，在搜索区域中进行影像相关性匹配。金字塔顶层影像保存了原始影像的主要结构信息，过滤了细节和噪声信息，因此匹配的可靠性较高。与原始影像逐点搜索比较，金字塔影像匹配策略由粗到精的匹配过程将搜索区域范围进行了缩小，减少了计算的复杂度。

② SIFT 匹配。

尺度不变特征变换（Scale-Invariant Feature Transform，SIFT）是由 David G. Lowe 提出的一种局部特征匹配算法。其具有性能稳健、信息量丰富、多量性、高速性以及可扩展性等特点。SIFT 特征描述的提取过程如下。

a. 建立尺度空间中的高斯金字塔影像序列。

b. 建立差分高斯金字塔影像序列。

c. 寻找尺度空间中差分高斯金字塔影像序列的灰度极值点。

d. 精确定位极值点位置。

e. 利用 Hessian 矩阵，计算特征值的比值关系，借此去除边缘效应明显的极值点。

f. 计算极值点的主方向。

g. 极值特征点的描述。

h. SIFT 特征匹配。

3.4 解析空中三角测量

3.4.1 概述

应用航摄像片测图时，需要一定数量的地面控制点。在绝大多数情况下，为了减少外业的工作量，仅在野外测定少量必要的地面控制点，而在室内则利用像片之间的内在相互联系来寻找其几何特性，可以采用摄影测量方法进行增补。

解析空中三角测量是航空摄影测量中一种根据少量的野外控制点，在室内进行控制点加密，并求得加密点的高程和平面位置的测量方法。其原理是对航空像片上量测的像点坐标和少量地面控制点，采用较为严密的数学公式，按照最小二乘原理，解算出待定点的平面坐标和高程。

解析空中三角测量也称摄影测量加密，其优势是无须直接接触被量测的目标或物体。凡是影像上可以看到的目标，且不受地面通视条件限制的，均可以测定其位置和几何形状。这种方法能够在区域较大范围内快速进行点位测定，从而节省大量的野外测量工作量。另外，进行摄影测量平差计算时，其加密区域内部精度均匀，受区域大小的影响较小。

目前常用的方法是区域网平差。区域网平差是指在由多条航线连接成的区域内进行控制点加密，并对加密点的平面坐标和高程进行整体平差。区域网法按整体平差所取用的平差单元不同，分为以下三种方法。

（1）航带法区域网平差：以航带作为整体平差的基本单元，解算参数最少，精度最低。

（2）独立模型法区域网平差：以单元模型作为整体平差的基本单元，解算参数较多，精度较高。

（3）光束法区域网平差：以每张像片相似投影光束作为整体平差的基本单元，解算参数多，精度高。

3.4.2 空间后方交会

利用地面控制点的已知坐标值反求像片外方位元素的方法即空间后方交会，其原理是根据共线条件方程式

$$\left.\begin{aligned} x &= -f\frac{a_1(X-X_S)+b_1(Y-Y_S)+c_1(Z-Z_S)}{a_3(X-X_S)+b_3(Y-Y_S)+c_3(Z-Z_S)} \\ y &= -f\frac{a_2(X-X_S)+b_2(Y-Y_S)+c_2(Z-Z_S)}{a_3(X-X_S)+b_3(Y-Y_S)+c_3(Z-Z_S)} \end{aligned}\right\} \tag{3-21}$$

式（3-21）是非线性函数，为了便于计算，需按泰勒级数展开，取小值一次项，使之线性化。

$$\left.\begin{aligned}x&=F_{x_0}+\Delta F_x\\y&=F_{y_0}+\Delta F_y\end{aligned}\right\}\tag{3-22}$$

式中 F_{x_0} 和 F_{y_0} 是将外方位元素的初始值 X_{S_0}、Y_{S_0}、Z_{S_0}、φ_0、ω_0、κ_0 代入式（3-21）中所取得的数值，令 $F_{x_0}=(x)$，$F_{y_0}=(y)$。式中

$$\begin{aligned}\Delta F_x&=\frac{\partial x}{\partial X_S}\Delta X_S+\frac{\partial x}{\partial Y_S}\Delta Y_S+\frac{\partial x}{\partial Z_S}\Delta Z_S+\frac{\partial x}{\partial \varphi}\Delta\varphi+\frac{\partial x}{\partial \omega}\Delta\omega+\frac{\partial x}{\partial \kappa}\Delta\kappa\\\Delta F_y&=\frac{\partial y}{\partial X_S}\Delta X_S+\frac{\partial y}{\partial Y_S}\Delta Y_S+\frac{\partial y}{\partial Z_S}\Delta Z_S+\frac{\partial y}{\partial \varphi}\Delta\varphi+\frac{\partial y}{\partial \omega}\Delta\omega+\frac{\partial y}{\partial \kappa}\Delta\kappa\end{aligned}\tag{3-23}$$

其中 ΔX_S、ΔY_S、ΔZ_S、$\Delta\varphi$、$\Delta\omega$、$\Delta\kappa$ 是像片外方位元素各初始值相应的改正数，为待定未知数。$\frac{\partial x}{\partial X_S}$、……、$\frac{\partial y}{\partial \kappa}$ 为共线条件方程的偏导数，是函数线性化的关键。对每一个已知控制点，把量测出并经系统误差改正后的像点坐标值 x、y 和相应点地面坐标值 X、Y、Z 代入式（3-22），就能列出两个方程式。每个方程式中有六个待定改正数，若像片内有三个已知地面坐标控制点，则可列出六个方程式，解求出六个改正数 ΔX_S、ΔY_S、ΔZ_S、$\Delta\varphi$、$\Delta\omega$、$\Delta\kappa$。这一求解过程需要重复进行，直至改正数小于某一限值为止。最后得出六个外方位元素为

$$\begin{aligned}X_S&=X_{S_0}+\Delta X_{S_1}+\Delta X_{S_2}+\cdots\\Y_S&=Y_{S_0}+\Delta Y_{S_1}+\Delta Y_{S_2}+\cdots\\Z_S&=Z_{S_0}+\Delta Z_{S_1}+\Delta Z_{S_2}+\cdots\\\varphi&=\varphi_0+\Delta\varphi_1+\Delta\varphi_2+\cdots\\\omega&=\omega_0+\Delta\omega_1+\Delta\omega_2+\cdots\\\kappa&=\kappa_0+\Delta\kappa_1+\Delta\kappa_2+\cdots\end{aligned}\tag{3-24}$$

当像幅内有多余控制点时，应根据最小二乘法平差计算。此时像点坐标值 x、y 视为观测值，加入相应的改正数 v_x 和 v_y，则可列出每个点的误差方程式，一般形式为

$$\begin{aligned}v_x&=\frac{\partial x}{\partial X_S}\Delta X_S+\frac{\partial x}{\partial Y_S}\Delta Y_S+\frac{\partial x}{\partial Z_S}\Delta Z_S+\frac{\partial x}{\partial \varphi}\Delta\varphi+\frac{\partial x}{\partial \omega}\Delta\omega+\frac{\partial x}{\partial \kappa}\Delta\kappa+(x)-x\\v_y&=\frac{\partial y}{\partial X_S}\Delta X_S+\frac{\partial y}{\partial Y_S}\Delta Y_S+\frac{\partial y}{\partial Z_S}\Delta Z_S+\frac{\partial y}{\partial \varphi}\Delta\varphi+\frac{\partial y}{\partial \omega}\Delta\omega+\frac{\partial y}{\partial \kappa}\Delta\kappa+(y)-y\end{aligned}\tag{3-25}$$

或写成

$$\left.\begin{aligned}v_x&=a_{11}\Delta X_S+a_{12}\Delta Y_S+a_{13}\Delta Z_S+a_{14}\Delta\varphi+a_{15}\Delta\omega+a_{16}\Delta\kappa-l_x\\v_y&=a_{21}\Delta X_S+a_{22}\Delta Y_S+a_{23}\Delta Z_S+a_{24}\Delta\varphi+a_{25}\Delta\omega+a_{26}\Delta\kappa-l_y\end{aligned}\right\}\tag{3-26}$$

$$l_x=(x)-x\qquad l_y=(y)-y$$

其中，x、y 为量测出并经系统误差改正后的像点坐标值，(x)、(y)为用初值计算的像点坐标值。用矩阵形式表示为

$$\boldsymbol{V}=\boldsymbol{BX}-\boldsymbol{L}\tag{3-27}$$

其中

$$\boldsymbol{V}=[v_x\quad v_y]^{\mathrm{T}}$$

$$\boldsymbol{B}=\begin{bmatrix} a_{11} & a_{12} & a_{13} & a_{14} & a_{15} & a_{16} \\ a_{21} & a_{22} & a_{23} & a_{24} & a_{25} & a_{26} \end{bmatrix}$$

$$\boldsymbol{X}=[\Delta X_S \quad \Delta Y_S \quad \Delta Z_S \quad \Delta\varphi \quad \Delta\omega \quad \Delta\kappa]^T$$

$$\boldsymbol{L}=[l_x \quad l_y]^T$$

根据误差方程式列出法方程式

$$\boldsymbol{B}^T\boldsymbol{PBX}-\boldsymbol{B}^T\boldsymbol{PL}=0 \tag{3-28}$$

一般认为，对所有像点坐标的观测值都是等权的。式（3-28）中 $\boldsymbol{P}$ 为单位矩阵。则

$$\boldsymbol{X}=(\boldsymbol{B}^T\boldsymbol{B})^{-1}\boldsymbol{B}^T\boldsymbol{L} \tag{3-29}$$

能够求出像片外方位元素初始值的改正数 ΔX_S、ΔY_S、ΔZ_S、$\Delta\varphi$、$\Delta\omega$、$\Delta\kappa$，最后求出六个外方位元素 X_S、Y_S、Z_S、φ、ω、κ。

3.4.3 空间前方交会

利用立体像片对两张像片的内、外方位元素和像点坐标来确定物方坐标的方法称为空间前方交会，如图 3-21 所示，设点 S 和点 S'为两个摄站，摄取一对像片。任一地面点 A 在像对左右像片上的像点为 a 和 a'。现已知两张像片的内、外方位元素，将像片按内外方位元素置于摄影时的位置，显然同名射线 Sa 和 $S'a'$必然交于地面点 A。

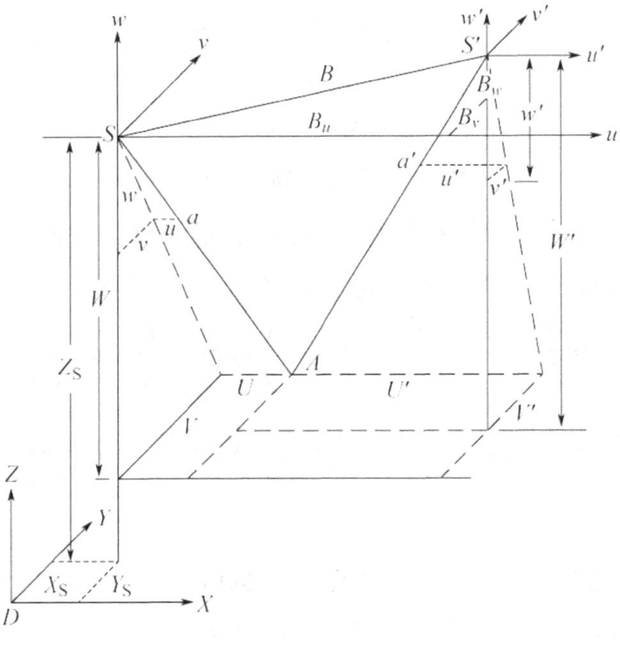

图 3-21　空间前方交会

取左、右像片像空间辅助坐标系为 $S\text{-}UVW$ 和 $S'\text{-}U'V'W'$，其坐标轴分别平行于物方坐标系 $D\text{-}XYZ$ 的各坐标轴，因为两张像片在像空间辅助坐标系的外方位元素已知，所以可用式（3-30），即

$$\begin{bmatrix} u \\ v \\ w \end{bmatrix}=\boldsymbol{R}\begin{bmatrix} x \\ y \\ -f \end{bmatrix} \tag{3-30}$$

把像点 a、a'的像空间坐标$(x, y, -f)$ $(x', y', -f')$变换为像空间辅助坐标(u, v, w) (u', v', w')。右摄站 S'在 $S\text{-}xyz$ 坐标系坐标值为 B_u、B_v、B_w，即

$$\left.\begin{aligned} B_u &= X_S' - X_S \\ B_v &= Y_S' - Y_S \\ B_w &= Z_S' - Z_S \end{aligned}\right\} \tag{3-31}$$

其中，X_S、Y_S、Z_S 和 X_S'、Y_S'、Z_S'是摄站 S 和 S'在物方坐标系中的坐标值，即左、右像片外方位线元素。

地面点 A 在左、右像片像空间辅助坐标系中的坐标值分别用 u、v、w 和 u'、v'、w'表示。

因为左、右像空间辅助坐标系是相互平行的，由摄站点、像点、地面点共线可知

$$\left.\begin{aligned} \frac{SA}{Sa} &= \frac{U}{u} = \frac{V}{v} = \frac{W}{w} = N \\ \frac{S'A}{S'a'} &= \frac{U'}{u'} = \frac{V'}{v'} = \frac{W'}{w'} = N' \end{aligned}\right\} \tag{3-32}$$

式中，N、N'称为左、右同名像点的摄影系数，则

$$\left.\begin{aligned} U &= Nu & U' &= N'u' \\ V &= Nv & V' &= N'v' \\ W &= Nw & W' &= N'w' \end{aligned}\right\} \tag{3-33}$$

$$\left.\begin{aligned} U &= B_u + U' \\ V &= B_v + V' \\ W &= B_w + W' \end{aligned}\right\}$$

或写成

$$\left.\begin{aligned} Nu &= B_u + N'u' \\ Nv &= B_v + N'v' \\ Nw &= B_w + N'w' \end{aligned}\right\} \tag{3-34}$$

利用式（3-33）和式（3-34）中的第一、三式联立求解得

$$\left.\begin{aligned} N &= \frac{B_u w' - B_w u'}{uw' - u'w} \\ N' &= \frac{B_u w - B_w u}{uw' - u'w} \end{aligned}\right\} \tag{3-35}$$

由于摄站 S 在平行物方坐标系 $D\text{-}XYZ$ 上，所以地面点在物方坐标系中的坐标值为

$$\left.\begin{aligned} X &= X_S + U \\ Y &= Y_S + V \\ Z &= Z_S + W \end{aligned}\right\} \tag{3-36}$$

综上所述，空间前方交会的计算步骤如下。

（1）计算像点在像空间辅助坐标系中的坐标值 u、v、w 和 u'、v'、w'。

（2）计算 B_u、B_v、B_w。

（3）计算摄影系数 N 和 N'。

（4）计算地面点在像空间辅助坐标系中的坐标值 U、V、W。

（5）计算地面点在物方坐标系中的坐标值 X、Y、Z。

3.4.4 航带法区域网空中三角测量

1. 航带法区域网概算

单航带空中三角测量是以一条航带作为独立的解算单元，求出待定点大地坐标的方法。航带法区域网空中三角测量（区域网平差）是以单航带空中三角测量为基础，将多条航带作为整体解算的一个区域网，同时求出整个区域网内全部待定点大地坐标的方法。

航带法区域网空中三角测量的基本思想是：先按照单航带的加密方法，将每条航带构成自由航带网；然后以本航带的控制点及前一条航带的公共连接点为依据，进行概略绝对定向，将整个区域内各航带都纳入到统一的摄影测量坐标系中；最后利用已知控制点的内业加密坐标与外业实测坐标相等、相邻航带间公共连接点上的加密坐标相等为平差条件，在全区域范围内把航带网模型坐标视为观测值，用最小二乘法解算整体各航带网的非线性变形改正数，从而计算出各加密点的地面坐标。

区域网的概算目的是将全区域中各航带网纳入到比例尺统一的坐标系统中，并确定每一条航带在区域中的概略位置，拼合成一个松散的区域网。

（1）建立自由比例尺的单航带网。

与单航带法计算步骤完全一样，各航带分别用连续法相对定向建立单个几何模型，再进行模型连接，建立全区域各航带的自由航带网。

（2）航带网概略绝对定向，拼合成区域网。

为了将区域中相互独立的各条自由航带纳入到统一坐标系统中，需将各航带逐条进行概略绝对定向，统一比例尺和坐标系，构成整体松散的区域网。

航带法区域网加密如图 3-22 所示，在绝对定向前根据区域两端的两个控制点（A、F 两点），将全区所有已知控制点的大地坐标，都变换成以一个控制点 A 为原点的地面摄影测量坐标。绝对定向时，对每一条航带，利用本航带内的已知外业控制点，做航带网概略绝对定向，求出每一条航带中各模型点在地面摄影测量坐标系中的坐标概略值；对每两条及以后各条航带，利用本航带内已知控制点和前一条航带与本航带的公共连接点作为已知控制点，做概略绝对定向。绝对定向后各公共连接点坐标都不取平均值，保持各航带网的相对独立性。这样，全区各航带网完成概略绝对定向后，就构成了松散的区域网。

2. 航带法区域网整体平差

各航带网完成概略绝对定向后，各航带网的模型点坐标都纳入到统一的地面摄影测量坐标系中，可以得到模型点的地面摄影测量坐标概略值。区域网进行整体平差处理的目的，是求解整个区域各航带网的非线性变形改正数，将地面摄影测量坐标概略值进行非线性变形改正。区域网的整体平差条件有两类：控制点的内业加密坐标与外业实测坐标应相等；相邻航带间公共连接点的坐标应相等。

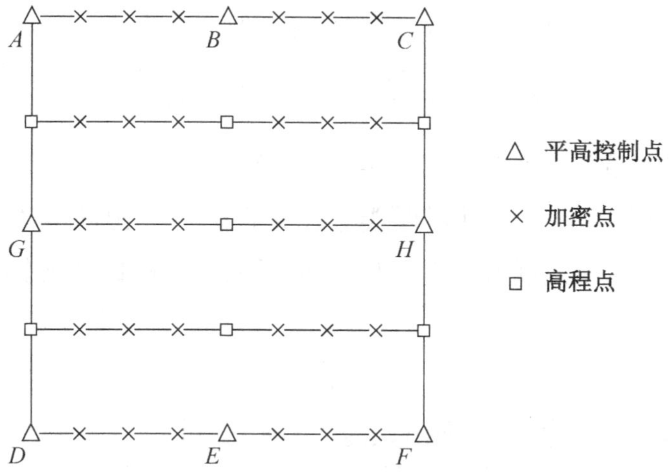

图 3-22 航带法区域网加密

（1）各航带重心和重心化坐标计算。

进行整体平差前，同样要做坐标重心化处理，各航带建立相对独立的重心，分别计算各航带重心化坐标。模型点的重心坐标（概略坐标）可以表示为

$$\begin{cases} X_{gj}=\dfrac{1}{2}(X_{\mathrm{A}}+X_{\mathrm{F}}) \\ Y_{gj}=Y_{\mathrm{A}}-\dfrac{1}{2}(2j-1)\left(\dfrac{Y_{\mathrm{A}}-Y_{\mathrm{F}}}{N}\right) \\ Z_{gj}=\dfrac{1}{2}(Z_{\mathrm{A}}+Z_{\mathrm{F}}) \end{cases} \tag{3-37}$$

控制点地面摄影测量坐标重心为

$$\begin{cases} X_{tPgj}=\dfrac{1}{2}(X_{tP_{\mathrm{A}}}+X_{tP_{\mathrm{F}}}) \\ Y_{tPgj}=Y_{tP_{\mathrm{A}}}-\dfrac{1}{2}(2j-1)\left(\dfrac{Y_{tP_{\mathrm{A}}}-Y_{tP_{\mathrm{F}}}}{N}\right) \\ Z_{tPgj}=\dfrac{1}{2}(Z_{tP_{\mathrm{A}}}+Z_{tP_{\mathrm{F}}}) \end{cases} \tag{3-38}$$

式中，j 为航带编号；N 为全区航带数。算得各航带的重心坐标后，计算重心化坐标

$$\begin{cases} \overline{X}_{tP}=X_{tP}-X_{tPg} \\ \overline{Y}_{tP}=Y_{tP}-Y_{tPg} \\ \overline{Z}_{tP}=Z_{tP}-Z_{tPg} \end{cases} \quad \begin{cases} \overline{X}_{ij}=X_{ij}-X_{gj} \\ \overline{Y}_{ij}=Y_{ij}-Y_{gj} \\ \overline{Z}_{ij}=Z_{ij}-Z_{gj} \end{cases} \tag{3-39}$$

（2）误差方程式的建立。

若采用二次多项式进行各航带的非线性变形改正，则

$$\begin{cases}\Delta X = a_0 + a_1\overline{X} + a_2\overline{Y} + a_3\overline{X}^2 + a_4\overline{XY} \\ \Delta Y = b_0 + b_1\overline{X} + b_2\overline{Y} + b_3\overline{X}^2 + b_4\overline{XY} \\ \Delta Z = c_0 + c_1\overline{X} + c_2\overline{Y} + c_3\overline{X}^2 + c_4\overline{XY}\end{cases} \tag{3-40}$$

式中，$\overline{X}$、$\overline{Y}$为本航带任一点的重心化坐标概略值；a_i、b_i、c_i（$i=$ 0, 1, 2, 3, 4）为本航带 15 个待定的非线性变形改正数。针对两类平差条件，可列出两类不同形式的误差方程式。对控制点，按二次不完整多项式展开书写，以 X 坐标为例，根据非线性变形改正后内、外业坐标应相等的条件，可得

$$\overline{X}_{tP} = \overline{X} + \Delta X \tag{3-41}$$

将$\overline{X}$坐标概算值作为观测值，可列出误差方程式，即

$$-v_c = a_0 + a_1\overline{X} + a_2\overline{Y} + a_3\overline{X}^2 + a_4\overline{XY} - (\overline{X}_{tP} - \overline{X}) \tag{3-42}$$

式中的下标表示控制点。写成矩阵形式

$$-\boldsymbol{V}_{jc} = \boldsymbol{B}_{jc}\boldsymbol{X}_j - \boldsymbol{L}_{jc} \tag{3-43}$$

式中，j 为航带编号，$\boldsymbol{X}_j$为待定的每 j 条航带非线性变形改正参数矩阵，$\boldsymbol{B}_{jc}$为每 j 条航带非线性变形改正数矩阵，$\boldsymbol{L}_{jc}$为每 j 条航带控制点的内、外业重心化坐标差矩阵（即误差方程式中的常数项）。

$$\boldsymbol{B}_{jc} = \begin{bmatrix}1 & \overline{X} & \overline{Y} & \overline{X}^2 & \overline{XY}\end{bmatrix}$$

$$\boldsymbol{X}_j = \begin{bmatrix}a_{0j} & a_{1j} & a_{2j} & a_{3j} & a_{4j}\end{bmatrix}^{\mathrm{T}}$$

$$\boldsymbol{L}_{jc} = \overline{X}_{tP} - \overline{X} \tag{3-44}$$

以每一条航带有三个控制点，可列出三个误差方程式，其矩阵形式为

$$-\boldsymbol{V}_{1c} = \boldsymbol{B}_{1c}X_1 - \boldsymbol{L}_{1c} \tag{3-45}$$

对于两条航带间的公共连接点，各自经非线性变形改正后，它们的坐标应相等

$$\overline{X}_j + X_{gj} + v_{Xj} + \Delta X_j = \overline{X}_{j+1} + X_{gj+1} + v_{Xj+1} + \Delta X_{j+1} \tag{3-46}$$

$$\begin{aligned}-(V_j - V_{j+1}) = {} & a_{0j} + a_{1j}\overline{X}_j + a_{2j}\overline{Y}_j + a_3\overline{X}^2_j + a_{4j}\overline{X}_j\overline{Y}_j - (a_{0j+1} + \\ & a_{1j+1}\overline{X}_{j+1} + a_{2j+1}\overline{Y}_{j+1} + a_{3j+1}\overline{X}^2_{j+1} + a_{4j+1}\overline{X}_{j+1}\overline{Y}_{j+1}) - (\overline{X}_{j+1} + X_{gj+1}) + (\overline{X}_j + X_{gj})\end{aligned} \tag{3-47}$$

写成矩阵形式

$$-\boldsymbol{V}_{j(j+1)} = \begin{bmatrix}B_{j下} & -B_{j+1上}\end{bmatrix}\begin{bmatrix}X_j \\ X_{j+1}\end{bmatrix} - \boldsymbol{L}_{j(j+1)} \tag{3-48}$$

式中，j 为每 j 条航带下构建点（控制点和公共连接点）的误差方程式系数阵，j+1 为每 j+1 条航带上构建点的误差方程式系数阵。如图 3-22 所示，航带 1 和航带 2 间有 9 个连接点，可列 9 个误差方程式。根据图示的布点方案，可列出整个区域的误差方程式

$$-\begin{bmatrix} V_{1c} \\ V_{12} \\ V_{2c} \\ V_{23} \\ V_{3c} \\ V_{34} \\ V_{4c} \end{bmatrix} = \begin{bmatrix} B_{1c} & & & \\ B_{1下} & -B_{2上} & & \\ & B_{2c} & & \\ & B_{2下} & -B_{3上} & \\ & & B_{3c} & \\ & & B_{3下} & -B_{4上} \\ & & & B_{4c} \end{bmatrix} \begin{bmatrix} X_1 \\ X_2 \\ X_3 \\ X_4 \end{bmatrix} - \begin{bmatrix} L_{1c} \\ L_{12} \\ L_{2c} \\ L_{23} \\ L_{3c} \\ L_{34} \\ L_{4c} \end{bmatrix} \tag{3-49}$$

对于控制点和公共连接点，应取不同的权。如控制点的权取 1，公共连接点的权取$\frac{1}{2}$。相应的权阵为

$$P = \begin{bmatrix} 1 & 0 & 0 & 0 & 0 & 0 & 0 \\ 0 & \frac{1}{2} & 0 & 0 & 0 & 0 & 0 \\ 0 & 0 & 1 & 0 & 0 & 0 & 0 \\ 0 & 0 & 0 & \frac{1}{2} & 0 & 0 & 0 \\ 0 & 0 & 0 & 0 & 1 & 0 & 0 \\ 0 & 0 & 0 & 0 & 0 & \frac{1}{2} & 0 \\ 0 & 0 & 0 & 0 & 0 & 0 & 1 \end{bmatrix} \tag{3-50}$$

（3）法方程式的组成及特点。

由误差方程式，即式（3-49）可得相应的法方程式

$$\boldsymbol{B}^{\mathrm{T}}\boldsymbol{PBX} - \boldsymbol{B}^{\mathrm{T}}\boldsymbol{PL} = 0 \tag{3-51}$$

法方程式的系数矩阵为 4×4 的矩阵块，每块为 5×5 的方阵。内容为

$$\boldsymbol{B}^{\mathrm{T}}\boldsymbol{PB} = \begin{bmatrix} \boldsymbol{B}_{1c}^{\mathrm{T}}\boldsymbol{B}_{1c} + \frac{1}{2}\boldsymbol{B}_{1下}^{T}\boldsymbol{B}_{1下} & -\frac{1}{2}\boldsymbol{B}_{1下}^{\mathrm{T}}\boldsymbol{B}_{2上} & 0 & 0 \\ -\frac{1}{2}\boldsymbol{B}_{2上}^{\mathrm{T}}\boldsymbol{B}_{1下} & \boldsymbol{B}_{2c}^{\mathrm{T}}\boldsymbol{B}_{2c} + \frac{1}{2}\boldsymbol{B}_{2上}^{\mathrm{T}}\boldsymbol{B}_{2上} + \frac{1}{2}\boldsymbol{B}_{2下}^{\mathrm{T}}\boldsymbol{B}_{2下} & -\frac{1}{2}\boldsymbol{B}_{2下}^{\mathrm{T}}\boldsymbol{B}_{3上} & 0 \\ 0 & -\frac{1}{2}\boldsymbol{B}_{3上}^{\mathrm{T}}\boldsymbol{B}_{2下} & \boldsymbol{B}_{3c}^{\mathrm{T}}\boldsymbol{B}_{3c} + \frac{1}{2}\boldsymbol{B}_{3上}^{\mathrm{T}}\boldsymbol{B}_{3上} + \frac{1}{2}\boldsymbol{B}_{3下}^{\mathrm{T}}\boldsymbol{B}_{3下} & -\frac{1}{2}\boldsymbol{B}_{3下}^{\mathrm{T}}\boldsymbol{B}_{4上} \\ 0 & 0 & 0 & \boldsymbol{B}_{4c}^{\mathrm{T}}\boldsymbol{B}_{4c} + \frac{1}{2}\boldsymbol{B}_{4上}^{\mathrm{T}}\boldsymbol{B}_{4上} \end{bmatrix} \tag{3-52}$$

法方程式常数项是一个 1 列 4 块的列矩阵，每一子块为 5×1 的子列矩阵，其内容为

$$\boldsymbol{B}^{\mathrm{T}}\boldsymbol{PL}=\begin{bmatrix}\boldsymbol{B}_{1c}^{\mathrm{T}}\boldsymbol{L}_{1c}+\dfrac{1}{2}\boldsymbol{B}_{1下}^{\mathrm{T}}\boldsymbol{L}_{12}\\ \boldsymbol{B}_{2c}^{\mathrm{T}}\boldsymbol{L}_{2c}-\dfrac{1}{2}\boldsymbol{B}_{2上}^{\mathrm{T}}\boldsymbol{L}_{12}+\dfrac{1}{2}\boldsymbol{B}_{2下}^{\mathrm{T}}\boldsymbol{B}_{23}\\ \boldsymbol{B}_{3c}^{\mathrm{T}}\boldsymbol{L}_{3c}-\dfrac{1}{2}\boldsymbol{B}_{3上}^{\mathrm{T}}\boldsymbol{L}_{23}+\dfrac{1}{2}\boldsymbol{B}_{3下}^{\mathrm{T}}\boldsymbol{L}_{34}\\ \boldsymbol{B}_{4c}^{\mathrm{T}}\boldsymbol{L}_{4c}-\dfrac{1}{2}\boldsymbol{B}_{4上}^{\mathrm{T}}\boldsymbol{L}_{34}\end{bmatrix}\tag{3-53}$$

上述法方程式可用简化符号表示为

$$\begin{bmatrix}N_{11}&N_{12}&0&0\\N_{12}^{\mathrm{T}}&N_{22}&N_{23}&0\\0&N_{23}^{\mathrm{T}}&N_{33}&N_{34}\\0&0&N_{34}^{\mathrm{T}}&N_{44}\end{bmatrix}\begin{bmatrix}X_1\\X_2\\X_3\\X_4\end{bmatrix}=\begin{bmatrix}U_1\\U_2\\U_3\\U_4\end{bmatrix}\tag{3-54}$$

（4）法方程式的解算。

式（3-54）的法方程式为一个带状矩阵，可采用高斯约化法求解。逐步约化使系数阵变为一个上三角矩阵，其相应常数项进行同样约化，然后求解最后一组未知数，再从下而上回代，解求出全部未知数。经约化后的法方程式变为

$$\begin{bmatrix}N_{11}&N_{12}&0&0\\0&N_{22}'&N_{23}&0\\0&0&N_{33}'&N_{34}\\0&0&0&N_{44}'\end{bmatrix}\begin{bmatrix}X_1\\X_2\\X_3\\X_4\end{bmatrix}=\begin{bmatrix}U_1'\\U_2'\\U_3'\\U_4'\end{bmatrix}\tag{3-55}$$

式（3-55）为上三角矩阵，可先求 X_4，再由下而上回代，求得各航带的非线性改正数。

$$\begin{cases}X_4=N_{44}'^{-1}U_4'\\X_3=N_{33}'^{-1}U_3'-N_{33}'^{-1}N_{34}X_4\\X_2=N_{22}'^{-1}U_2'-N_{22}'^{-1}N_{23}X_3\\X_1=N_{11}^{-1}U_1-N_{11}^{-1}N_{12}X_2\end{cases}\tag{3-56}$$

以上解算的是 X 坐标的非线性变形的改正数，同理可求得 Y 坐标和 Z 坐标的非线性变形改正数。

（5）加密点坐标的计算。

解求出各航带网的非线性变形改正数后，按下式计算各航带网中加密点的地面摄影测量坐标

$$\begin{cases}X_{tP}=X_{tPgi}+\overline{X}+a_{0j}+a_{1j}\overline{X}+a_{2j}\overline{Y}+a_{3j}\overline{X}^2+a_{4j}\overline{XY}\\Y_{tP}=Y_{tPgi}+\overline{Y}+b_{0j}+b_{1j}\overline{X}+b_{2j}\overline{Y}+b_{3j}\overline{X}^2+b_{4j}\overline{XY}\\Z_{tP}=Z_{tPgi}+\overline{Z}+c_{0j}+c_{1j}\overline{X}+c_{2j}\overline{Y}+c_{3j}\overline{X}^2+c_{4j}\overline{XY}\end{cases}\tag{3-57}$$

最后，将全区域中所有加密点的地面摄影测量坐标变换为大地坐标，即

$$\begin{bmatrix} X_t \\ Y_t \\ Z_t \end{bmatrix}_i = \frac{1}{\lambda^2}\begin{bmatrix} b & a & 0 \\ a & -b & 0 \\ 0 & 0 & \lambda \end{bmatrix}\begin{bmatrix} X_{tP} \\ Y_{tP} \\ Z_{tP} \end{bmatrix} + \begin{bmatrix} X_{t1} \\ Y_{t1} \\ Z_{t1} \end{bmatrix} \tag{3-58}$$

对于相邻航带公共连接点，应取两航带计算出的坐标取平均值作为最后结果。

3.4.5 独立模型法区域网空中三角测量

独立模型法区域网空中三角测量基于单独法相对定向建立单个立体模型（单元模型），再由一个个单元模型相互连接组成一个区域网。由于各个单元模型的像空间辅助坐标系和比例尺不一致，在模型连接时要用模型内的已知控制点和模型间的公共点进行空间相似变换。首先将各个单元模型视为刚体，利用各单元模型彼此间的公共边组成一个区域。在连接的过程中，每个单元模型只做平移、旋转及缩放，所以，利用空间相似变换式能完成上述任务。在变换中应使模型公共点的坐标相等，控制点的计算坐标应与实测坐标相等，同时误差的平方和应为最小，在满足这些条件下，根据最小二乘准则对全区域网实施整体平差，解求每个模型的 7 个绝对定向参数，从而求出所有待定点的地面坐标。

1. 数学模型

按单独相对定向建立单元模型后，将各单元模型视为刚体，分别进行三维线性变换，即

$$\begin{bmatrix} X \\ Y \\ Z \end{bmatrix} = \lambda \boldsymbol{R}\begin{bmatrix} \overline{U} \\ \overline{V} \\ \overline{W} \end{bmatrix} + \begin{bmatrix} X_g \\ Y_g \\ Z_g \end{bmatrix}_g \tag{3-59}$$

式（3-59）中，X、Y、Z 为某上点的地面摄测坐标值；

$\overline{U}$、$\overline{V}$、$\overline{W}$ 为单元模型中模型点的重心化坐标值；

λ 为单元模型的缩放系数；

$\boldsymbol{R}$ 为单元模型绝对定向的角元素构成的旋转矩阵；

X_{g}、Y_{g}、Z_{g} 为该模型重心在地面摄测坐标系中的坐标值。

对式（3-59）进行线性化，列出误差方程式，有

$$-\begin{bmatrix} v_U \\ v_V \\ v_W \end{bmatrix} = \left[\begin{array}{cccc:ccc} 0 & -W & -V & U & 1 & 0 & 0 \\ -W & 0 & U & V & 0 & 1 & 0 \\ V & U & 0 & W & 0 & 0 & 1 \end{array}\right]_{ij}\begin{bmatrix} \mathrm{d}\Omega \\ \mathrm{d}\Phi \\ \mathrm{d}K \\ \mathrm{d}\lambda \\ \cdots \\ \mathrm{d}X_g \\ \mathrm{d}Y_g \\ \mathrm{d}Z_g \end{bmatrix}_j - \begin{bmatrix} \Delta X \\ \Delta Y \\ \Delta Z \end{bmatrix}_{ij} - \begin{bmatrix} l_U \\ l_V \\ l_W \end{bmatrix}_{ij} \tag{3-60}$$

式中
$$\begin{bmatrix} l_U \\ l_V \\ l_W \end{bmatrix}_{ij} = \begin{bmatrix} X_0 \\ Y_0 \\ Z_0 \end{bmatrix} - \lambda_0 R_0 \begin{bmatrix} \overline{U} \\ \overline{V} \\ \overline{W} \end{bmatrix}_{ij} - \begin{bmatrix} X_{g0} \\ Y_{g0} \\ Z_{g0} \end{bmatrix}_j \tag{3-61}$$

且 ΔX、ΔY、ΔZ 为待定点坐标的改正数；i 为模型点的点号；j 为模型编号；X_0、Y_0、Z_0 为模型公共点的坐标均值，在坐标迭代逐步趋近中，每次用新坐标值求得，其他符号的含义与前文相同。对于控制点，若认为控制点上无误差，上式中的 $[\Delta X\ \Delta Y\ \Delta Z]^{\mathrm{T}}$ 值为 0，其常数项为

$$\begin{bmatrix} l_U \\ l_V \\ l_W \end{bmatrix}_{ij} = \begin{bmatrix} X \\ Y \\ Z \end{bmatrix}_i - \lambda_0 R_0 \begin{bmatrix} \overline{U} \\ \overline{V} \\ \overline{W} \end{bmatrix}_{ij} - \begin{bmatrix} X_{g0} \\ Y_{g0} \\ Z_{g0} \end{bmatrix}_j \tag{3-62}$$

为便于计算，常把误差方程式中的未知数分为两组，即将每个单元模型的 7 个定向参数改正数及待定点地面坐标改正数各分为一组，记为

$$\boldsymbol{t} = [\mathrm{d}X_g\ \mathrm{d}Y_g\ \mathrm{d}Z_g\ \mathrm{d}\lambda\ \mathrm{d}\Phi\ \mathrm{d}\Omega\ \mathrm{d}K]^{\mathrm{T}},\quad \boldsymbol{X} = [\Delta X\ \Delta Y\ \Delta Z]^{\mathrm{T}}$$

将误差方程式写成矩阵形式为

$$-\boldsymbol{V} = \boldsymbol{At} + \boldsymbol{BX} - \boldsymbol{L} = [\boldsymbol{A}\quad \boldsymbol{B}]\begin{bmatrix} \boldsymbol{t} \\ \boldsymbol{X} \end{bmatrix} - \boldsymbol{L} \tag{3-63}$$

式中，$\boldsymbol{B}$ 为单位矩阵，记为
$$\boldsymbol{B} = -\boldsymbol{E} = -\begin{bmatrix} 1 & 0 & 0 \\ 0 & 1 & 0 \\ 0 & 0 & 1 \end{bmatrix}$$

相应的法方程式为
$$\begin{bmatrix} \boldsymbol{A}^{\mathrm{T}}\boldsymbol{A} & \boldsymbol{A}^{\mathrm{T}}\boldsymbol{B} \\ \boldsymbol{B}^{\mathrm{T}}\boldsymbol{A} & \boldsymbol{B}^{\mathrm{T}}\boldsymbol{B} \end{bmatrix}\begin{bmatrix} \boldsymbol{t} \\ \boldsymbol{X} \end{bmatrix} = \begin{bmatrix} \boldsymbol{A}^{\mathrm{T}}\boldsymbol{L} \\ \boldsymbol{B}^{\mathrm{T}}\boldsymbol{L} \end{bmatrix} \tag{3-64}$$

或
$$\begin{bmatrix} N_{11} & N_{12} \\ N_{21} & N_{22} \end{bmatrix}\begin{bmatrix} \boldsymbol{t} \\ \boldsymbol{X} \end{bmatrix} = \begin{bmatrix} n_1 \\ n_2 \end{bmatrix} \tag{3-65}$$

通常待定点坐标未知数 $\boldsymbol{X}$ 的个数远远大于未知数 $\boldsymbol{t}$ 的个数，故在法方程式求解时，往往是消去含未知数较多的 $\boldsymbol{X}$，得到仅含未知数 $\boldsymbol{t}$ 的改化法方程式为

$$(N_{11} - N_{12}N_{22}^{-1}N_{21})\boldsymbol{t} = n_1 - N_{12}N_{22}^{-1}n_2 \tag{3-66}$$

$$\boldsymbol{t} = (N_{11} - N_{12}N_{22}^{-1}N_{21})^{-1}(n_1 - N_{12}N_{22}^{-1}n_2) \tag{3-67}$$

利用式（3-66）求出每个模型的绝对定向元素后，再按式（3-59）求得待定点的地面摄影测量坐标。

2. 作业流程

独立模型法区域网空中三角测量作业的主要流程如下。

（1）利用单独法相对定向建立单元模型，获取各单元模型的模型坐标（包括摄站点）。

（2）利用相邻模型公共点和所在模型中的控制点，对各单元模型分别进行三维线性变换，按各自的条件列出误差方程式及法方程式。

（3）建立全区域的改化法方程式，并按循环分块来求解，求得每个模型的 7 个绝对定向

元素。

（4）按平差后求得的 7 个绝对定向元素，计算每个单元模型中待定点的坐标，若为相邻模型的公共点，则取其平均值作为最后结果。

3.4.6 光束法区域网空中三角测量

空中三角测量按平差时所采用的数学模型的不同，可分为航带法区域网空中三角测量、独立模型法区域网空中三角测量和光束法区域网空中三角测量三类。航带法所解求的未知数少，计算方便快速，但是不如光束法和独立模型法严密，因此航带法主要用于为光束法提供初始值和低精度的坐标加密；独立模型法理论较严密，精度较高，未知数较少，计算量较大，计算速度较快；光束法理论最为严密，加密成果具有较高的精度，但需要解求的未知数多，计算量大，计算速度较慢。当前高精度空中三角测量的加密普遍采用的是光束法区域网平差。

1. 基本思想

光束法区域网平差是以一张像片组成的一束光线作为平差的基本单元，以中心投影的共线方程作为平差的数学模型，以相邻像片公共交会点坐标相等、控制点的内业坐标与已知的外业坐标相等为条件，列出控制点和加密点的误差方程式，进行全区域的统一平差计算，解求出每张像片的外方位元素和加密点的地面坐标。光束法区域网平差如图 3-23 所示。

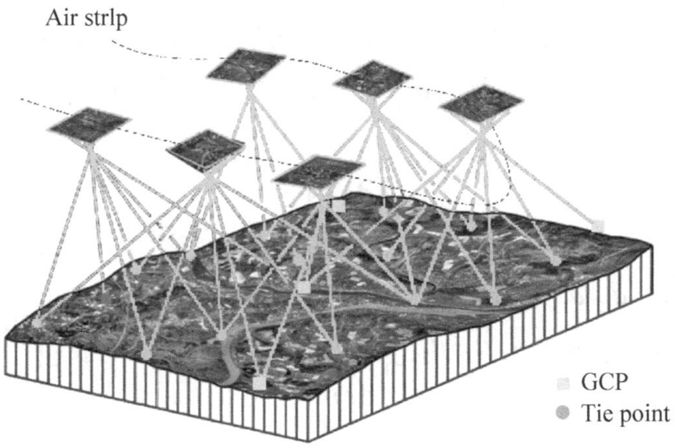

图 3-23 光束法区域网平差

光束法区域网平差主要过程如下。

（1）像片外方位元素和地面点坐标近似值的确定。对于初始值的确定，可以利用旧地图获取，也可以利用交替进行的后方交会和前方交会来建立航带模型求取，但是通常采用航带法加密成果作为光束法区域网平差的概略值。

（2）逐点建立误差方程式和改化法方程式。

（3）利用边法化边消元的循环分块法解求改化法方程式。

（4）求出每张像片的外方位元素。

（5）空间前方交会求得待定点的地面坐标，与像片公共连接点坐标取平均值作为最后成果。

光束法区域网平差以像点坐标作为观测值，理论严谨，但对原始数据的系统误差十分敏感，只有在预先较好地消除像点坐标的系统误差后，才能得到理想的加密成果。这也是无人机拍摄的影像要消除畸变差的原因，即消除影像上像点坐标的系统误差。

对于目前全自动处理的空三软件，一般是利用影像自动匹配出航向和旁向的像点，将全区域内各航带网纳入到比例尺统一的坐标系统中，拼成一个松散的区域网，以便确认每张像片的外方位元素和地面点坐标的概略位置。然后根据外业的控制点，逐点建立误差方程式和改化法方程式，解求出每张像片的外方位元素和加密点的地面坐标。

2. 数字模型

在获得每张像片的外方位元素和加密点地面坐标的近似值后，就可以用共线条件方程式，列出每张像片上控制点和加密点的误差方程式。对每个像点可列出下列两个关系式，即

$$\begin{cases} x=-f\dfrac{a_1(X-X_S)+b_1(Y-Y_S)+c_1(Z-Z_S)}{a_3(X-X_S)+b_3(Y-Y_S)+c_3(Z-Z_S)} \\ y=-f\dfrac{a_2(X-X_S)+b_2(Y-Y_S)+c_2(Z-Z_S)}{a_3(X-X_S)+b_3(Y-Y_S)+c_3(Z-Z_S)} \end{cases} \tag{3-68}$$

将共线条件方程式线性化并写成如下一般形式

$$\begin{cases} v_X=a_{11}\mathrm{d}X_S+a_{12}\mathrm{d}Y_S+a_{13}\mathrm{d}Z_S+a_{14}\mathrm{d}\varphi+a_{15}\mathrm{d}\omega \\ \quad +a_{16}\mathrm{d}\kappa-a_{11}\mathrm{d}X-a_{12}\mathrm{d}Y-a_{13}\mathrm{d}Z-l_X \\ v_Y=a_{21}\mathrm{d}X_S+a_{22}\mathrm{d}Y_S+a_{23}\mathrm{d}Z_S+a_{24}\mathrm{d}\varphi+a_{25}\mathrm{d}\omega \\ \quad +a_{26}\mathrm{d}\kappa-a_{21}\mathrm{d}X-a_{22}\mathrm{d}Y-a_{23}\mathrm{d}Z-l_Y \end{cases} \tag{3-69}$$

写成矩阵形式为

$$\begin{bmatrix} v_X \\ v_Y \end{bmatrix}=\begin{bmatrix} a_{11} & a_{12} & a_{13} & a_{14} & a_{15} & a_{16} \\ a_{21} & a_{22} & a_{23} & a_{24} & a_{25} & a_{26} \end{bmatrix}\begin{bmatrix} \mathrm{d}X_S \\ \mathrm{d}Y_S \\ \mathrm{d}Z_S \\ \mathrm{d}\varphi \\ \mathrm{d}\omega \\ \mathrm{d}\kappa \end{bmatrix}+\begin{bmatrix} -a_{11} & -a_{12} & -a_{13} \\ -a_{21} & -a_{22} & -a_{23} \end{bmatrix}\begin{bmatrix} \mathrm{d}X \\ \mathrm{d}Y \\ \mathrm{d}Z \end{bmatrix}-\begin{bmatrix} l_X \\ l_Y \end{bmatrix} \tag{3-70}$$

写成一般形式为

$$\boldsymbol{V}=[\boldsymbol{A}\ \boldsymbol{B}]\begin{bmatrix} \boldsymbol{X} \\ \boldsymbol{t} \end{bmatrix}-\boldsymbol{L} \tag{3-71}$$

式中

$$\boldsymbol{V}=[v_X\ v_Y]^{\mathrm{T}}$$

$$\boldsymbol{A}=\begin{bmatrix} a_{11} & a_{12} & a_{13} & a_{14} & a_{15} & a_{16} \\ a_{21} & a_{22} & a_{23} & a_{24} & a_{25} & a_{26} \end{bmatrix}$$

$$\boldsymbol{B}=\begin{bmatrix} -a_{11} & -a_{12} & -a_{13} \\ -a_{21} & -a_{22} & -a_{23} \end{bmatrix}$$

$$\boldsymbol{X}=\left[\mathrm{d}X_{\mathrm{S}}\ \mathrm{d}Y_{\mathrm{S}}\ \mathrm{d}Z_{\mathrm{S}}\ \mathrm{d}\varphi\ \mathrm{d}\omega\ \mathrm{d}\kappa\right]^{\mathrm{T}}$$

$$\boldsymbol{t}=\begin{bmatrix}\mathrm{d}X\\ \mathrm{d}Y\\ \mathrm{d}Z\end{bmatrix}$$

$$\boldsymbol{L}=\begin{bmatrix}l_X\\ l_Y\end{bmatrix} \tag{3-72}$$

对于外业控制点，若不考虑它的误差，则控制点的坐标改正数 $\mathrm{d}X=\mathrm{d}Y=\mathrm{d}Z=0$。当像点坐标为等权观测时，误差方程式对应的法方程式为

$$\begin{bmatrix}\boldsymbol{A}^{\mathrm{T}}\boldsymbol{A} & \boldsymbol{A}^{\mathrm{T}}\boldsymbol{B}\\ \boldsymbol{B}^{\mathrm{T}}\boldsymbol{A} & \boldsymbol{B}^{\mathrm{T}}\boldsymbol{B}\end{bmatrix}\begin{bmatrix}\boldsymbol{X}\\ \boldsymbol{t}\end{bmatrix}-\begin{bmatrix}\boldsymbol{A}^{\mathrm{T}}\boldsymbol{L}\\ \boldsymbol{B}^{\mathrm{T}}\boldsymbol{L}\end{bmatrix}=0 \tag{3-73}$$

式（3-73）有像片外方位元素改正数 $\boldsymbol{X}$ 和待定点地面坐标改正数 $\boldsymbol{t}$ 两类未知数。对于一个区域来说，通常会有几条、十几条甚至几十条航带，像片数将有几十、几百甚至几千张。每张像片有 6 个未知数，1 个待定点有 3 个未知数。

如若全区有 N 条航带，每个航带有 n 张像片，全区有 m 个待定点，则该区域的未知数为 $6n\times N+3m$ 个，由此组成的法方程将十分庞大。为了计算方便，通常消去一类未知数，保留另一类未知数，形成改化法方程式。把式（3-73）中的系数矩阵和常数项用新的符号代替，写成

$$\begin{bmatrix}N_{11} & N_{12}\\ N_{21} & N_{22}\end{bmatrix}\begin{bmatrix}\boldsymbol{X}\\ \boldsymbol{t}\end{bmatrix}-\begin{bmatrix}L_1\\ L_2\end{bmatrix}=0 \tag{3-74}$$

用消元法消去待定点地面坐标改正数，得改化法方程式，即

$$\left[N_{11}-N_{12}N_{22}^{-1}N_{12}^{\mathrm{T}}\right]\boldsymbol{X}=L_1-N_{12}N_{22}^{-1}L_2 \tag{3-75}$$

式（3-75）的改化法方程式的系数矩阵是大规模的带状矩阵。为了计算方便，通常采用循环分块解法解求未知数。求得每张像片的外方位元素后，可利用双像空间前方交会或多像空间前方交会法求解全部加密点的地面坐标。

多像空间前方交会是根据共线方程，由待定点在不同像片上的所有像点列误差方程式来进行解算的。式（3-76）为共线条件方程经线性化后的误差方程式

$$\begin{cases}v_X=a_{11}\mathrm{d}X_{\mathrm{S}}+a_{12}\mathrm{d}Y_{\mathrm{S}}+a_{13}\mathrm{d}Z_{\mathrm{S}}+a_{14}\mathrm{d}\varphi+a_{15}\mathrm{d}\omega\\ \qquad +a_{16}\mathrm{d}\kappa-a_{11}\mathrm{d}X-a_{12}\mathrm{d}Y-a_{13}\mathrm{d}Z-l_X\\ v_Y=a_{21}\mathrm{d}X_{\mathrm{S}}+a_{22}\mathrm{d}Y_{\mathrm{S}}+a_{23}\mathrm{d}Z_{\mathrm{S}}+a_{24}\mathrm{d}\varphi+a_{25}\mathrm{d}\omega\\ \qquad +a_{26}\mathrm{d}\kappa-a_{21}\mathrm{d}X-a_{22}\mathrm{d}Y-a_{23}\mathrm{d}Z-l_Y\end{cases} \tag{3-76}$$

由于每张像片的外方位元素已经求得，就可列出每个待定点的前方交会误差方程式，即

$$\begin{cases}v_X=-a_{11}\mathrm{d}X-a_{12}\mathrm{d}Y-a_{13}\mathrm{d}Z-l_X\\ v_Y=-a_{21}\mathrm{d}X-a_{22}\mathrm{d}Y-a_{23}\mathrm{d}Z-l_Y\end{cases} \tag{3-77}$$

如果某待定点在 n 张像片上都有构像，则可列出 $2n$ 条误差方程式，解出该点的地面坐标改正数，再加上其近似值就能得到待定点的地面坐标。

3. 光束法区域网平差方式

无人飞行器遥感系统集成了 GPS 定位、定姿等高新科学技术手段，能够瞬时获得摄影曝光的外方位元素。基于光束法区域网平差的数学模型，充分利用了 POS 数据，根据有无外业控制点数据及控制点数据所占的权重不同，将光束法区域网平差分为自由网平差、控制网平差和联合平差三种方式。

（1）自由网平差。

自由网平差可以理解为所有匹配点的像点坐标一起进行平差，其中像点坐标为等权观测，其实现过程如下。

① 根据影像匹配构建区域网生成像片外方位元素和地面点坐标的近似值。

② 建立误差方程和改化方程。

③ 依据最小二乘准则，解算出每张外方位元素和待定点地面坐标。

④ 根据平差后解算出的外方位元素和待定点的地面坐标，可以反算出每个物点对应的像点坐标，求得像点残差。

⑤ 给定像点残差阈值，将大于该阈值的像点全部删除后，继续建立误差方程式和改化方程式进行平差解算，以此循环迭代直到像点残差阈值满足一定的要求。

（2）控制网平差。

控制网平差可以理解为将控制点和匹配点的像点一起进行平差，但是控制网平差中的像点坐标不是等权观测，而是对控制点进行权重设置后的坐标。其实现过程和自由网平差类似，其阈值的设定也是根据国家规定的自由网平差相关要求确定的。不同的是，平差解算外方位元素和待定地面坐标时，也会根据解算出的外方位元素求出对应的控制点地面坐标，此时与真控制点坐标之间会出现差值，根据国家规定，这个差值的确定可以在《数字航空摄影测量 空中三角测量规范》和《低空数字航空摄影测量内业规范》中查询，因为这个差值是根据成图比例尺来确定的，不同的成图比例尺要求的控制点差值也不一样。

（3）联合平差。

联合平差可以理解为对两种不同观测手段量测出的数据一起进行平差，在光束法区域网空间三角形测量软件加密中，由 POS 数据与控制点一起进行平差。因为 POS 数据和控制点在平差过程中所占的权重不同，联合平差可分为 POS 数据+控制点和控制点+POS 数据两种方式。

两种不同的观测数据一起平差，从理论上能够提高空间三角形测量软件加密的精度，但是目前对于空间三角形测量软件加密研究的现状、IMU 本身的精度，以及如何设置控制点与 GPS/IMU 权重等情况，联合平差在实际生产中很少能被充分利用。

第 4 章

无人机航测外业与内业

4.1 无人机航测系统

无人机航测以无人机为飞行平台，搭载各种遥感载荷对地面目标进行影像获取，经过数据处理得到各种数据产品，为地图测绘、目标识别、变化检测等提供数据服务。无人机航测系统具有快捷高效、运行成本低、机动灵活等优势，成为获取空间数据的有效技术手段。近年来，无人机航测技术的发展越来越受到国内外的重视，已经成为传统卫星遥感监测体系的重要补充，扩大了遥感的应用范围和用户群，具有广阔的应用前景。

无人机航空摄影测量系统（简称无人机航测系统）的组成如图 4-1 所示，它由硬件和软件平台构成，主要包括：飞行平台、地面站系统、任务载荷设备和数据处理系统。

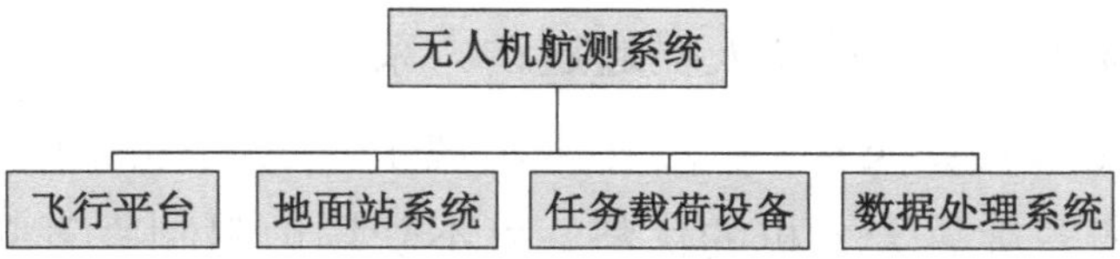

图 4-1　无人机航空摄影测量系统的组成

飞行平台是获取航测数据的飞行载体，由无人机机体及其动力、导航与控制装置组成，包括无人飞行器、动力推进装置、飞行控制系统、导航系统、起飞着陆系统机载部分、数据链路机载终端等。

地面站系统包括地面指挥控制分系统（任务控制站、起降控制站、起降引导站）、起飞着陆系统地面部分、数据链路地面终端（链路站）、情报处理系统和地面辅助设备。

任务载荷设备是无人机航测系统完成作业任务而搭载的数据获取设备，由图传和数传设备构成，主要有可见光载荷、红外载荷、激光雷达、多光谱载荷、合成孔径雷达等。在军事应用中还可搭载光电侦察、气象探测、通信中继、电子对抗以及机载武器等设备。

数据处理系统利用相关软件将所获得的航测影像进行校正、拼接、处理和分析，从而生成各种地图和三维模型等数字产品，服务于各行业领域。

4.1.1 飞行平台

1. 平台类型

飞行平台是无人机航测作业的机体系统，目前主流的平台包括旋翼无人机和固定翼无人机。旋翼无人机可分为两种：无人直升机和多旋翼无人机，如图 4-2 所示。旋翼无人机的技术优势是能够定点起飞、降落，对起降场地的条件要求不高。无人直升机的结构相对来说比较复杂，操控难度也较大，所以种类不多，实际应用也比较少。多旋翼无人机携带方便，飞行稳定，目前知名的深圳大疆创新科技有限公司旗下品牌无人机也多采用多旋翼结构，多旋翼无人机较适用于小范围低空航测任务。

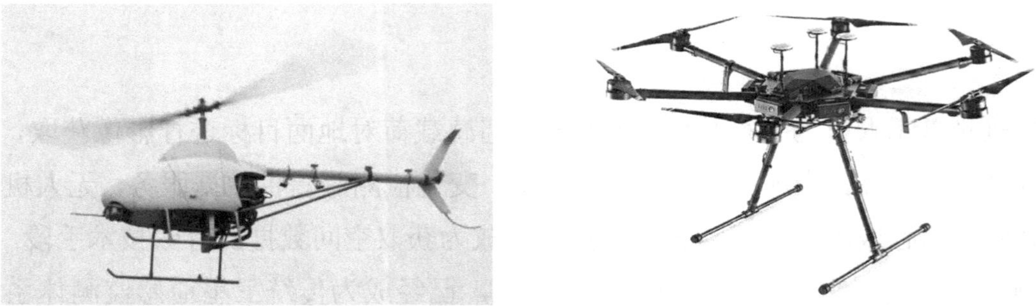

（a）无人直升机　　（b）多旋翼无人机

图 4-2　无人直升机和多旋翼无人机

固定翼无人机抗风能力强、稳定性和续航能力好、作业效率高，但是对起降场地有一定的要求，需要比较空旷的场地。固定翼无人机通过动力系统和机翼的滑行实现起降和飞行，是航测作业中应用最广泛的无人驾驶飞行器。近年来出现了垂直起降固定翼无人机，也称复合翼无人机。它兼具了固定翼和多旋翼无人机的优势，可不受场地限制垂直起降，同时能执行大范围区域作业任务。固定翼无人机和复合翼无人机如图 4-3 所示。

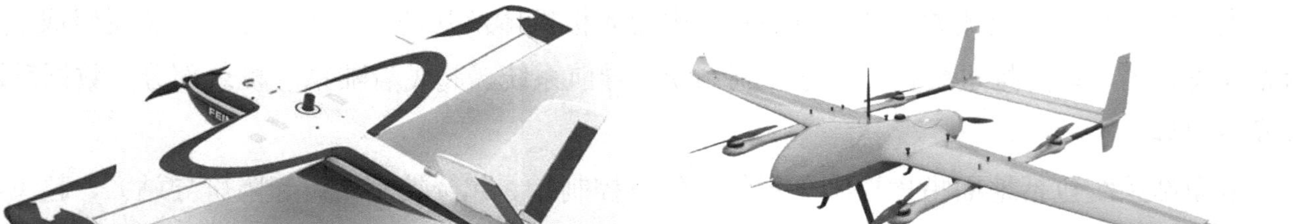

（a）固定翼无人机　　（b）复合翼无人机

图 4-3　固定翼无人机和复合翼无人机

无人机飞行平台的主要性能参数包括飞行高度、续航能力、抗风能力、飞行速度、稳定控制和起降性能。目前航测常用的无人机飞行平台的类型和特点如表 4-1 所示。

表 4-1 航测无人机飞行平台的类型及特点

分 类		特 点
垂直起降型	复合翼无人机	兼顾固定翼、多旋翼无人机优点
	单旋翼直升机	垂直起降、载重能力高、可悬停
	多旋翼无人机	结构简单、造价低、操控能力好
非垂直起降型	固定翼无人机	续航时间长、巡航速度高、负载能力强

2. 飞行控制系统

飞行控制系统（简称"飞控"）是无人机的核心组成部分，主要功能是进行飞行控制和飞行管理，处理飞行参数与航线参数，控制飞行过程中的稳定和运动方向。它监视、控制和指挥其他机载子系统，接受地面控制站的指令，协调机载各子系统的工作，并把无人机的状态及获取的信息发送给地面控制站系统。飞行控制系统构成如图 4-4 所示，主要由飞行控制类传感器、飞控计算机、伺服作动设备（动力推进装置、电调、电池等）、机载通信系统及导航定位系统（通信及导航系统）组成，飞控系统通过各类传感器能够精准地感应并计算出无人机飞行姿态等数据，飞控计算机通过高效的控制算法内核，控制伺服作动设备完成相应的动作实现自主平稳飞行。

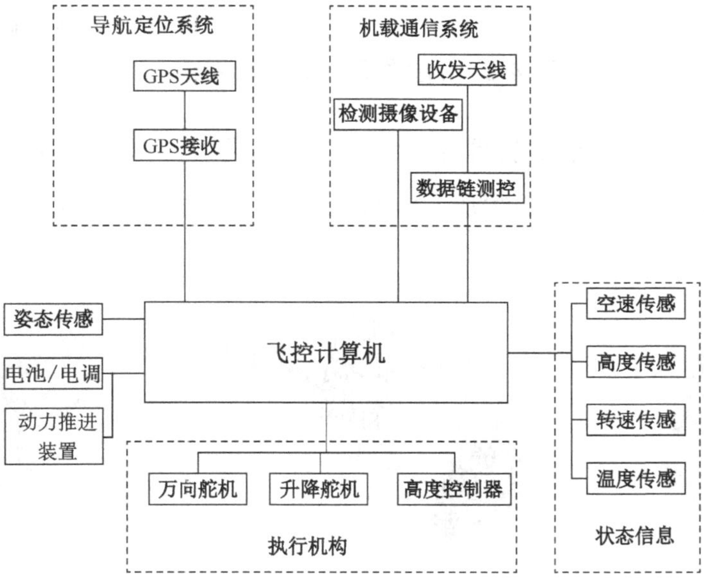

图 4-4 飞行控制系统构成

飞行控制类传感器包括高度、速度和姿态类传感器（角速率传感器、姿态传感器、航向传感器、高度/空速传感器、飞机位置传感器、迎角传感器和过载传感器）。伺服作动设备是负责将控制指令转化为动作的部件，包括动力推进装置、电调、电池等部分。导航定位系统是保障无人机按照设定的航线执行飞行任务的关键，包括惯性导航设备、卫星定位系统和组合定位系统。机载通信系统提供通信链路，使得地面控制站与无人机能够进行数据通信。对于飞控系统，对其性能指标有着严格的要求。一般来说，对于飞行姿态横滚角、俯仰角、航向角应控制在绝对值小于 3° 的范围内；对于航迹偏航距、航高差应控制在绝对值小于±20 米的范围内；

对于航迹弯曲度应控制在绝对值小于±5° 的范围内。

3. 动力推进装置

固定翼无人机可根据需求采用活塞发动机、涡喷发动机、无刷电动机作为动力推进装置。活塞发动机也叫往复式发动机，它属于内燃机的一种，通过燃料在气缸内的燃烧，将热能转变为机械能，具有技术成熟、成本低、尺寸小、质量轻、维护方便等优势，在航空领域有一百多年的发展历史，目前仍然是主流且应用最广泛的发动机类型之一。涡轮喷气发动机的特点是完全依赖燃气流产生推力，通常用作高速无人机的动力推进装置。活塞发动机和涡喷发动机如图 4-5 所示。

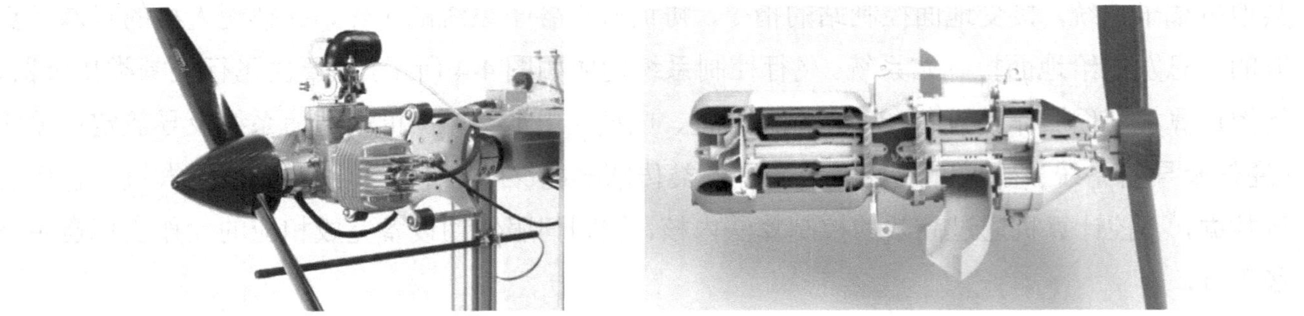

（a）活塞发动机　　（b）涡喷发动机

图 4-5　活塞发动机和涡喷发动机

目前中小型无人机，尤其是多旋翼无人机，广泛采用电动动力系统，其核心通常包括无刷电动机（动力推进装置）、电池（能源）和电调（电子调速器），如图 4-6 所示。

（a）无刷电动机　　（b）电池　　（c）电调

图 4-6　动力系统组成

电动机由电动机主体和驱动器组成，依据电磁感应定律和电磁力定律实现机电能量转换，将电能转化为动能，并带动螺旋桨转动，为无人机提供飞行动力。电池是将化学能转化成电能的装置，为整个动力系统和其他电子设备提供电力来源。目前在多旋翼飞行器上，一般采用锂电池。相对普通电池来说，锂电池具有高能量密度、小型化、轻量化、安全、寿命长、环保、质量轻等优点。电调全称为电子调速器，接收飞控驱动电动机的指令，控制电动机的转速，完成规定的速度和动作等。

4. 通信及导航系统

无人机的通信链路主要用于无人机系统控制和载荷数据传输。机载终端常被称为机载电台，集成于机载设备中。地面终端硬件称为地面电台，一般会被集成到地面控制站系统中，部分地面终端会有独立的显示控制界面。

导航定位系统通常采用卫星和惯导组合，一般由陀螺、加速度计、多模导航模块组成，能够计算无人机航向、速度、位置、角速度、加速度等信息。导航系统在无人机飞行过程中提供参考坐标系的位置、速度、飞行姿态等矢量信息，引导无人机按照指定的航线飞行。

5. 起降方式

飞行平台中的起降设备机载部分与地面部分配合，完成无人机的起飞和着落，是无人机发射、回收的重要保证。旋翼无人机可以自主起降，而固定翼无人机的起飞方式通常包括滑跑起飞、手抛起飞和弹射起飞，降落方式则包括滑跑降落、伞降回收和撞网回收，如图 4-7 所示。

（a）滑跑起飞　（b）手抛起飞　（c）弹射起飞

（d）滑跑降落　（e）伞降回收　（f）撞网回收

图 4-7　无人机起降方式

4.1.2 地面站系统

地面站系统主要由通信链路、无线遥控模块、数据传输模块（数传模块）、图像传输模块（图传模块）、地面站软件系统以及监控显示模块等组成，如图 4-8 所示。其主要功能是进行任务规划、飞机状态监控，以及飞机和任务设备的操控。

地面站数据链路地面终端与机载终端配合工作，提供地面站与无人机的通信，实现对无人机的监控、指挥，完成预定的作业任务。地面站系统通过遥控遥测数据链路发送控制指令，并接收无人机下传的状态数据和任务信息，通过图形界面的形式对无人机状态、任务进度进行监控，当发生意外或无人机出现故障时进行人工干预。地面站系统如图 4-9 所示。

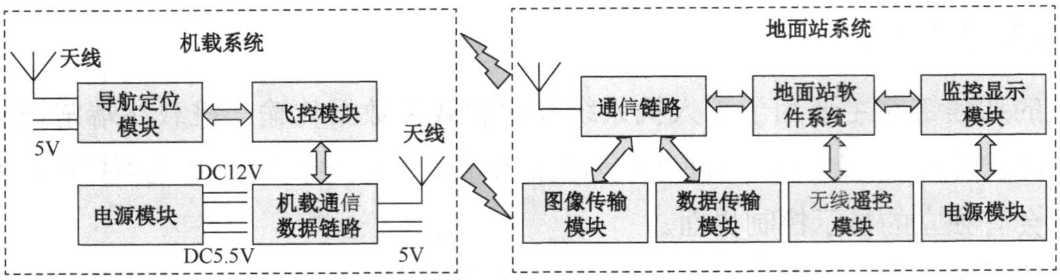

图 4-8 地面站系统结构

图 4-9 地面站系统

无人机航测作业任务规划是地面站系统的主要功能，任务规划内容和流程如图 4-10 所示。首先对任务接收与输入，其次根据任务需求进行作业区域的数据准备、目标与环境分析。然后进行任务分配，选择合适的载荷设备，进行航路规划和通信链路规划。通过地面站系统对任务的规划进行预演评估，评估是否能满足任务要求。根据情况进行规划调整，最终制定任务规划并执行作业。

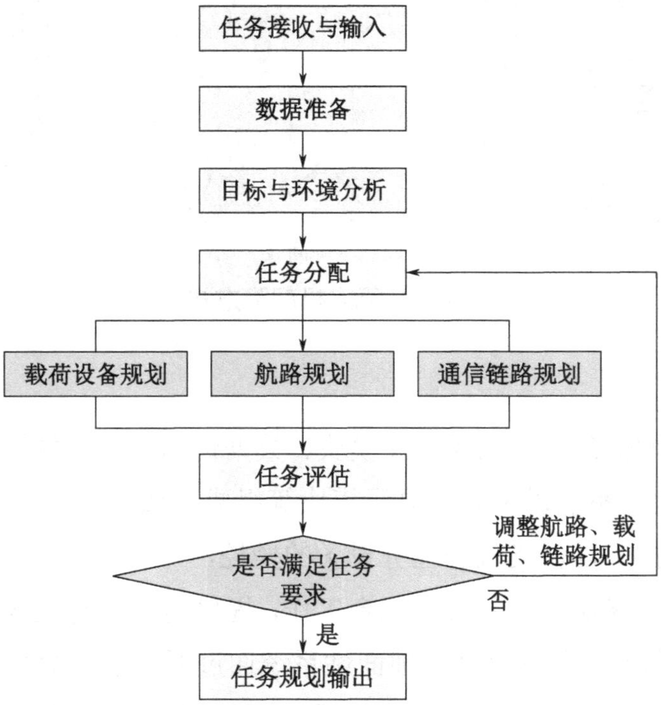

图 4-10 任务规划内容和流程

4.1.3 任务载荷设备

任务载荷设备是无人机系统的重要组成部分，是安装在无人机上执行特定作业任务的仪器和系统设备。无人机的功能主要由各种类型的任务载荷决定，主要分为民用无人机作业任务载荷和军用执行无人侦察、攻击、武器运输等任务所需的各类载荷设备。

近年来，无人机的任务载荷在体积和质量上趋于小型化，性能上趋于高度集成化和智能化，极大地扩展了无人机的应用广度和应用深度。无人机航测作业搭载的各类任务载荷包括光学载荷、红外载荷、多光谱载荷、激光雷达、合成孔径雷达等设备，通常使用较多的是光电类任务载荷设备。

1. 光学载荷

无人机搭载的光学载荷利用的是电磁波中的可见光波段，主要包括可见光光学相机和视频摄像头。可见光光学相机是一种经典的光学成像设备，也是最早应用在无人机上的设备之一。无人机搭载光学相机进行航测可获得地物的正射影像。近年来，倾斜航空摄影技术发展起来，无人机通过搭载多镜头光学相机，可以从垂直和倾斜等不同的角度采集影像，获取地物的三维模型。机载光学载荷如图 4-11 所示，具有体积小、功耗低、可靠性高等特点，是目前应用最广泛的任务载荷之一。但是光学载荷容易受到云、雾等天气条件的影响，所以只适用于白天，并且作用距离有限。

（a）单镜头

（b）多镜头

图 4-11 机载光学载荷

2. 红外载荷

红外载荷（见图 4-12（a））利用电磁波中的红外波段，具有较强的穿透云雾能力，可以很好地识别热目标，并探测到远距离的目标。常用的红外热像仪通过光学系统把目标物红外辐射成像在红外敏感元件阵列上，并变换成视频电信号的热成像探测装置，它能够仅依靠物体自然放射的红外辐射获得可见的热图像。其最大的优势是能够在夜间没有光线的情况下，不需要依靠其他辅助设备或光源即可获得目标物影像，这种载荷具有自身隐蔽性好，且一般不会被目视伪装或假目标欺骗的优点。

红外热像仪的这一优势弥补了可见光载荷的不足，两者可以相互结合，从而实现在多数气候条件下昼夜不间断地完成数据获取任务的目标。具有红外夜摄功能的数码相机能够在全黑的环境下拍摄照片，但是图像对比度较差，细节信息不丰富，如图 4-12（b）所示。红外载荷可应用于勘测地面、寻找水源、监视森林火灾，估测大面积农作物的长势和收成，预测风暴和寒潮等。

（a）红外载荷　　（b）红外光影像

图 4-12　红外载荷及其成像

3. 多光谱载荷

利用成像光谱仪对地物获取影像，能够获得很窄（通常波段宽度<10nm）、完整且连续的光谱数据，在可见光到短波红外波段，其光谱分辨率高达纳米（nm）数量级，因此被称为高光谱遥感。多光谱可以看作是高光谱的一种特殊情况，即成像的波段数量比高光谱图像少，一般只有几个到十几个波段。

多光谱载荷主要是指多光谱相机，其成像是在可见光的基础上向红外和紫外两个方向扩展，使其同时接收目标在不同窄光谱带上辐射或反射的信息，从而可得到目标的多张不同光谱带的影像，如图 4-13 所示。多光谱载荷广泛应用于农业和生态监测领域。

（a）多光谱载荷　　（b）多光谱影像　　（c）可见光影像

图 4-13　多光谱载荷及其成像

4. 激光雷达

激光雷达是一种主动航空遥感装置，其使用的不同长短的激光波技术，是实现地面三维坐标和影像数据同步、快速获取的测绘高新技术。激光雷达基于激光测距、GPS 定位、惯导测量以及航空摄影测量原理，可以获取高密度、高精度的激光点云数字高程数据（简称 DEM），数据可以直接反映点位的三维坐标，已成为各种三维设计系统重要的三维数据源。其具有穿透植被的能力，可以测量被植被覆盖的地形，但激光雷达不能获取被测物体的真实颜色纹理。激光雷达及其成像如图 4-14 所示。

（a）激光雷达

（b）电力线影像

图 4-14　激光雷达及其成像

5. 合成孔径雷达

合成孔径雷达（也称 SAR 雷达）是一种工作在微波波段的主动式传感器，与传统的光学传感器相比，它具有全天候、全天时的工作能力。合成孔径雷达利用合成孔径天线和先进的信号处理技术，通过分析飞行器平台的一系列雷达扫描的多普勒频移，能产生数百米宽的虚拟天线，从而可以获得远高于传统雷达分辨率的图像。与能够获得同样分辨率图像的真实孔径雷达相比，合成孔径雷达的质量和体积更小。

合成孔径雷达能够穿透云层、雨雾和烟尘遮蔽，在夜间和恶劣气候条件下有效地以高分辨率进行大范围成像，如图 4-15 所示。因此，合成孔径雷达的优势在于远程、高精度、小质量、全天候。合成孔径雷达是一种侧视成像设备，即雷达波的发射方向与机载平台的飞行方向必须是垂直的，所以当使用 SAR 雷达进行数据获取时，飞行平台必须沿目标区域进行侧向飞行。目前，由于轻型天线和紧凑信号处理装置的技术水平提高以及成本略有降低，合成孔径雷达已经能够装备在军用无人机上。但是对于民用领域来说其价格还是相对昂贵，所以在民用领域的应用仍然较少。

（a）合成孔径雷达

（b）可见光影像

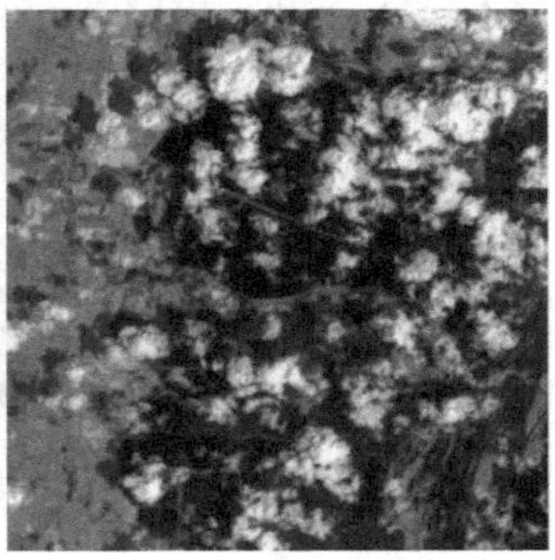

（c）云层干扰情况下的影像

图 4-15　合成孔径雷达及其成像

4.1.4 影像数据处理系统

无人机航测主要是利用无人机和摄影测量技术，通过机载任务载荷获取各种数据信息，再利用相关软件进行处理和分析，可以生成行业需要的数字地图产品。无人机航测影像数据对后期数据处理具有很高的要求。此外，不同载荷获取的数据处理方法也不同，将在第五章详细介绍航测常用的数据处理软件系统。

4.2 无人机航测外业

航测作业分为外业和内业，外业的主要工作包括无人机航空摄影、像控点布设和测量、对地物进行调绘等内容。这些工作是航测作业的基础，需要详细规划和执行。

4.2.1 无人机航测影像数据特点

与传统的航天和航空影像相比，无人机航测影像存在优点，也存在一些不足。因此在无人机航测外业和内业实施的过程中，要注意以下问题并尽量避免以提高成果质量。

1. 姿态稳定性差

姿态稳定性差成果图如图 4-16 所示，无人机在飞行时由于自身质量小，惯性小，受气流影响较大，俯仰角、侧滚角和旋偏角与传统航测相比变化快，而且幅度远超传统航测作业规范要求，所以在无人机航测过程中，可使用稳定器或优化无人机设计提高稳定性。

2. 航带排列不整齐

航带排列不整齐成果图如图 4-17 所示，由于无人机姿态稳定性差，导致航带的排列不整齐，主要表现在重叠度（包括航向和旁向重叠度）的变化幅度大，甚至可能出现漏拍的情况。

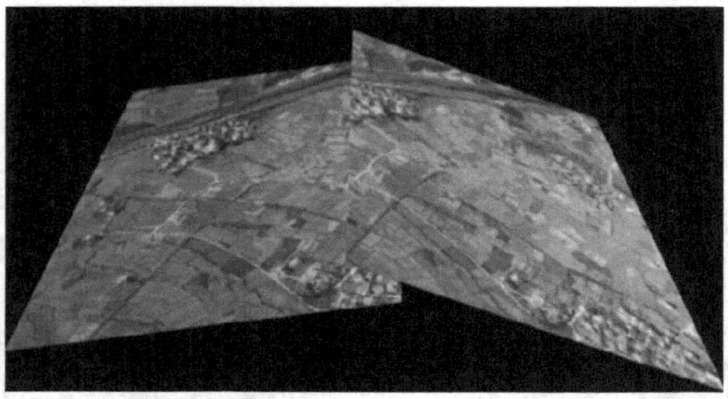

图 4-16 姿态稳定性差成果图

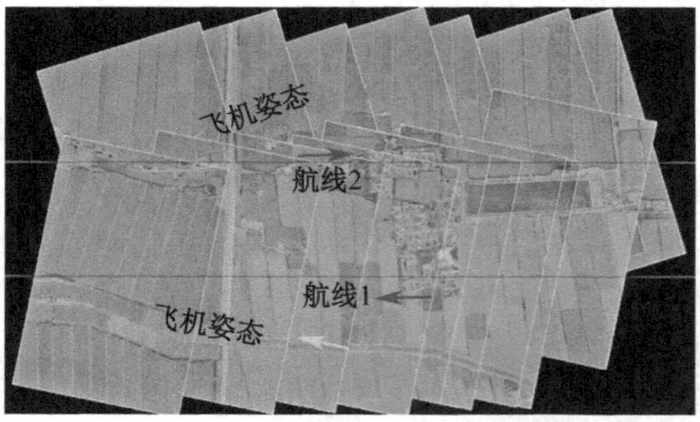

图 4-17 航带排列不整齐成果图

3. 旋偏角大

影像旋偏角大如图 4-18 所示，受侧风和不稳定气流影响，相邻两张影像一般容易出现旋偏角变化特别大，远超传统航测规范要求的情况。

4. 影像畸变大

影像畸变大如图 4-19 所示，相对专业航摄仪来说，小数码影像（如普通单反拍摄的影像）畸变大，边缘地方畸变可达 40 万像素以上。

图 4-18　影像旋偏角大

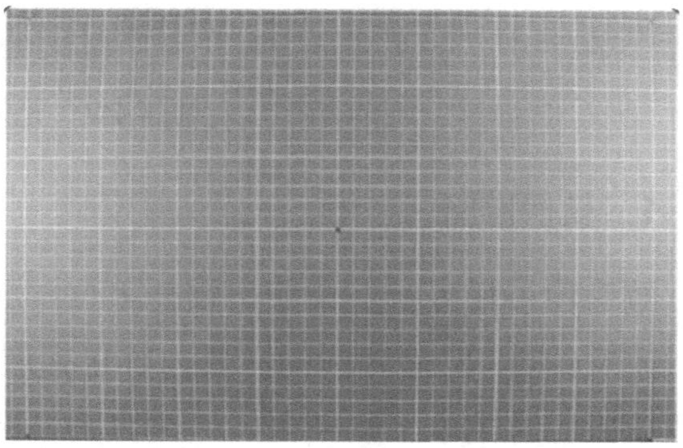

图 4-19　影像畸变大

5. 像幅小、重叠度高、影像数量多

像幅小、重叠度高、影像数量多成果图如图 4-20 所示，由于前文中的几点原因，为了保证测区没有漏拍，通常采取提高航向和旁向重叠度的方法来弥补。与普通单反相机像幅相比，专业数码航摄仪像幅较小，在保证预定重叠度的情况下，整个测区影像数量成倍数增多，因此后期数据处理的工作量（如空三加密环节）也同样增多。

6. 基高比小、模型数目多、模型切换频繁

像幅小、重叠度大原理图如图 4-21 所示，像幅小，重叠度大会导致模型基高比变小，进而降低测图时的高程精度。同时由于影像数量，模型数量也相应变多，所以相对传统航片来说，像幅小、重叠度大的无人机测同一幅图，调用的模型数目也会相对更多，且模型之间的切换也会更加频繁。

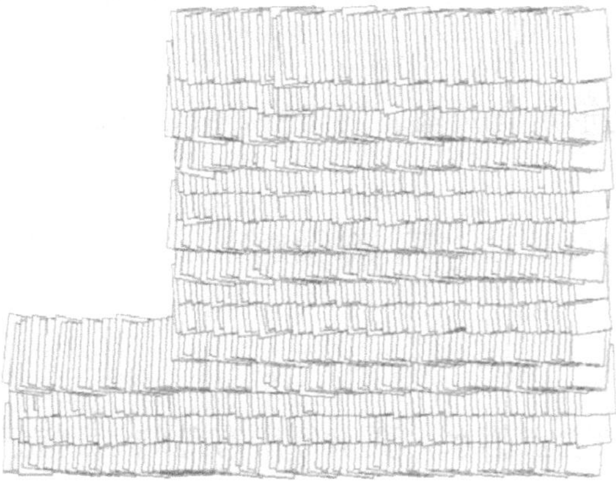

图 4-20　像幅小、重叠度高、影像数量多成果图

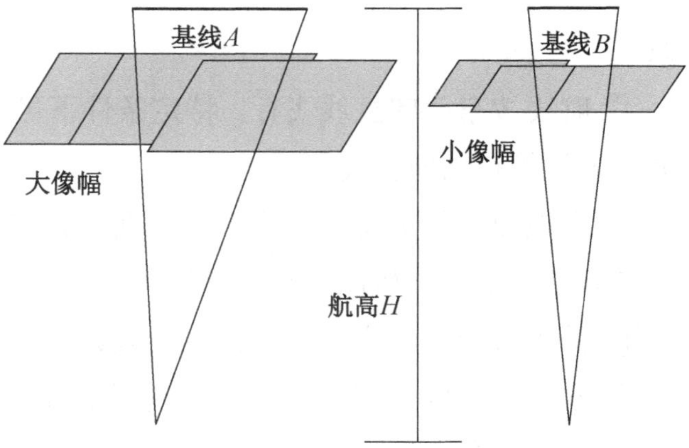

图 4-21　像幅小、重叠度大原理图

4.2.2 无人机航空摄影

无人机航空摄影是一种使用无人机搭载航测设备，通过对地面的连续摄影，获取所摄地区航空影像的一种技术，为航测制图提供了基本的影像数据。无人机航空摄影工作流程如图 4-22 所示。

图 4-22 无人机航空摄影工作流程

1. 航摄准备

航摄项目任务一般由航摄委托单位和航摄执行单位共同商定，包括有关具体事项，航摄计划，航摄合同。航摄合同的主要内容包括航摄成果形式、成图比例，航线敷设类型、技术参数、执行航摄任务的季节和期限、地面分辨率精度及其他技术要求等。

航测准备首先要分析航摄任务需求，根据航摄任务合同搜索任务区域的地图资料和气象条件，查看地形起伏落差，选择合适的无人机机型和航测载荷，申请空域，并制订作业计划。

2. 航摄设计

航摄设计要根据项目任务需求，拟定任务区域航线规划，计算无人机作业的相对航高、航线间隔、拍照间隔、影像重叠度等参数。航测作业要严格遵循国家有关规范和标准，并要保证参数设置正确，操作方法得当，选择合适的航摄季节和时间，保障无人机作业的效率。航摄前要明确摄区的具体分布范围，航摄设计应选择摄区新近出版的基本比例尺地形图。航摄比例尺一般应根据测图比例尺来选择，兼顾设计精度和作业工作量。有关航线规划和航摄参数设置要求在下文详细阐述，航摄分区、航线敷设，以及航摄季节和时间应遵循的原则如下。

（1）航摄区域要大于成图范围，航摄分区一般应遵循以下原则。

① 分区界线应与图廓线一致，分区内的地物景物反差和地貌类型应尽量一致。

② 航区形状一般为矩形，分区内的地形高差不得大于四分之一相对航高。

③ 若情况允许，航摄分区的跨度应尽量划大，考虑用户提出的加密方法和布点方案的要求。

④ 航线按东西向直线飞行，特定条件下可按照地形走向做南北向飞行，或沿线路、河流、海岸、境界等自由航线飞行。

⑤ 当地面高差突变，地形特征差别显著或有特殊要求时，可以破图廓划分航摄分区。

（2）航线敷设一般应遵循以下原则。

① 常规摄影航线应与图廓线平行敷设。

② 水域、海区航摄时，航线敷设要尽可能避免像主点落水；要确保所有岛屿达到完整覆盖，并能构成立体像对。

③ 荒漠、高山区、荫蔽地区等和测图控制作业特别困难的地区，可以敷设构架航线。构

架航线根据测图控制布点设计的要求设置。

④ 采用 GPS 领航和辅助空三航摄时，应计算出每条航线首末摄站的经纬度。

（3）航摄季节和时间选择一般应遵循以下原则。

① 航摄季节应选择对摄区最有利的气象条件；应尽量避免或减少地表植被和其他覆盖物（如积雪、洪水、扬沙等）对摄影和测图的不利影响，最大限度地保证地物的可见性。

② 选择航摄时间时，应选择天气晴朗，大气透明度好的日子。要有足够的光照度，同时又要避免过大的阴影，一般根据摄区的太阳高度角和阴影倍数确定。

③ 进行彩红外、真彩色摄影时，若在北方地区，一般要避开冬季。

3. 飞行作业

航摄作业之前，要仔细检查设备，检查配件和连接是否牢靠，电机转动和舵机工作是否正常，通信链路和导航系统是否正常，该初始化的数据是否完成，航线航点、拍照间隔和拍照点是否正常设置。航线规划和飞行参数设置完成后，应进行试飞，以检查无人机盘旋状态是否稳定，飞控、舵机电池电压、地速、空速、飞机姿态及方位等数据是否正常。无人机爬升到目标后切换到航线飞行模式，开始进行航摄作业。

随着无人机技术的广泛应用，对于无人机飞行作业的规范和安全性要求也逐渐严格。以下是无人机航测飞行作业的安全性规范。

（1）飞行航线设计总航程应小于无人机能到达的最远航程；应将设计飞行高度设定为高于摄区和航路最高点的 100m 以上。

（2）设计飞行高度须在距离军用、商用机场 10km 以上的高空；也需要远离人口密集区，且飞行高度半径 200m 范围内不能有高压线、高大建筑物、重要设施等。

（3）作业区域附近应无正在使用的雷达站、微波中继、无线通信等干扰源。在不能确定有无干扰源的情况下，应测试信号的频率和强度，以保障系统设备不受干扰，可以正常作业。

（4）无人机采用滑跑起飞、降落，起降场地应满足性能指标要求。

（5）无人机应配备伞降设备，在无人机遇到突发故障时，可通过降落伞减缓下降速度，避免或减小无人机对地面目标的冲击和损害，减小飞行平台和机载设备的损伤。

4. 质量检查

完成飞行作业后要进行航测影像数据的质量检查，包括飞行质量和摄影质量检查。飞行质量检查主要依据相应的航空摄影测量规范，检查像片重叠度、倾斜角、旋偏角、航线弯曲度、航高、摄区覆盖、敷设航线、漏洞补摄和飞行记录填写等情况。摄影质量检查则是关注影像的清晰度，要求影像层次分明，颜色饱和，色彩适中，反差适中，无偏色。应保证能辨别出地面最暗处的影像细节，不得有色斑大面积坏点和曝光过度等情况。如果航摄质量检查出问题，要及时进行补测或重测，以保障后续数据处理和成图工作达到任务要求。

5. 成果提交

航摄质量检查合格后，提交的航摄成果包括航摄影像数据、航摄分区略图、航摄飞行报告、技术总结报告及航测任务合同规定的其他成果资料。航摄执行单位需按照航摄规范和航摄合同规定对全部航摄成果资料进行逐项检查，并详细填写检查记录，之后根据航摄合同规定，将全部成果资料整理齐全后，移交给航摄委托单位代表验收。航摄委托单位对全部成果资料验收确认合格后，双方签字确认即完成项目航摄任务。

4.2.3 航线规划

航线规划是指在综合考虑无人机机动性能、巡航时间、气象和地形条件等各种因素下，寻找从起始点到目标点的最优或最佳的可行飞行轨迹。无人机航迹规划问题的目标函数较为复杂，涉及大量不同信息的问题处理，无人机航迹规划通常分两个层次进行：第一层是整体参考航迹规划；第二层是局部航迹动态优化。

整体参考航迹规划是无人机飞行前在地面上完成的。整体参考航迹通常是根据无人机的安全要求、任务要求、飞行时间以及其他性能组合预先确定的最优性能指标，以此最优性能指标为标准，采用某种合适的算法生成一条最优的参考航迹。得到参考航迹之后，无人机在实际飞行中并不一定严格按照参考航迹来飞行，它还受到参考航迹周围的地形因素、威胁因素及无人机自身的性能约束（如最大转弯半径、滚转角、飞行高度、飞行速度等）的限制。因此，在参考航迹周围，无人机会根据周围环境不断更新各种信息对参考航迹进行局部的动态优化，生成一条最优航迹并引导无人机沿最优航迹飞行。

无人机的整体参考航迹规划涉及全局优化问题，既要避免陷入局部最优，同时又要减少计算量，而在局部航迹动态优化过程中应当尽可能地减少计算量以确保航迹规划的实时性。通常在理论上，最优航迹是不可能得到的，但在实际的航迹规划中，将代价值降到可接受的水平也是可行的。无人机航线规划的算法目前主要有以下几种。

1. 人工势场法

人工势场法的主要思想是在不考虑其他约束条件的情况下，利用物理中关于磁场吸引和排斥的有关法则，将目标作为吸引场，将各种障碍作为排斥场，无人机在二者综合生成的势场中飞行。人工势场法的一个突出特点就是规划速度快，势场的建立考虑到威胁、障碍、目标的评估等因素，所以非常直观。然而该方法在处理一些约束条件时存在困难，并且可能由于在吸引力和排斥力相等的地方存在局部最小点，从而导致无人机找不到路径，使航迹规划失败。因此，人工势场法一般用于完成航迹规划后的后期处理。

2. 神经网络法

神经网络法中，能量函数的概念最初是由 Hopfield 网络引入的，能量函数即在网络达到稳定时能量最小。在应用神经网络法时，首先将数字地图地形信息映射到一个 Hopfield 神经网络上，然后基于各种约束条件构造一个合适的能量函数，最后通过网络收敛特性达到能量最小以便得到所希望的路径。这种方法无论是在静态环境还是在动态环境中都能取得良好的效果，但缺点是计算量太大。

3. A*算法

A*算法是基于一个启发函数的启发式搜索算法，对于航迹规划问题来说，该启发函数由两部分相加而成，一部分是起始节点到当前节点的实际代价函数值，另一部分是从当前节点到目标节点的估计代价函数值。A*算法每次都选择启发函数最小的节点进行扩展和优化。从起点节点开始，不断寻找在当前节点可以到达的所有扩展节点中代价函数最小的节点并优先扩展，从而形成一个最优节点集，把这个最优节点集中的最优节点依次相连，即可得到一个最优航迹。A*算法的搜索过程实际是一个选择节点不断扩展的过程，可以采用最少的估价函数计算来找到最近的优化路径。但往往 A*算法在扩展时只是一个局部的最优解，若要得到全局最优解，通常采用 A*算法的一些变形或者对最终结果进行再处理。

4. 遗传算法

遗传算法是一种基于概率的全局优化搜索算法。遗传算法的主要步骤是：种群生成，个体适应度计算，交叉操作，变异操作，遗传操作，生成下一代种群。经过多代的遗传之后，选择最终生成的种群中适应度最优的个体作为算法的最优解。遗传算法不受搜索空间的限制，对搜索空间没有特殊要求，在算法运行中只利用了目标函数值信息，不利用函数连续性质、导数存在和函数单峰等其他信息。遗传算法也是一种并行算法，上述优点使遗传算法在航迹规划领域的应用研究十分普遍且成效显著。

5. 蚁群算法

蚁群算法是模仿蚂蚁觅食行为的仿生类算法，在许多难以建模的困难组合优化问题求解实践中取得了很好的效果。蚁群在寻找食物过程中会释放一种称为信息素的分泌物，该物质会驱使蚂蚁朝着路径短的方向移动，随着时间的推移，短路径上的信息素越来越多，这就形成了一个正反馈机制。最终可能大多数蚂蚁都选择了同一条路径，那么这条路径可以认为是最优路径。蚁群优化算法是自然模型搜索算法的典型代表之一，其空间的参数化模型和概率问题的模型就是信息素。

无人机航线规划还需要考虑以下一些无人机平台的自身性能因素。

（1）最大转弯角：它限制生成的航迹只能在小于或等于预先确定的最大角度范围内转弯。该约束条件取决于无人机的性能和飞行任务。

（2）最大爬升、俯冲角：由无人机自身的机动性能决定。它限制了航迹在垂直平面内上升和下滑的最大角度。

（3）最小航迹段长度：它限制了无人机在开始改变飞行姿态之前必须直飞的最短距离。为减少导航误差，飞行器在远距离飞行时一般不希望迂回行进和频繁地转弯。

（4）最低飞行高度：在执行一项特殊任务时，可能需要在尽可能低的高度上飞行，但是飞得过低会使坠毁概率增加。所以一般在保证离地高度大于或等于某一给定高度的前提下，使飞行高度尽量降低。

4.2.4 航摄参数规范要求

1. 摄影航高确定

摄影航高是指摄影飞机在摄影瞬间相对某一基准面的高度。基准面不同形成了相对航高和绝对航高。绝对航高是指摄影物镜相对大地水准面的高度，是指摄影物镜在摄影瞬间的真实海拔高度。相对航高是指摄影机物镜相对某一基准面的高度，通常称为摄影航高。它是相对被摄区域内地面平均高程基准面的设计航高。相对航高是确定航摄飞机飞行的基本数据，摄影比例尺确定后，相对航高可按计算得到。摄影测量规范规定，同一航带内最大航高与最小航高之差不得大于 30m，摄影区域内实际航高与设计航高之差不得大于 50m。航空摄影的地面分辨率（GSD）取决于飞行高度，航高与地面分辨率关系图如图 4-23 所示。

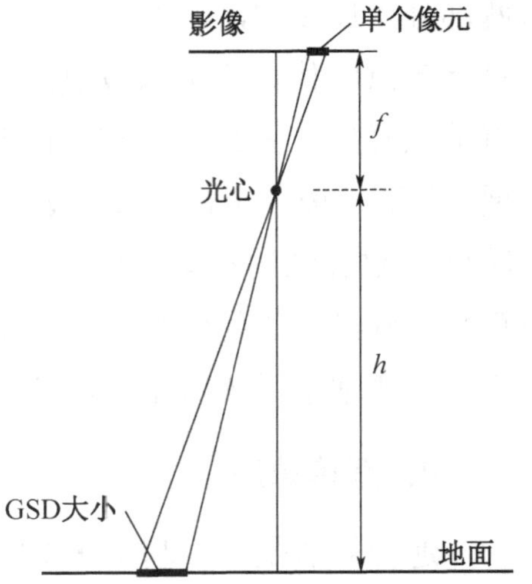

图 4-23　航高与地面分辨率关系图

$$\frac{a}{\mathrm{GSD}}=\frac{f}{h}\Rightarrow h=\frac{f\times \mathrm{GSD}}{a} \tag{4-1}$$

式中，h 为飞行高度；f 为镜头焦距（50mm）；a 为像元尺寸；GSD 为地面分辨率。例如，当已知镜头焦距为 50mm、像元大小为 9μm，摄影获取的影像用于制作成图比例尺为 1∶2000 的数字产品时（例如，数字高程模型（DEM）、数字线划图（DLG）、数字正射影像图（DOM）等），要求航空影像的 GSD 应为 20cm，这时按照公式可求得获得相应 GSD 的飞行高度为 1100m。

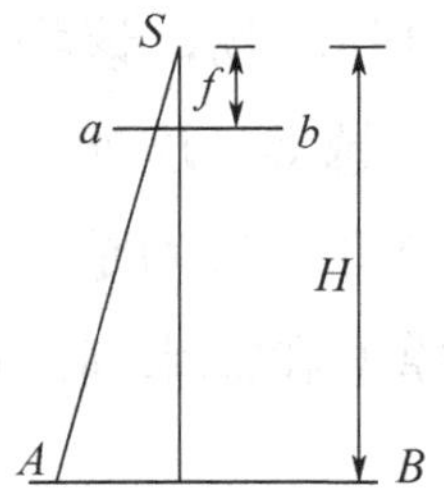

图 4-24　航摄比例尺示意图

2. 航摄像片的比例尺

航摄像片比例尺是航摄像片的构象长度与对应的实地水平距离之比，航摄比例尺示意图如图 4-24 所示。航摄像片是中心投影，一般情况下航摄像片上影像的比例尺是不一致的，只有在地面为水平面，像平面也呈水平状态时，像片比例尺才是一致的。在航高不变的情况下，摄影比例尺等于摄影机焦距 f 与航高 H（摄影机镜头中心到基准面的距离）之比，即

$$\frac{1}{M}=\frac{ab}{AB}=\frac{f}{H} \tag{4-2}$$

由于地面是高低起伏的，地面点到摄影中心的距离实际上等于航高 H 与地面点到基准面的高差 h 之差，所以航空像片的比例尺 $\frac{1}{M}$ 实际上是

$$\frac{1}{M}=\frac{f}{(H-h)} \tag{4-3}$$

摄影比例尺的变化要有一定的限制范围，按照摄影测量规范要求，像片比例尺分母的相对误差一般不超过 5%。航摄比例尺应根据不同摄区的地形特点，在确保测图精度的前提下，根据有利于缩短成图周期、降低成本、提高测绘综合效益的原则在航摄比例尺选择表（见表 4-2）

中选择适合的。

表 4-2 航摄比例尺选择表

成图比例尺	航摄比例尺
1∶500	1∶2000～1∶3500
1∶1000	1∶3500～1∶7000
1∶2000	1∶7000～1∶14000
1∶5000	1∶10000～1∶20000
1∶10000	1∶20000、1∶25000、1∶32000
1∶25000	1∶25000～1∶60000
1∶50000	1∶50000
1∶100000	1∶60000～1∶100000

3. 航向重叠与旁向重叠

航向重叠是相邻两张像片沿航线方向对所摄地面的重叠，其量化指标为航向重叠度（$p\%$），以像幅边长的百分数表示，如图 4-25（a）所示，其值为

$$p\% = \frac{l_x}{L_x} \times 100\%$$

式中，l_x为航向重叠区域的长度，L_x为单张像幅的长度。它保证了立体模型之间的连接。在航向方向必须要使三张相邻像片有公共重叠影像，这一公共重叠部分称为三度重叠部分。像片重叠是立体观察和像片连接所必需的条件。

旁向重叠是指摄影中两相邻航带像片之间的重叠，用旁向重叠度（$q\%$）表示其大小，其作用是保障像片连接中没有漏摄，如图 4-25（b）所示。其值为

$$q\% = \frac{l_y}{L_y} \times 100\%$$

式中，l_y为旁向重叠区域的长度，L_y为单张像幅的宽度。根据航摄飞行质量要求，航向重叠度一般应为 60%～65%，个别最大不得大于 75%，最小不得小于 56%。旁向重叠度一般应为 30%～35%，个别最小不得小于 13%。

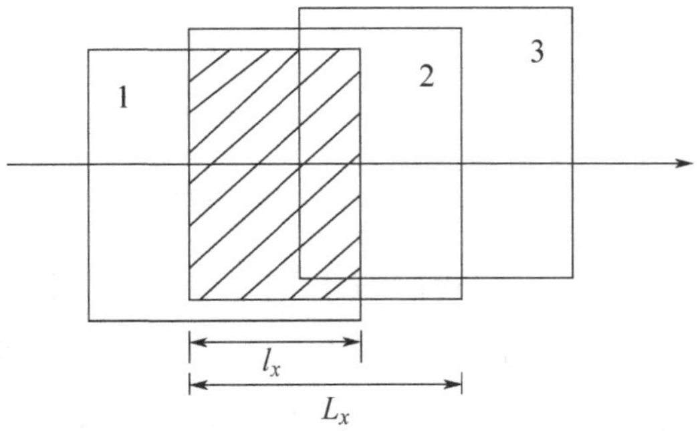

（a）航向重叠

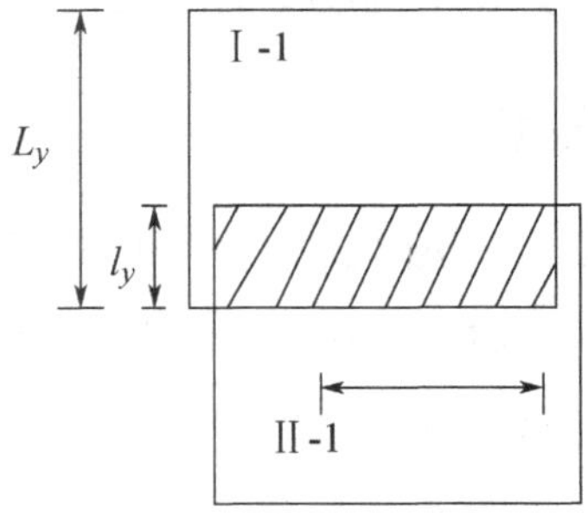

（b）旁向重叠

图 4-25 航向重叠与旁向重叠

4. 像片旋偏角

像片旋偏角 k 如图 4-26 所示，是相邻两像片的主点连线与像幅沿航带飞行方向的两框标

连线之间的夹角。在摄影时航摄机定向不准确会影响像片的重叠度，给航测内业作业增加困难。航摄规范一般要求像片旋偏角小于 6°，个别特殊情况最大不应大于 8°，而且不允许有连续三张像片超过 6° 的情况。

5. 像片倾斜角

航摄瞬间相机的主光轴近似与地面垂直，偏离铅垂线的夹角为像片倾斜角，也叫航摄倾角，如图 4-27 所示。像片倾斜角一般不大于 2°，最大不超过 3°。

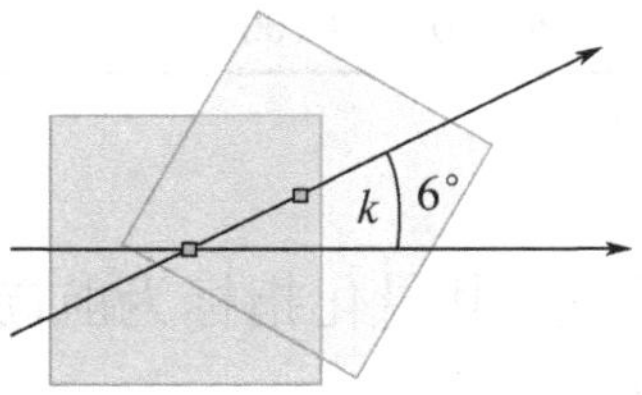

图 4-26　像片旋偏角

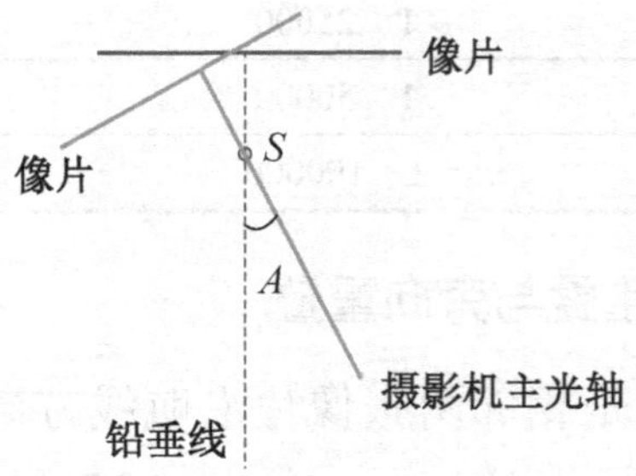

图 4-27　像片倾斜角

6. 航线弯曲度

一条航线的航摄像片根据地物影像拼接起来，各张像片的主点连线不在一条直线上，而呈现为弯弯曲曲的折线，这一现象称为航线弯曲。航线最大弯曲矢量 l 与航带两端像主点连线 L 之比的百分数为航线弯曲度，如图 4-28 所示。规范要求航线弯曲度不得大于 3%。

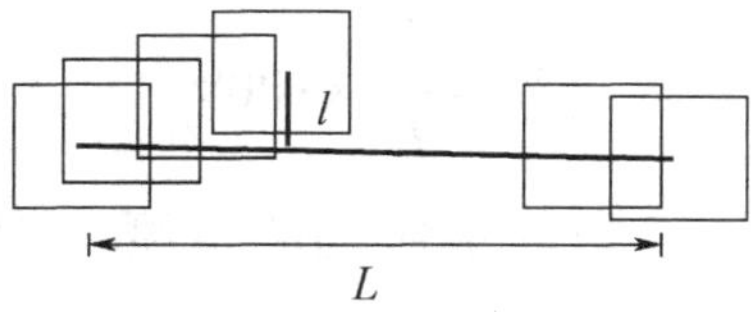

图 4-28　航线弯曲度

4.2.5　像控点布设及像片调绘

1. 像控点布设

野外控制点是航测内业加密控制点和测图的依据，主要分为平面控制点、高程控制点和平高控制点三种。平面控制点仅测定该点的平面坐标，高程控制点仅测定该点的高程，而平高控制点则要测定该点的平面坐标和高程。像片控制点（像控点）的布设方法主要包括全野外布点、航线网布点、区域网布点、特殊情况的布点四种。其中特殊情况的布点包括航摄区域结合处的布点、航向重叠度和旁向重叠度不够的布点、像主点和标准点位落水的布点、水滨和岛屿的布点。

布设的控制点主要应该满足以下 6 个条件。

（1）像片控制点的目标影像应清晰，易于判别。当像控点为平高点时，要选择影像清晰的明显地物点，如接近线状地物的交点，地物拐角点等实地辨认误差小于图上 0.1mm 的地物点；当像控点为高程点时，要优选局部高程变化不大的地物点；不可在弧形地物及高程变化较大的斜坡处选择像控点。

（2）布设的控制点应能尽量公用，一般布设在航向及旁向六片或五片重叠范围内。

（3）控制点距像片边缘不应小于 1cm，控制点距像片的各类标志应大于 1mm。

（4）像控点应尽量布设在旁向重叠的中线附近。当旁向重叠过小，相邻航线像控点不能公用时，应分别布点。当旁向重叠过大，相邻航线的点不能公用时，也应分别布点。

（5）航线首末端上下两控制点应尽量布设在位于离开通过像主点且垂直于方位线的直线上，若控制点位于自由图边、待成图边以及其他方法成图的图边时，应布设在图廓线外。

（6）像控点整饰时，要在影像上对应的控制点点位标注点名或点号，并在像片的背面或专用笔记本上记录关于刺点操作的详细说明，说明应确切，点位图、说明、像控点位置三者必须描述一致。

2. 像片调绘

地图产品是按成图比例尺所规定的各种符号、注记和等高线来表示地物、地貌的，而航摄像片是按影像的大小、形状和色调来表示地物、地貌的。地图上表达的地物必须经过综合取舍，只表示那些有意义的地物，而在航摄像片上所有地物都有影像。所以，航摄像片必须进行航测外业的像片调绘工作。利用像片上的影像进行判读、调查、量测各种注记元素，并进行综合取舍，然后按统一规定的图式符号，把各类地形元素真实而准确地描绘到地图上。在进行像片调绘时遵循以下 8 点基本要求。

（1）像片调绘应判读准确，描绘清楚，图式符号运用恰当，各种注记准确无误。调绘像片采用隔号像片，可采用先野外判读调查后室内清绘的方法，也可采用先室内判读、清绘，后野外检核和调查，再室内修改和补充清绘的方法。不论采用哪种方法，对地物只做性质、数量说明，其位置、形状应以内业立体模型为准。

（2）测量控制点的处理。三角点和埋石点在调绘片上不表示，由内业展绘。当三角点和埋石点设在不依比例尺表示的土堆上时，应在调绘片上表示。国家等级水准点应准确调注。

（3）水系的调绘。河流、湖泊、水库的水涯线应绘在摄影时的水位处。池塘的水涯线应以摄影时的水位为准。水渠、贮水池的水涯线应以坎沿为准。海岸线应按摄影时的影像描绘清楚平均大潮高潮痕迹所形成的水陆分界线。

（4）居民地及设施的调绘。居民地调绘要求：描绘房屋应以墙基为准。独立地物调绘要求：作为定位主要依据的独立地物，能依比例尺的应绘外轮廓、填绘符号；不能依比例尺的应准确表示其定位点和定位线。实地的建筑物、构筑物，若出现图式中无相应规定符号，也不便归类表示的情况，可实地调绘该要素的地面几何图形，并加注专名。

（5）交通、管线的调绘。道路通过居民地不宜中断、应按真实位置绘出。永久性的电力线、通信线应做标识。电力线分为输电线和配电线，输电线路为高压线，配电线路一般为低压线。

（6）境界的调绘。对境界进行调绘时，应在实地进行，并经慎重调查，多方核实确认无误后方可绘于图上。国界调绘应根据国家正式签订的边界条约或边界议定书及附图，同边防人员一起经实地踏勘后，按实地位置不间断地精确绘出。国内各级境界调绘要求县（区）级以上的境界应绘出，乡（镇）级境界、国营农（林、牧）场界应按图需要绘出。

（7）地貌、植被与土质的调绘。对于不能用等高线反映的天然或人工地貌要素，应按图式规定调绘于像片上。密集的居民地内不宜绘等高线，应以高程注记点表示地形。若地类界与地面上有实物的线状要素符号重合，则地类界应省略不绘。在摄影时，应量注树林、竹林、灌木林的平均高度，供内业立体测图时改正树高和测绘等高线。

（8）地理名称的调绘。地理名称注记调绘时应对居民地、市镇街巷、工矿企业、机关学校、医院、农（林）场、大型文化体育建筑、名胜古迹、山岭、沟谷、河流、湖泊、海港等名称进行调查核实后正确注记；居民地应注出当地常用的自然名称；水系、山脉等地理名称不统一时，不宜注记；图幅名称应选择该图幅内著名的地理名称注记；同一测区内不得有相同的图名；图幅内确无名称时，应注图幅编号。

4.3 航测内业数据处理

航测内业是在室内依据航测外业成果，利用行业系统软件进行数据处理的工作。主要包括解析空中三角测量、像片纠正、编辑、制作数字地图产品等工作。航测内业数据处理分为以下几个步骤。

1. 空三加密

首先要把测区需要的所有影像输入计算机，后续才能依据外业控制成果进行空三加密。空三加密也叫空中三角测量，就是在已有外业控制点的基础上，为满足内业测图的需要而进行的室内增测平面和高程控制点的工作。其任务就是为在纠正和测图时提供定向点或注记点，提供作业时所需要的立体模型。

2. 内业数据采集

加密结束后，采集人员可在相关系统或平台调出立体模型进行全要素采集，生成数字化原图。立体测图主要有两种办法，一种是先进行全野外像片调绘后测图的方法（称先调绘后测图），一种是根据模型全要素采集后，利用采集原图在外业对照、补测、补调的方法（称先采集后调绘）。采集数据时一定要认真判读，测标要切准，地物不能测变形，否则不但给外业工作带来很多麻烦，也会直接影响最终数据的精度。检查员要重点检查采集有无遗漏、综合取舍情况及切准精度，并填写检查记录。

（1）先调绘后测图。

作业员在采集时，要认真参照调绘片上的所有内容，并在立体模型下仔细辨认、采集。原则上是外业定性（附带定位），内业定位。如果外业确实有误时，经检查员和外业调绘人员确认后，内业可根据模型影像进行改正，并在调绘片背面加以说明，填写日期。测绘地物、地貌元素时要做到无错漏、不变形、不移位。

（2）先采集后调绘。

按照模型先进行全要素采集，后面再利用采集原图在野外调绘。这种采集方法对作业员要求较高，作业员应具备一定的外业工作经验，这样才有把握判准地物、地貌元素，并按图式要求直接测绘在图上。对无把握判准的地物、地貌元素，只能采集外轮廓后由外业处理。对模型不清的地物无法定位时，应在相应位置上标记，再由外业补调。对于隐蔽地物及无影像的地物要求由外业现场补调。

3. 内业编辑

内业编辑就是将外业调绘的所有内容按照图式规范准确地表示在地形图数据中。具体而言，就是依据外业调绘图上标注的尺寸修改采集原图，并将调绘的各种名称注记按照规定的字体、大小、排列标注在数据图上，同时严格按照设计要求的层、色、线型、线粗进行表示，以满足用户的数据入库要求。另外还有控制点的整饰和注记，图廓的各种注记等。检查员要对编辑数据图进行全面检查，填写检查记录。

4. 数字高程模型（DEM）

数字高程模型（DEM）有两种获取方式，第一种是直接利用数字线划图（DLG）成果提取，第二种是利用加密成果，经过软件匹配，生成粗 DEM 后，再经人工编辑后获得。

5. 影像图制作

影像图制作就是利用 DEM 对以数字方式获取的航空像片（或航天像片），进行数字微分纠正和数字镶嵌，再根据图幅范围将航空像片剪切成相应的影像数据。

6. 野外检查并修改

外业巡视主要检查图面表示与实地景观的一致性、地物地貌元素综合取舍的合理性、各种名称注记的规范性及正确性、图面各种地物的精度是否合乎规范要求，以及重要地物有无遗漏等问题。对于外业（野外）检查中发现的问题要求作业员一一修改，并填写检查记录。如果问题太多则要求作业员重新进行全面检查改错，直至产品合格。

7. 质检检查

质检一般是采用抽查，即检查总体中的 15%作为样本进行审查或评估的方式检查成品图的质量情况。检查中发现有不符合图式规范及技术设计要求的产品时，应及时提出处理意见，并让相关人员进行改正。当问题较多或者性质严重时，将产品直接退回作业单位或相关人员要求返工或返修，处理完毕后再进行检查，直至合格。检查过程中除填写检查记录外，还要编写最终产品的检查报告。

8. 提交最终成果

产品合格后即可按技术要求对最终产品进行数据转换入库，转换完毕后刻录数据光盘，然后提交给用户进行检查验收，再根据用户在验收过程中提出的问题及意见对数据进行修改，修改完毕后再提交最终的合格产品。

4.4 数字地图产品及制作

4.4.1 航测 4D 产品

无人机航测的主要任务是生成数字地图产品和三维模型。数字地图产品主要包括四种模式，数字高程模型（DEM）、数字正射影像（DOM）、数字线划图（DLG）、数字栅格地图（DRG），它们统称为 4D 产品，如图 4-29 所示。

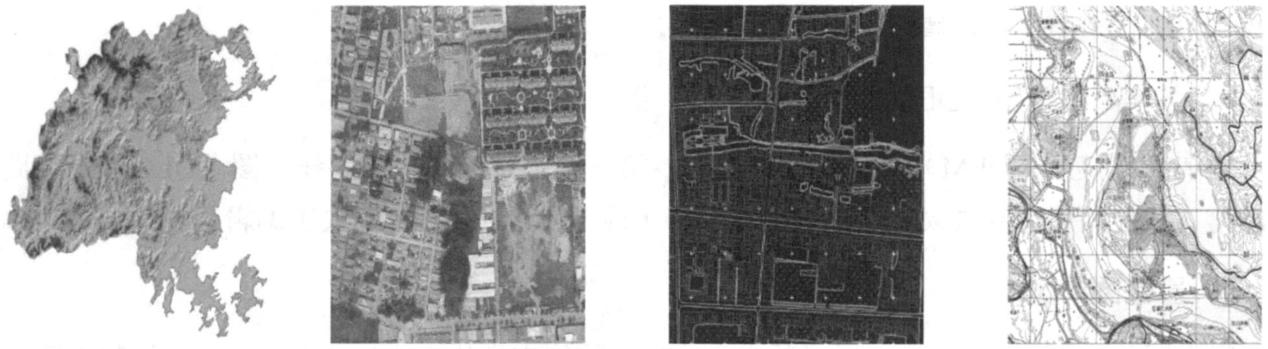

（a）数字高程模型（DEM）　（b）数字正射影像（DOM）　（c）数字线划图（DLG）　（d）数字栅格地图（DRG）

图 4-29　4D 产品

1. 数字高程模型（DEM）

数字高程模型是以高程表达地面起伏形态的数字集合，是在高斯投影平面上，由规则或不规则格网点的平面坐标（X，Y）及其高程（Z）所构成的数据集。该数据集在数学描述上是一定区域地貌形态的空间分布特征。DEM 可以派生出等高线、坡度图等信息，可与其他专题信息数据叠加，制作透视图、断面图，也可进行工程土石方计算、表面覆盖面积统计，还可用于与高程有关的地貌形态分析、通视条件分析、洪水淹没区分析等。DEM 是生产数字正射影像图的基础数据，根据不同的高程精度，可分为不同等级产品。

2. 数字正射影像（DOM）

数字正射影像利用数字高程模型，对经扫描处理后的数字化航空像片逐像元进行辐射纠正、微分纠正和镶嵌处理。按图幅范围裁切生成的影像数据，是一种带有公里格网数据、内外图廓整饰和注记的平面图。DOM 的信息丰富直观，同时具有地图的几何精度和影像特征，还具有良好的可判读性和可量测性。DOM 可作为背景控制信息、评价其他数据的精度、现势性和完整性，也可直接提取自然地理和社会经济信息，还可用于地形图的更新。

3. 数字线划图（DLG）

数字线划图是包含核心地形要素（包括居民地、交通、水系、独立地物、管线、境界等）的矢量数据集，它对各类要素进行分层分类存储，同时保存了各要素间的空间关系和相关属性信息。DLG 较全面地描述了地表目标，可满足各种空间分析的要求，进行数据选取和显示，与其他信息叠加，可进行空间分析、决策。可用于建设规划、资源管理、投资环境分析等领域也可用于人口、资源、环境、交通、公共安全等各专业信息系统的空间定位基础。

4. 数字栅格地图（DRG）

数字栅格地图是纸质地形图的数字化产品，是以栅格数据格式存储和表示的地图数据。每幅图经扫描、纠正、图幅处理及数据压缩处理后，能够形成在内容、几何精度和色彩上与地形图保持一致的栅格文件。DRG 可以作为背景图，用于其他专题数据的参照和修测其他与地理信息相关的信息；也可用于 DLG 的数据采集、评价和更新；还可与 DOM、DEM 等数据集成使用，从而提取、更新地图数据和派生出新的信息。

4.4.2 航空正射影像制作

正射影像应同时具备地图的几何精度和影像的视觉特征，尤其是高分辨率、大比例尺的正射影像图，它可以作为背景信息，用于评价其他地图空间数据的精度、现势性和完整性。然而，作为一种视觉影像地图产品，影像投影差引起的遮蔽现象不仅影响了正射影像作为地图产品发挥其基本功能，还削弱了影像的视觉解译能力。为了最大限度地发挥正射影像产品的地图功能，近年来，真正射影像（True Orthophoto）的制作受到了国内外的广泛关注。

真正射影像是在数字微分纠正过程中，以 DSM（数字表面模型）为基础进行数字微分纠正得到的。在空旷地区，DSM 和 DEM 是一致的。只要确定影像的内、外方位元素以及所覆盖地区的 DEM，就可以依据共线方程进行数字微分纠正，这样纠正后的影像就不会存在投影差。实际上，真正需要制作真正射影像的情况是地表存在人工建筑或树木等覆盖的地区。在这些地区，DSM 和 DEM 的差别主要体现在人工建筑或树木等的高度上。也就是说，要制作这些地区的真正射影像，就需要在该地区的 DEM 基础上，采集所有高出地表面的目标物体的高度信息，或者直接获取该地区的 DSM，以便用于制作真正射影像。正射影像制作的详细流程如下。

（1）引入空三加密成果，建立测区文件，恢复模型。

（2）定义单元模型的作业区域，生成核线影像，对核线影像进行匹配，并绘制匹配点与等视差曲线。之后进行光束法区域网平差、加密点、连接点编辑、主动匹配加密点、连接点、加测控制点等操作。

（3）检查匹配结果，根据需要进行交互立体编辑（区域编辑，点编辑）处理。重点是高层建筑区、影像模糊区、阴影区、大面积水域、建筑密集区、森林覆盖区，以及山谷、山脊地形变换处等。如果局部匹配存在问题，应增加特征点、特征线。

（4）生成单元模型 DEM，并进行数字微分纠正。根据单元模型 DEM 及像片内外方位元素、影像分辨率，采用微分纠正方法进行纠正及影像重采样，生成单元模型 DOM。

（5）在进行色调或色彩调整及影像镶嵌之前，应检查相邻各片之间的色调或色彩偏差，根据需要采用图像处理的方法进行调整，使色调或色彩趋于一致。

（6）镶嵌拼接。根据图廓坐标来设定镶嵌范围，并指定文件存放路径。执行影像镶嵌命令，对于穿房子、穿桥等破坏地物导致地物不完整的镶嵌线，要人工干预修改，并使用修改后的镶嵌线拼成完整 DOM。

（7）影像镶嵌拼接完成后，认真检查所生成的 DOM，对接边区域内出现的影像模糊、影像遗漏的部分，应进行修补。城区内的影像镶嵌应采用人工方式，防止没有及时发现高层建筑因投影方向不一致而产生的影像扭曲变形现象。

（8）在 OrthoVista 软件中进行接边检查。主要检查图幅接边处影像的过渡是否自然、是否存在空白缝隙；图幅接边处影像的亮度、反差、色彩是否一致，以及地物是否有错位。

（9）参考 1：2000 比例尺标准，对分幅的数字化地形图进行花式逐幅输入并进行整饰注记。对 DOM 进行整饰；图廓整饰注记内容包括接图表、图号（无须图名注记）、密级、出版机关、航摄作业时间、出版时间、平面坐标系统及比例尺等八项内容。

（10）将整饰数据和 DOM 数据叠加，输出包含完整整饰数据的影像地图数据，整饰数据为 DWG 格式。

第 5 章

无人机航测数据处理

5.1　无人机航测数据处理软件系统

无人机航测技术作为获取空间数据的重要手段，具有适用地形广泛、影像实时传输、高危地区探测、成本低、快速高效和使用机动灵活等特点，能够有效补充大、中比例尺测图等传统方法（如地面测量、卫星遥感和有人机航空测量等）在效率、灵活性、成本、适用范围以及数据获取能力等方面的不足。由于无人机具有体积小、载荷轻等特点，会使无人机获取的影像和普通航空影像之间产生一定的差异，所以无人机航空摄影测量的操作要求也更为严格。

无人机航测影像数据具有以下不足：影像像幅小且数量多；由于无人机姿态稳定性不足，导致影像旋偏角大；非量测性相机焦距短，导致影像投影差和变形大，且影像畸变差较大；定位测姿系统（POS）数据精度低等。这些不足导致影像对后期数据处理具有很高的要求，常用的数据处理软件需要解决的关键问题包括：影像同名点的高效精确匹配问题；空三成果与采集软件的匹配问题；提升软件操作的便捷性及自动化程度的问题。目前国内外常见的无人机航测数据处理软件介绍如下。

5.1.1　国外航测软件

1. LPS 软件

LPS（Leica Photogrammetry Suite）软件是美国 Intergraph 公司和瑞士 Leica 公司研发的软件系统，LPS 软件界面如图 5-1 所示。LPS 是一个全面的数字摄影测量系统，为地理影像应用提供了高精度、高效能的数据生产工具，是处理海量数据的优秀解决方案。具有简单清晰的用户界面以及强大完备的数据处理功能，深受全球摄影测量和遥感用户的喜爱。

该系统可以对卫星、航天飞机、有人驾驶固定翼飞机（大飞机）和无人机的数据进行处理，其中，更擅长处理卫星影像及常规航空摄影（大飞机航片）。对各类航天、航空数字摄影测量传感器（如 SPOT5、QuickBird、DMC、Leica RC30、ADS、A3 系列等），LPS 能全面支持，并能够实现影像自动匹配、空中三角测量、数字地面模型的自动提取等功能。

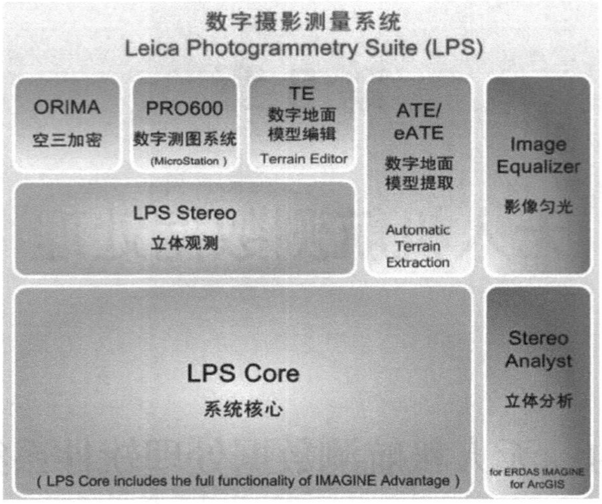

图 5-1　LPS 软件界面

2. UASMaster 软件

UASMaster 软件是美国 Trimble（天宝）导航有限公司研发的一款无人机航空摄影测量软件，UASMaster 软件界面如图 5-2 所示。该软件基于最先进的 Trimble Inpho 技术，使 UASMaster 模块与 Trimble 的 Inpho 摄影测量模块完全兼容。Inpho 是欧洲应用广泛的航空摄影测量与遥感处理软件，由著名的测绘学家 Fritz Ackermann 教授于 20 世纪 80 年代在德国斯图加特创立，并于 2007 年 2 月被 Trimble 导航有限公司收购。Trimble Inpho 的 UASMaster 是专门针对无人机数据的后处理软件，包括空三加密，DEM、DOM 成果生成，DTM、DSM 提取和编辑，正射纠正和镶嵌匀色等功能。

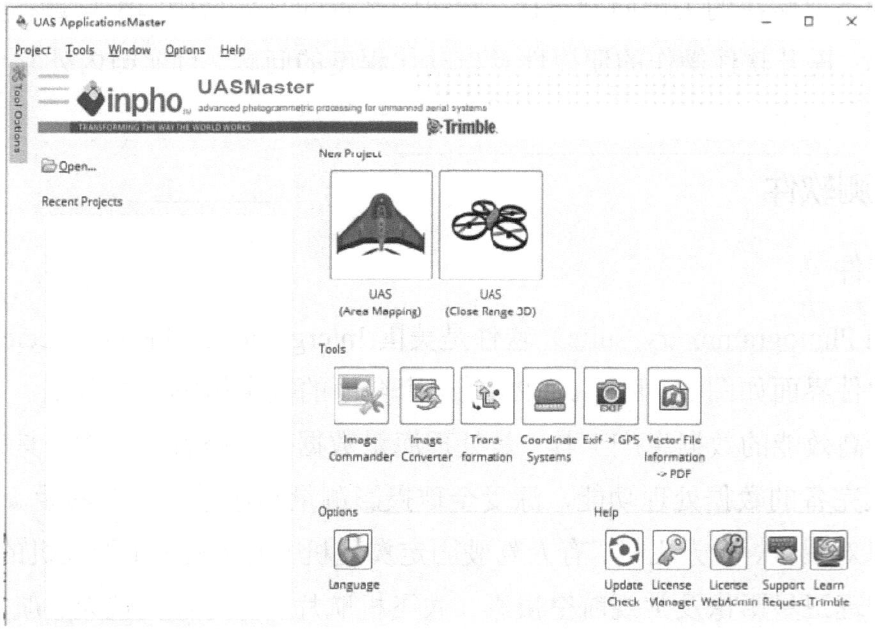

图 5-2　UASMaste 软件界面

其优势在于易于整合到现有第三方工作流程中，可以无缝对接立体测图系统，将易用性与摄影测量工作站的功能相结合。包含一键式操作模式和详细过程的人机交互模式，既可以帮助操作人员在专业知识和经验有限的情况下获取高精度的航测成果，又可以为专业人员提供深入人机交互功能，从而进行质量控制，是目前公认的空三精度较高的航测软件。

3. Pix4D Mapper 软件

Pix4D Mapper 软件是瑞士 Pix4D 公司研发的无人机和传统航空影像数据处理软件。它适用处理测绘的二维地图和三维模型数据，功能包括快速生成报告、处理数字表面模型、数字地形模型、正射影像图、体积计算、等高线、三维纹理模型、三维点云以及热红外影像正射图。Pix4D Mapper 是一款专业的摄影测量软件，支持处理 RGB、多光谱和热红外等数据，采用全自动工作流程，适合无技术基础人员操作使用。Pix4D Mapper 软件界面如图 5-3 所示。

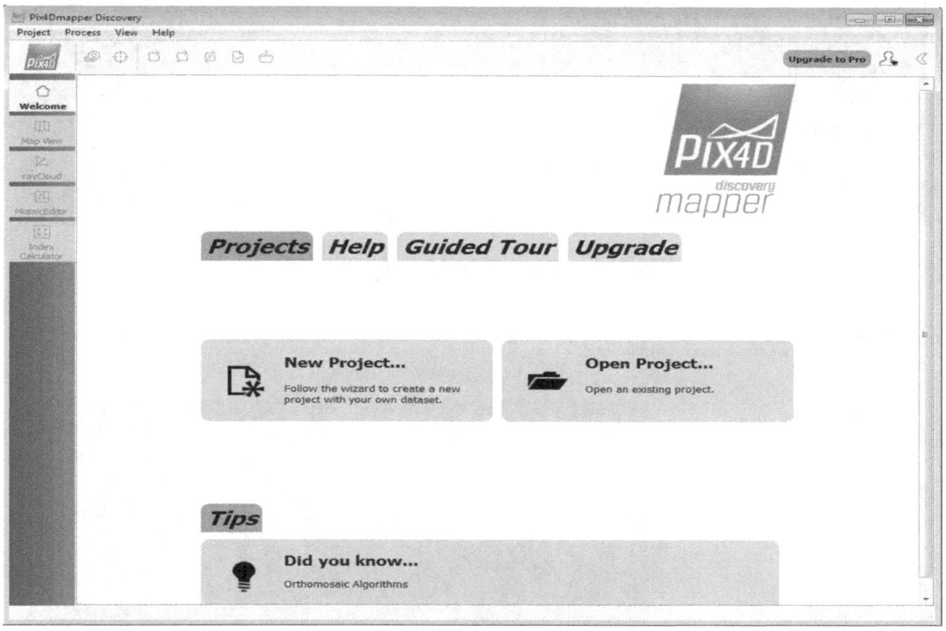

图 5-3 Pix4D Mapper 软件界面

4. PHOTOMOD 系列软件

PHOTOMOD 系列软件产品是俄罗斯 Racurs 公司研发的国际上最早的基于 PC 的成熟商业摄影测量软件，也是全球率先支持分布式并行运算的高效全数字摄影测量及影像、雷达处理系统。PHOTOMOD 系列软件具有算法先进、模型严谨、功能完备、生产高效、精度可靠等优点。该软件支持通用计算图形处理器（GPU）技术的航空、无人机、卫星影像后处理，是集航空摄影测量、无人机航测、倾斜摄影测量、近景摄影测量、卫星影像遥感及卫星雷达遥感等数据后处理于一体的综合应用系统。PHOTOMOD 软件界面如图 5-4 所示。

5. PhotoScan 软件

PhotoScan 软件是俄罗斯 AgiSoft 公司开发的一款基于影像自动生成高质量三维模型的软件。该软件拥有强大的融合算法，整个工作流程，无论是影像定向还是三维模型重建过程，都是完全自动化的，并在项目实际生产过程中表现优异。PhotoScan 可生成高分辨率真正射影像及具有精细色彩纹理的 DEM，也就是生成专业级别的摄影测量数据。PhotoScan 软件界面如图 5-5 所示。

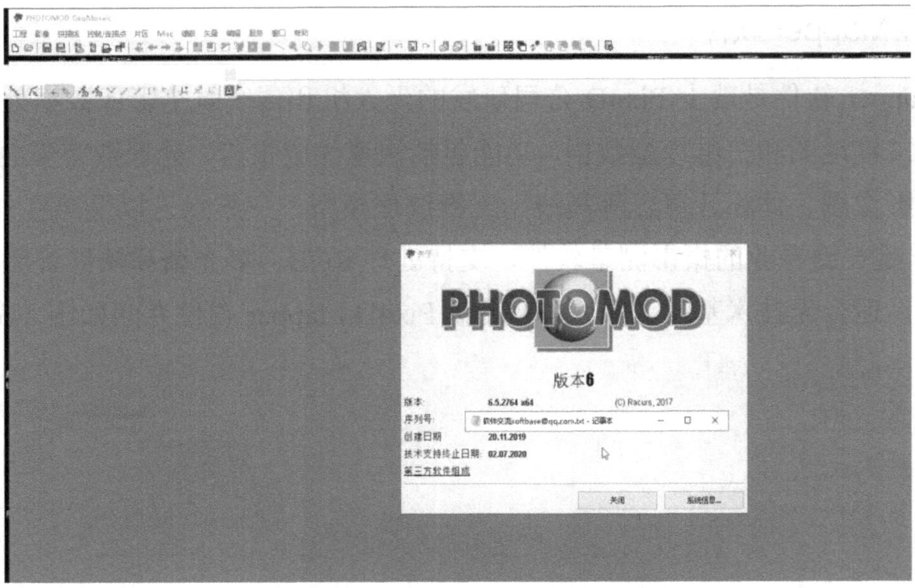

图 5-4 PHOTOMOD 软件界面

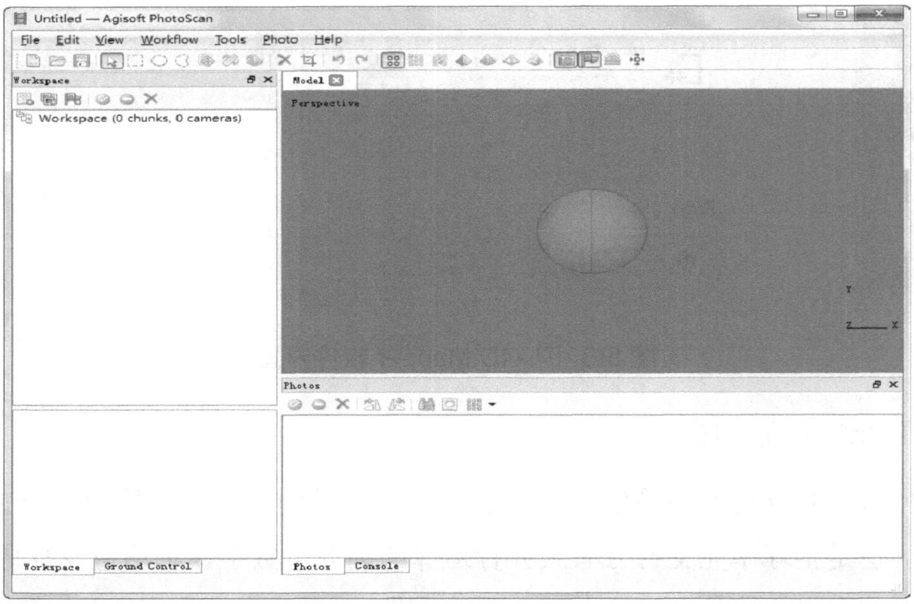

图 5-5 PhotoScan 软件界面

5.1.2 国产航测软件

1. 大疆智图

大疆智图软件是深圳市大疆创新科技有限公司（简称大疆）推出的首款测绘内外业一体化的无人机航测软件产品。它具备十分丰富的功能，可实现无人机航线规划、实时建图、二维测图、三维建模等作业流程。大疆在无人飞行器控制系统及解决方案研发方面是全球领先的生产商，其无人飞行器产品在全球市场中占据了约 70%的份额。大疆智图兼容精灵系列无人机，能够提供一站式行业解决方案，适合应用在不同行业领域。大疆智图软件界面如图 5-6 所示。

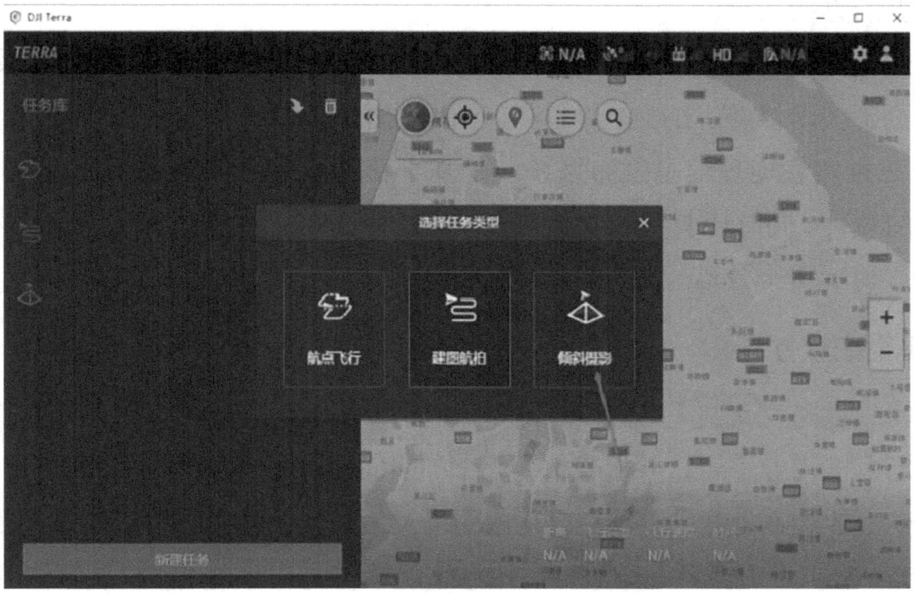

图 5-6 大疆智图软件界面

2. Matrix 系列软件

Matrix 系列软件是武汉航天远景科技有限公司研发的针对数字摄影测量与遥感影像处理的一系列软件，主要包括以下产品。

MapMatrix Grid 多源地理数据集群处理系统，采用网络化协同作业的工作模式，能够实现基于无人机、航空、卫星遥感等数据的标准 4D 产品集群化生产。MapMatrix Grid 软件界面如图 5-7 所示。

图 5-7 MapMatrix Grid 软件界面

ArcMatrix 联机测图系统，是由武汉航天远景科技股份有限公司自主研发的测图系统，该软件优化了传统立体测图数据采集、编辑、入库的操作流程，非常适合入库数据的快速修测以及立体测图数据的直接入库。

MapMatrix3D 图阵三维智能测图系统，是基于倾斜摄影三维模型的后处理系统，包含了三维模型快速浏览、编辑修补、DOM 和 DSM 产品输出、倾斜三维测图等功能。

3DMatrix 三维实景地理信息发布系统，是基于移动互联的纯 Web 化、无插件的三维空间地理信息发布的软件。同时还具备二次开发功能以及丰富的模型量测、分析、单体化管理功能，支持桌面端与移动端跨平台运行。

3. 无人机管家软件

无人机管家软件是深圳飞马机器人科技有限公司研发的无人机航测智能处理系统，支持固定翼、旋翼等无人机飞行平台，并提供满足各种应用需求的航线模式、三维实时飞行监控、快速飞行质检、丰富的数据处理工具箱、自动成图以及系统智能维护、信息推送等云服务。从航线规划到飞行质检，从二维成图到三维监控，该系统能够实现一站式无人机航测作业任务。无人机管家软件界面如图 5-8 所示。

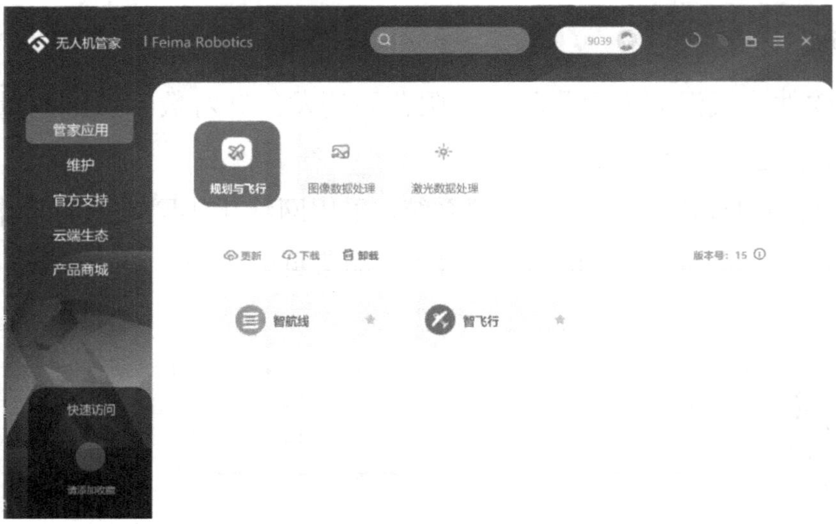

图 5-8　无人机管家软件界面

4. EPS 地理信息工作站

EPS 地理信息工作站是由北京山维科技股份有限公司研发的测绘生产多种业务模块的集成化软件系统，旨在满足以地理信息服务为中心的信息化测绘生产需求。它解决了测绘行业内面向 GIS 数据生产普遍存在的因为数据格式、数据标准不统一导致的数据入库难、更新难、质量控制难等一系列问题。EPS 地理信息工作站界面如图 5-9 所示。

EPS 地理信息工作站集信息化测绘生产技术体系、工艺流程、生产工具、数据管理于一体，是 GIS 技术与 CAD 技术高度融合的产品。该软件集成了 MapMatrixX 和 VirtuoZo 航测模块，可以直接在 EPS 平台实现数据采集、编辑、监理入库，较好地实现了数据转换、数据处理、GIS 数据库建库、动态更新与成果输出一体化。

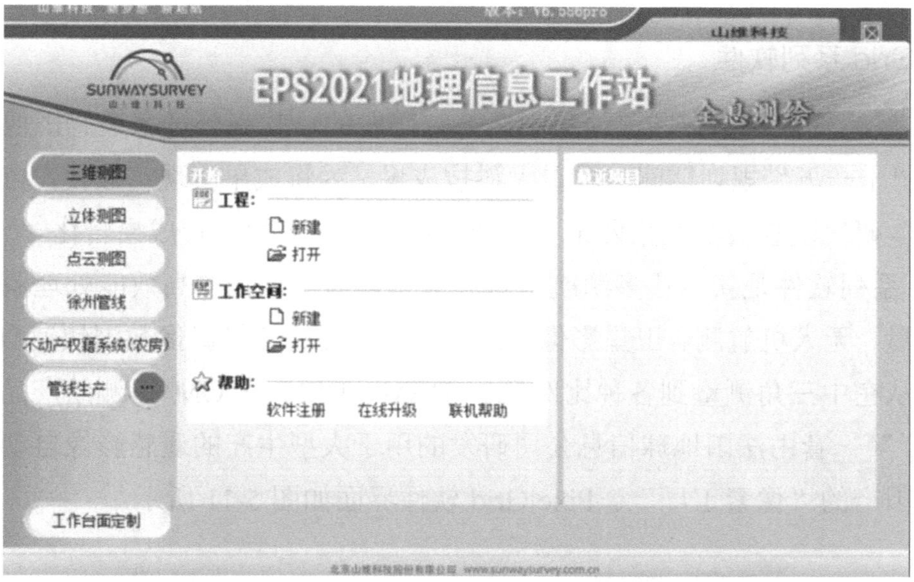

图 5-9 EPS 地理信息工作站界面

5. DPGrid 软件

DPGrid 软件是武汉适普软件有限公司研发的数字摄影测量系统。该公司由著名摄影测量与遥感学家、中国工程院院士、武汉大学遥感信息工程学院教授张祖勋创办，拥有完全自主知识产权的核心技术。武汉适普软件有限公司致力于以数字摄影测量为核心，以 3S 技术（遥感、地理信息系统、全球定位系统）为支撑，集数据获取、编辑处理、建库管理和应用开发为一体，提供支撑规模化生产的完整技术体系，用于测绘地理信息产品的生产与服务。公司完全自主研发的核心产品包括全数字摄影测量系统 VirtuoZo 及其分布式并行处理版本 DPGrid，以及三维地理信息系统（3D GIS）。DPGrid 软件界面如图 5-10 所示。

图 5-10 DPGrid 软件界面

6. PixelGrid 系列软件

PixelGrid 系列软件是由中国测绘科学研究院研发的一款高分辨率遥感影像数据一体化的测图系统，是“十一五”规划期间一项重大科技成果。为将成果实现产业化，自 2008 年开始，由中国测绘科学研究院参股的北京四维空间数码科技有限公司进行成果转化。

PixelGrid 系列软件是新一代多源航空航天遥感数据一体化的高效能处理系统。该系统支持航空摄影测量、无人机航测、卫星影像遥感、卫星雷达遥感等影像数据快速自动处理，可以完成遥感影像从空中三角测量到各种比例尺的 DEM、DSM、DOM 等测绘产品的生产任务，类似“像素工厂”(一套由法国地球信息公司研发的用于大型生产的遥感影像自动化处理系统)。该系统被誉为国产的“像素工厂”。PixelGrid 软件界面如图 5-11 所示。

图 5-11　PixelGrid 软件界面

5.2　无人机航线规划

无人机航测的首要任务是确定工作区域，制定无人机航线规划，明确测区地形信息、无人机的性能参数及各种实际环境条件。无人机航线规划在无人机航测中起着十分重要的作用，而数字地图在无人机航线规划中又有着关键作用。无人机航线规划依赖于融合了计算机图形学、数据库、地理信息系统等技术的数字地图。数字地图可以显示出无人机飞行过程中的各种障碍物信息，并计算出其具体的地理位置，为顺利完成航测任务提供可能。

目前，国内无人机航测软件的应用日益广泛，其操作方便，价格低廉。本节将通过无人机管家软件进行关于航测数据处理的介绍，包括无人机管家软件的各模块功能应用、航线规划、数据质检、数据预处理、影像数据拼接等操作流程。

5.2.1 软件功能简介

无人机管家软件是一款集无人机航测数据获取、处理、展示、管理于一体的一站式智能 GIS 系统，支持固定翼、旋翼、复合翼等种类丰富的飞行平台。该软件具有功能多样化的数据预处理工具箱，支持自动成图、丰富的 4D 和三维产品生产，以及智能维护、信息推送等云服务。用户可从深圳飞马机器人科技有限公司官网下载无人机管家软件，软件下载界面如图 5-12 所示。选择百度网盘下载该软件，依照说明进行安装、注册、登录。

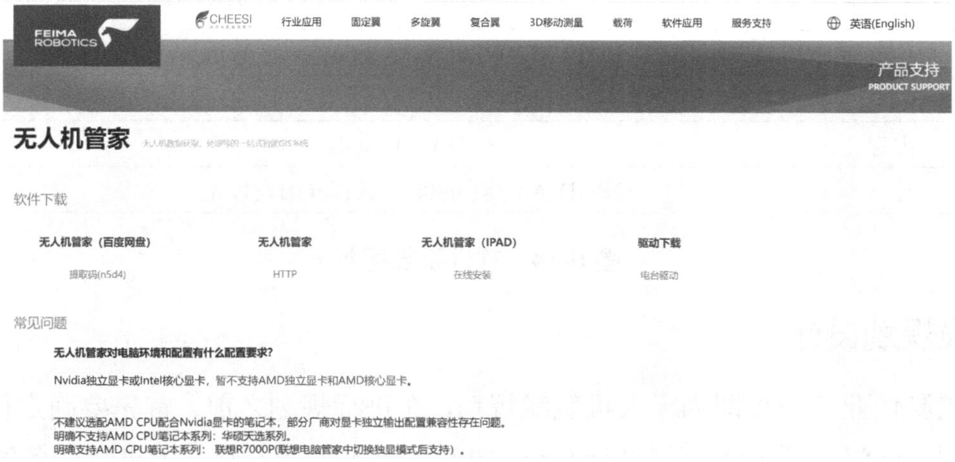

图 5-12 软件下载界面

该软件可通过手机号注册、登录，在联网的状态下会进行软件更新，更新完毕会出现系统界面，无人机管家软件系统界面如图 5-13 所示。

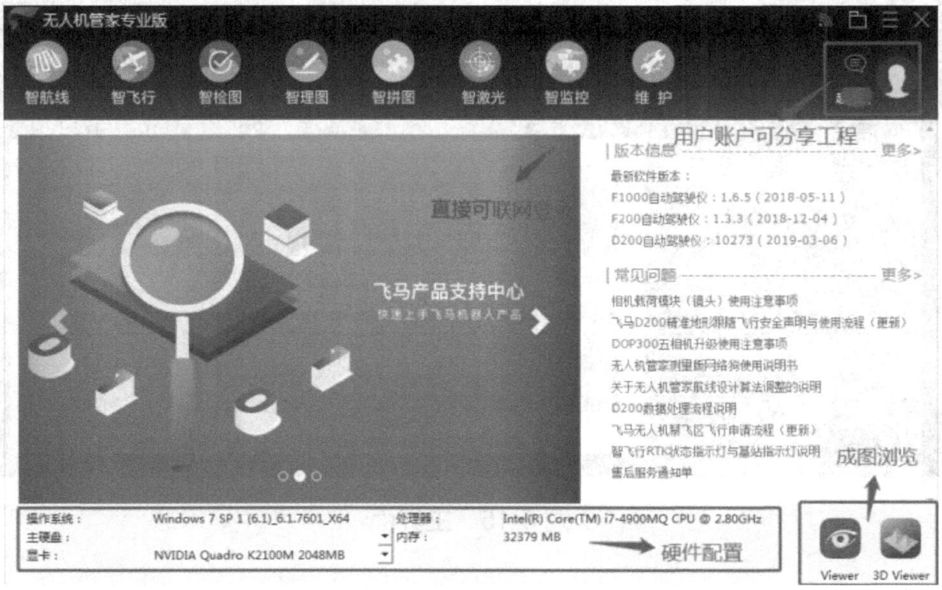

图 5-13 无人机管家软件系统界面

无人机管家软件主要包括智检图（数据质检）、智理图（数据预处理）、智拼图（用于生产 DSM+TDOM、DOM 及三维数据）、智激光（LiDAR 点云数据处理）等模块。无人机管家软件除了支持飞马无人机系列获取的数据，还支持处理大疆精灵 4 RTK、御 2 等型号无人机获取的数据。软件系统配置如图 5-14 所示。

最低配置	
系统支持	Windows 7 SP1（64位）、Windows 8（64位）、Windows 10（64位）
CPU	Intel 双核处理器
内存	RAM（8GB）
显卡	NVIDIA显卡、显存1GB及以上
推荐配置	
系统支持	Windows 7 SP1（64位）、Windows 8（64位）、Windows 10（64位）
CPU	Intel Core i7 处理器及以上
内存	64GB、128GB
显卡	NVIDIA显卡1080ti、显存2GB及以上

图 5-14　软件系统配置

5.2.2　航线规划设计

无人机航测作业第一步即为无人机航线规划，在进行规划之前，首先要确定任务区域。本节以北京市顺义区汉石桥湿地为例进行介绍，如何在无人机管家软件上进行任务区域设置及航线规划。具体操作流程如下。

打开智航线模块，进入主界面，如图 5-15 所示。

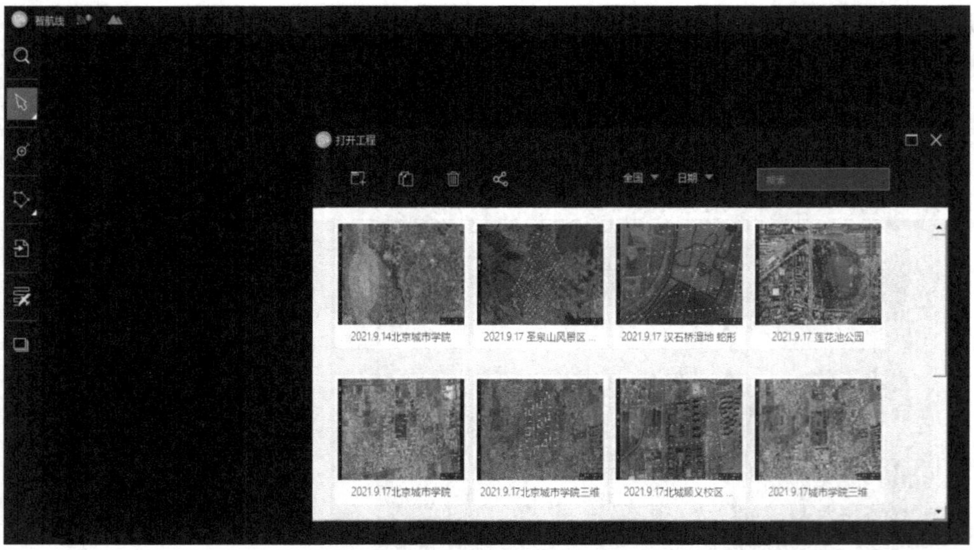

图 5-15　主界面

单击“新建工程”按钮，打开新建工程界面，将原名为“New Project”的工程名称修改为“汉石桥湿地”，如图 5-16 所示。

图 5-16　新建工程界面

双击新建的工程，弹出工程界面，如图 5-17 所示。

图 5-17　工程界面

单击左侧功能列表中的“搜索”按钮，出现任务区域搜索界面，输入地名进行查找，也可以通过经纬度，定位到汉石桥湿地，如图 5-18 所示。

通过输入地名，定位到任务区域。在进行区域选取前，打开禁飞区功能，确认任务区域是否在禁飞区范围内，禁飞区功能界面如图 5-19 所示。

在界面右侧指北针 N 下方的第一个功能键即为禁飞区打开/关闭功能键，一般情况下禁飞区是不显示即关闭（off）状态。在进行航线规划前须打开禁飞区，使之处于显示（on）状态。查看任务区域不在禁飞区范围内时，才可进行航线规划设置。航线规划界面如图 5-20 所示。

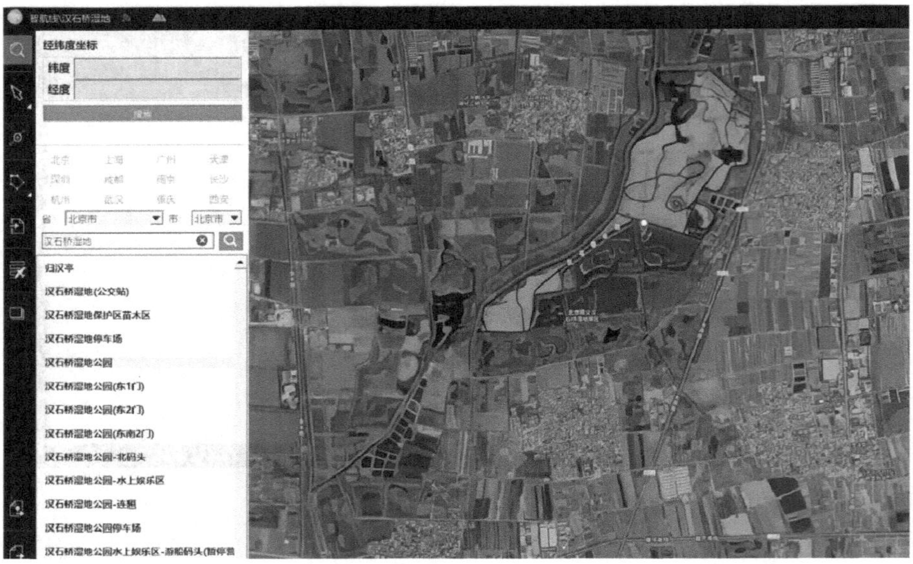

图 5-18　任务区域搜索界面

图 5-19　禁飞区功能界面

图 5-20　航线规划界面

单击左侧功能列表中的“绘制类型”按钮，可选择使用多边形、矩形、条带形、视频或电力巡线等工具进行任务区域选取，如图 5-20 所示，这里选择多边形工具选取任务区域。沿着汉石桥湿地的边界进行选取，最后一个点选完后，双击即可形成闭合区域，这样任务区域便选取完毕，如图 5-21 所示。

图 5-21　任务区域选取结果

接着进行航线参数设置。单击左侧功能列表中的“产生航线”按钮，出现“智航线”对话框，用于选择飞机类型和相机类型，在下拉列表中有各种（无人机）飞机类型和（载荷）相机类型。选择 F200 系列无人机，相机自动选择 DSC-RX1RM2，单击“确定”按钮，生成航线。航线生成界面如图 5-22 所示。

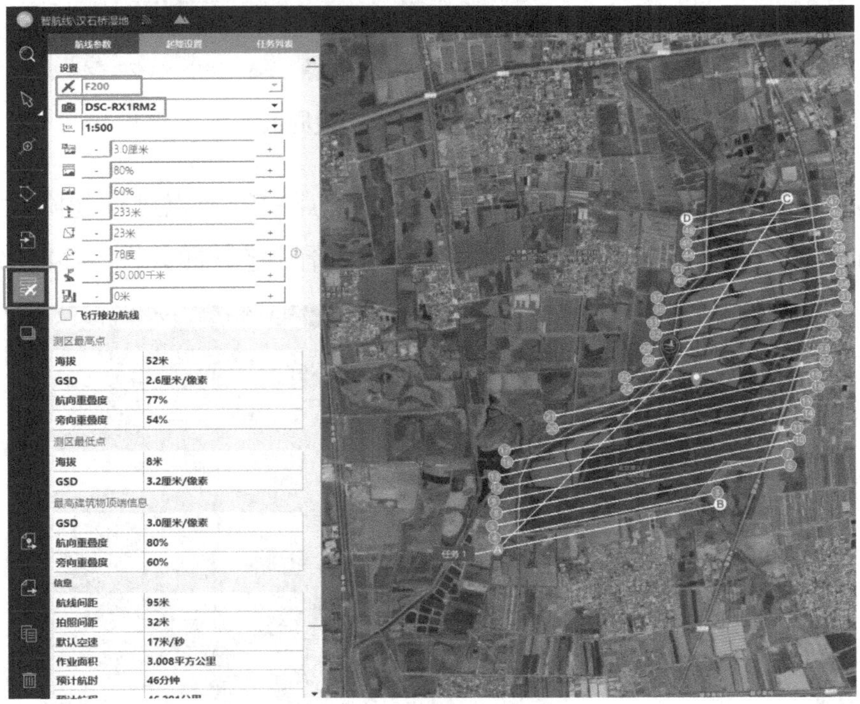

图 5-22　航线生成界面

航线生成后，可以看到航测比例尺为 1∶500，地面分辨率为 3.0 厘米。航向重叠度为 80%，旁向重叠度为 60%，平均海拔为 23 米，飞机旋角为 78 度，航程为 50.000 千米，建筑物相对地面最大高度为 0 米，以上值根据实际情况均可更改。

同时可以看到整个任务区域（测区）的最高点和最低点的参数值，要求在更改整体航向重叠度、旁向重叠度以及分辨率的时候，注意测区最高点处航向重叠度及旁向重叠度的变化。无人机航测成图要求航向重叠度一般不低于 60%，旁向重叠度一般不低于 30%。

还需注意自动生成的其他信息，如航线间距、拍照间距、默认空速、作业面积、预计航时、预计航程、预计曝光点数等信息。一般情况下，多旋翼无人机航时（飞行时间）为 30 分钟，所以要尽可能地减少飞行距离来缩减飞行时间。应根据上述原则进行航线参数的设置。航线参数设置界面如图 5-23 所示。

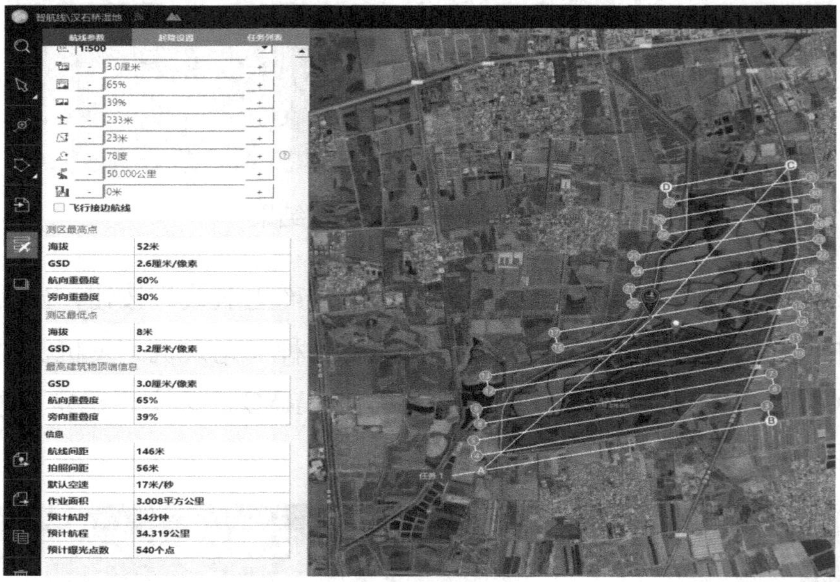

图 5-23　航线参数设置界面

最后完成起降设置，任选图中 A、B、C、D 四个点中的一点进行起降设置。一般情况下选取空旷无人的区域，这里选择 A 点作为起降点。起降设置界面如图 5-24 所示。

图 5-24　起降设置界面

以上即为航线参数的设置内容，预计航时 34 分钟，曝光点数为 540 个，即会生成 540 张照片。在设置中可以更改整体参数，但也要兼顾测区最高点的航拍要求，尽量降低航时及曝光点数。

按照以上操作进行无人机区域航线设置，可以得到结果为 540 张 JPG 格式的影像数据及机载 POS 数据。如果进行视频拍摄，采用大疆御 2 系列无人机，则选择 Mavic 2 Pro 飞机类型，自动匹配 Hasselblad（哈森）相机，如图 5-25 所示。

图 5-25　飞机类型和相机类型的选择

单击“确定”按钮后会出现“区块太大，不能生成航线，是否拆分”的提示，单击“确定”按钮，即可划分完毕，生成 4 个航线区块。航线分区规划界面如图 5-26 所示。

图 5-26　航线分区规划界面

选择其中任一航线区块进行规划，以最小的三角形区域即区块 1 为例，双击区块 1，无人机将按照不同区域进行视频拍摄。分区航测界面如图 5-27 所示。

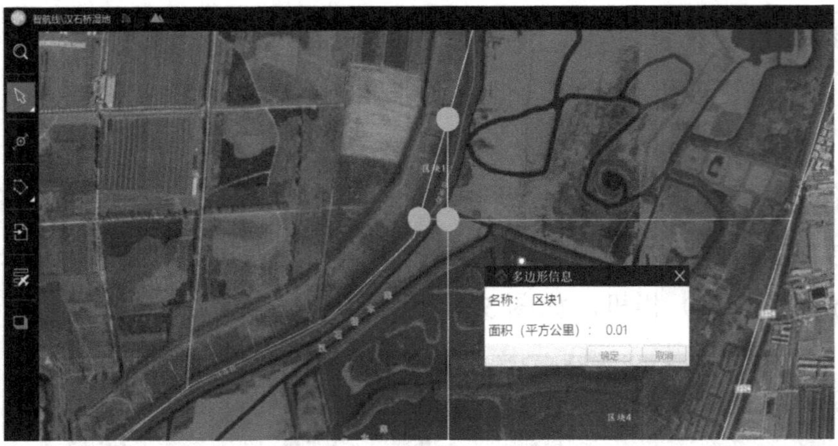

图 5-27　分区航测界面

5.2.3　航线输出

完成无人机航线规划及参数设置后，将生成的航线保存及导出。单击左侧功能列表中的第九个功能按钮，即“导出”按钮，出现“选择文件夹”对话框，如图 5-28 所示。选择存放该航线的文件夹，并单击“选择文件夹”按钮，出现“导出 kml 文件成功”提示对话框，如图 5-29 所示，单击“确定”按钮。kml 格式为航线数据保存格式。

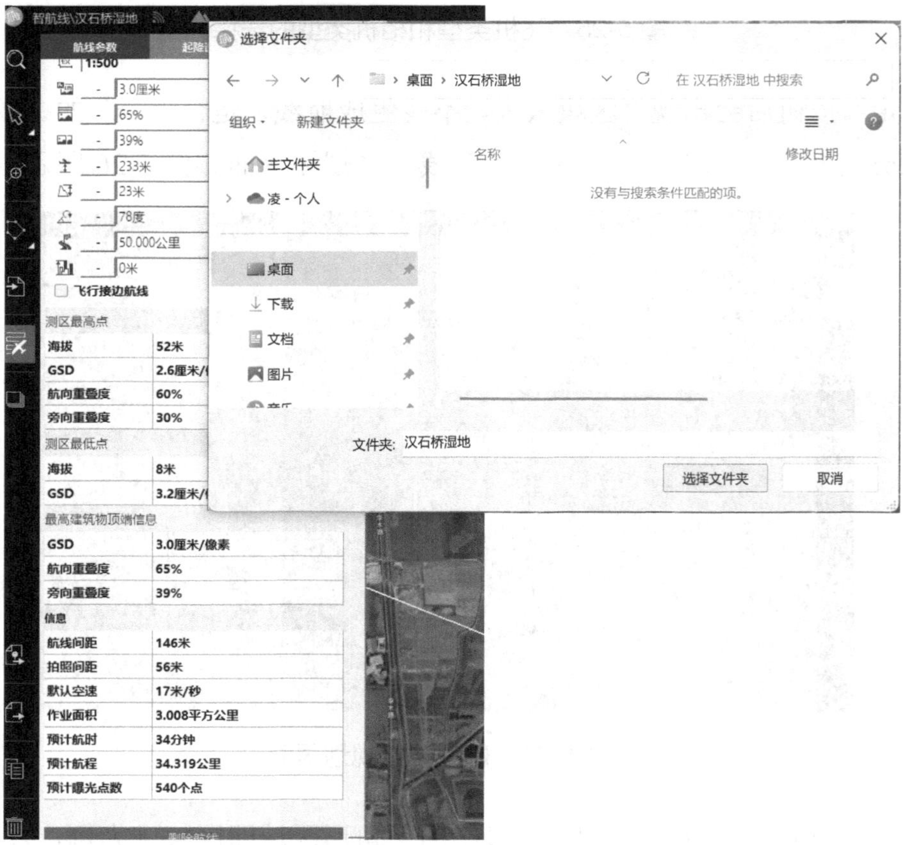

图 5-28　“选择文件夹”对话框

图 5-29　“导出 kml 文件成功”提示对话框

航线文件保存成功后，即可把航线文件导入无人机中，无人机根据已经设置好的航线进行数据采集。关闭该软件时，可以将已建工程进行保存，下次登录时可以找到该工程。“工程保存”界面如图 5-30 所示。

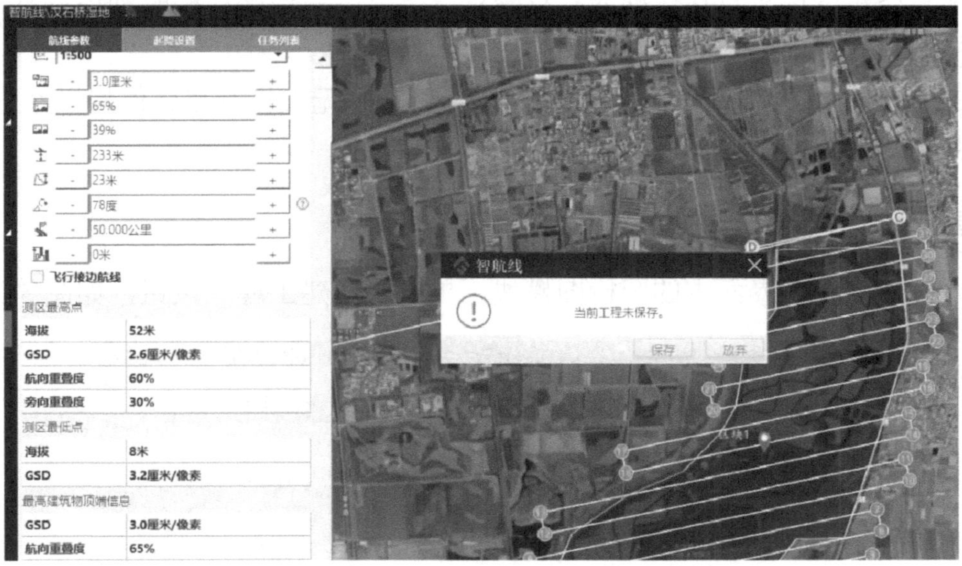

图 5-30　“工程保存”界面

5.3　航测数据质检

无人机管家软件的智检图模块功能是对无人机采集的原始数据进行质量检查，并快速获得航飞质量检查（简称质检）报告及评估分析，从而提高无人机数据后期处理的可靠性。数据质量检查主要包括检查航带数量是否符合规划，IMU（惯性测量单元）数据反映的影像姿态角是否超限，影像实际地面分辨率是否达到预设精度，影像航向重叠度和旁向重叠度是否满足最低要求等。通过质检报告可以判断原始数据是否存在问题。若存在问题，如出现重叠度过低、航带漏飞等情况须及时进行补飞或重飞。若原始数据符合要求，则可以进入其他模块进行数据处理。数据质检具体流程如下。

1. 数据准备

进行数据质检时，需要准备的原始数据包括：原始影像数据、相机报告和机载 POS 数据，如图 5-31 所示。

图 5-31　数据准备

进行质检之前，需要确认原始影像的数量与机载 POS 数据中包含的影像位置记录数量是否一致，并检查原始影像是否存在虚焦、过曝、过暗等质量问题，同时确保机载 POS 数据覆盖相机安装后拍摄的全部影像（包含试拍）。

注意：在进行数据质检时，若缺少相机报告，可选择无人机管家软件相机库里的默认相机模型进行处理。

2. 创建工程

选择无人机管家软件界面中的智检图模块，单击“新建工程”按钮，如图 5-32 所示。

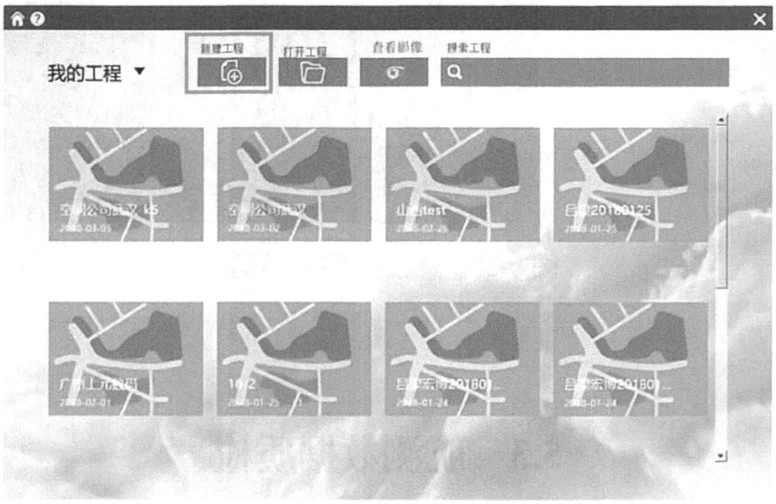

图 5-32　“新建工程”界面

输入工程名称（支持中英文、数字、符号），选择对应的无人机型号及影像类型，单击“下一步”按钮。“工程信息”界面如图 5-33 所示。

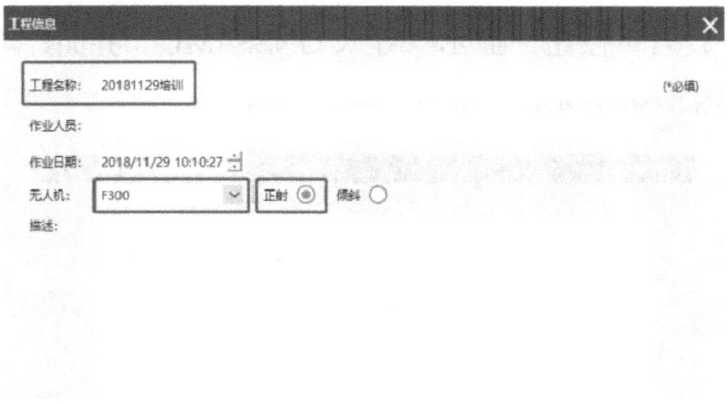

图 5-33 “工程信息”界面

3. 数据导入

单击“添加影像目录”按钮，导入原始影像数据。“导入影像”界面如图 5-34 所示。

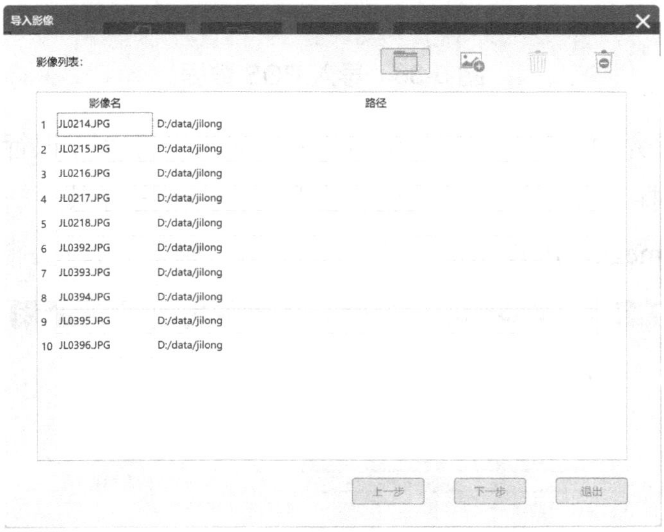

图 5-34 “导入影像”界面

单击“下一步”按钮，进入“影像 POS 设置”界面，如图 5-35 所示。

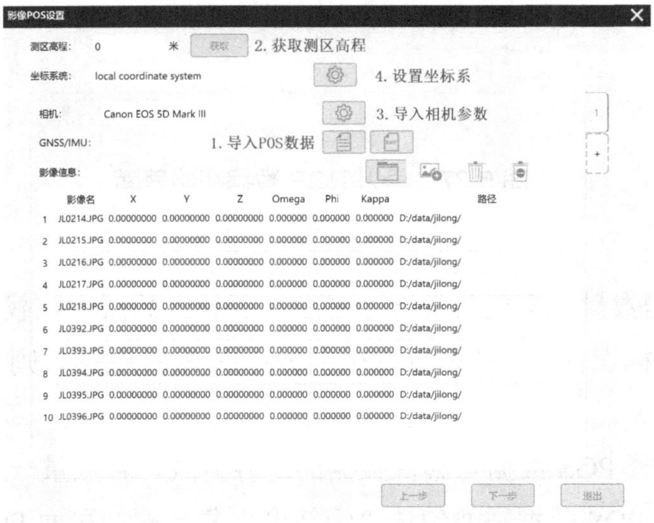

图 5-35 “影像 POS 设置”界面

单击“导入 POS 数据”按钮，显示“导入 GNSS/IMU”界面，单击“导入”按钮，选择要导入的 POS 数据，如图 5-36 所示。

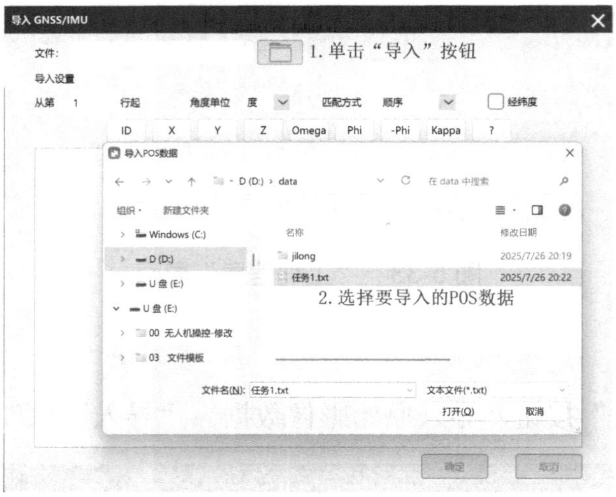

图 5-36　导入 POS 数据

导入 POS 数据初始界面如图 5-37 所示。POS 数据第 1 行为标识行，因此应选择从第 2 行开始读取。匹配方式选择“顺序”，以保证影像和 POS 数据可以一一对应。勾选“经纬度”复选框，指定对应的 Omega、Phi、Kappa 列后，单击“确定”按钮。

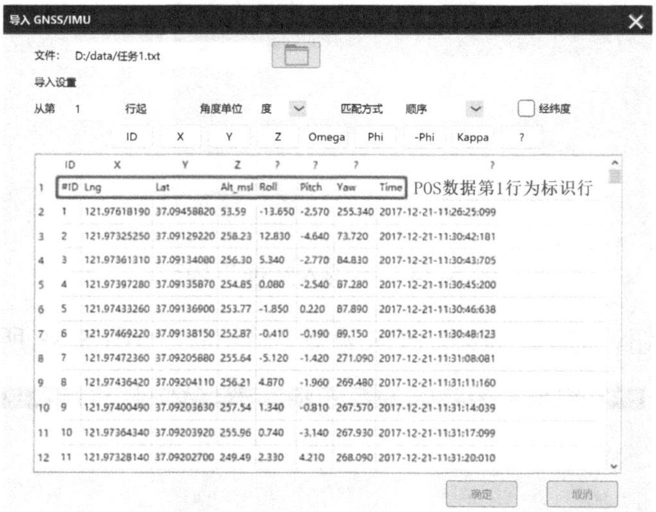

图 5-37　导入 POS 数据初始界面

需要注意以下事项。

（1）保证 POS 数据数量与影像数量一一对应（若导入数据为机载 POS 数据，则经度对应标识行的 X，纬度对应标识行的 Y；若导入数据为平面 POS 数据，则东坐标对应标识行的 X，北坐标对应标识行的 Y）。

（2）匹配方式：选择 POS 数据与影像数据的对齐方式，若数量一致，通常选择顺序对齐。

（3）经纬度：机载 POS 数据需要勾选“经纬度”复选框；平面 POS 数据不需要勾选“经纬度”复选框。

（4）飞机姿态角：选择对应的 Omega、Phi、Kappa，以此来初步判断此次飞行的稳定性。导入 POS 数据设置如图 5-38 所示。

图 5-38 导入 POS 数据设置

获取测区高程：在计算机联网的情况下，软件会根据第一张影像对应的 POS 数据（需为经纬度形式）获取对应的高程信息，获取完毕后，单击“应用”按钮即可；在计算机不能联网的情况下，手动输入第一张试拍影像对应的高程数据。“在线获取高程”界面如图 5-39 所示。

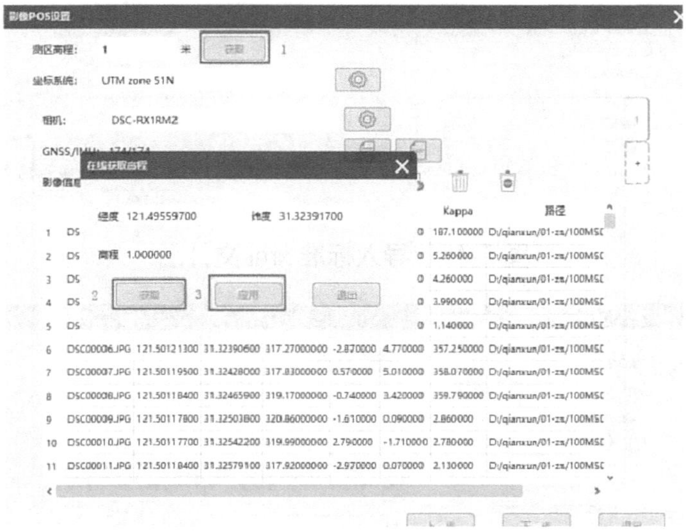

图 5-39 “在线获取高程”界面

导入相机参数的方法如下。

方法一：选择设置相机参数，如图 5-40 所示，导入标准 xml 文件图，如图 5-41 所示。

方法二：在联网状态下，输入相机 ID（编号）（相机编号可在相机机身上找到），如图 5-42 所示，直接下载相机报告。

坐标系设置如图 5-43 所示。一般进行数据质检时，坐标系不需要进行更改，不影响质检结果。若数据输入和参数设置均已完成，则单击“确定”按钮完成工程创建。

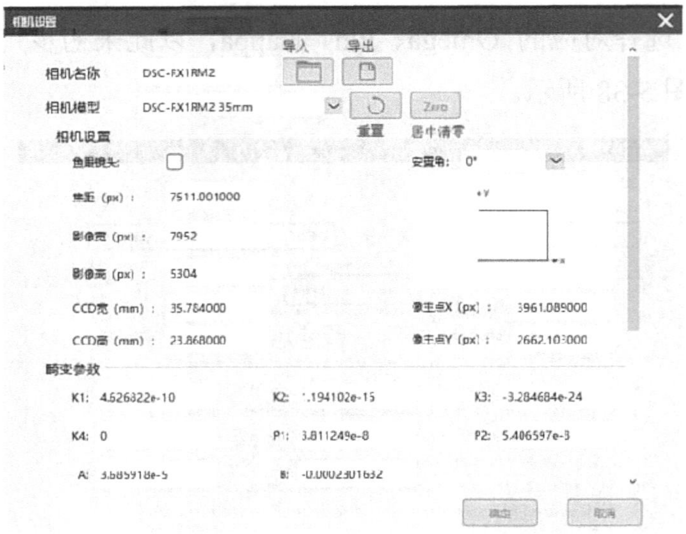

图 5-40　设置相机参数

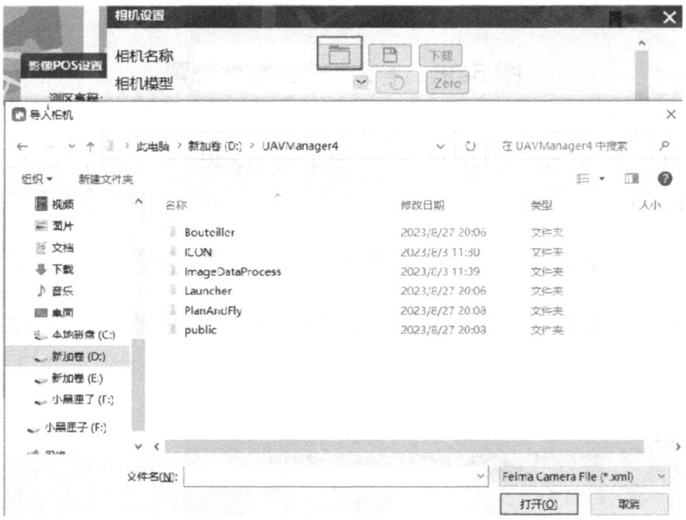

图 5-41　导入标准 xml 文件图

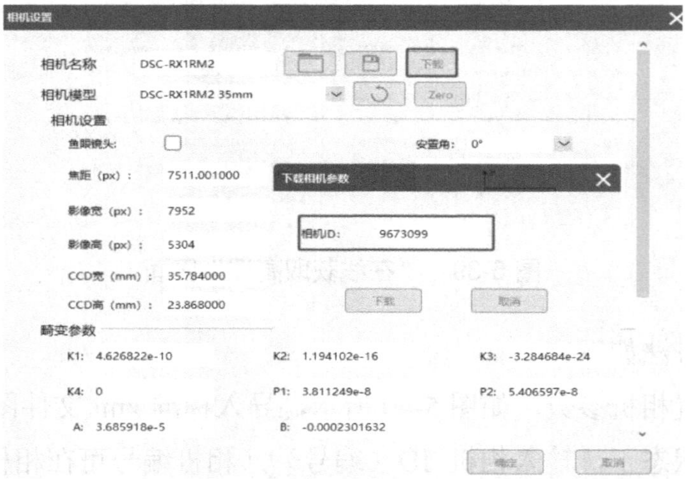

图 5-42　输入相机编号

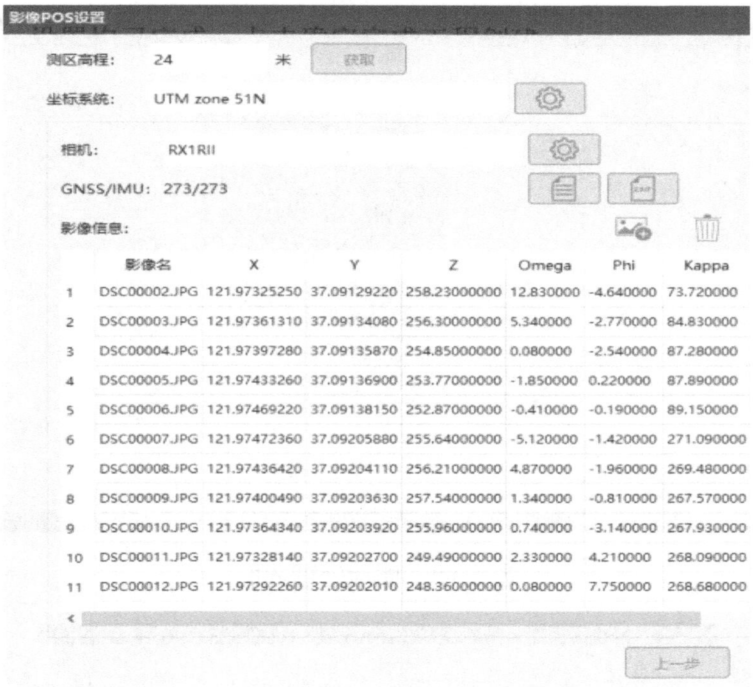

图 5-43 坐标系设置

保存工程如图 5-44 所示。工程创建完成后，在显示界面中单击工程名称右侧的下拉三角形，选择“保存”选项保存工程。建议保存在一个空文件夹中，以便后续成果的输入。

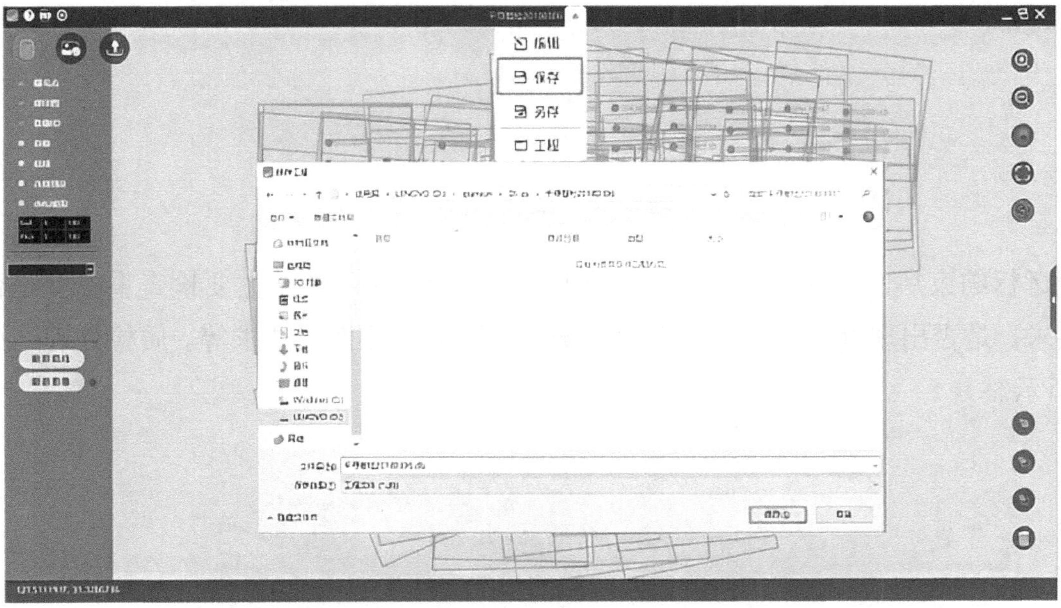

图 5-44 保存工程

4. 质检运行

选择处理界面，填写设计参数。这里填写的设计参数，不会影响最终质检结果。如果忘记设置，也不会影响最终质检结果，单击“执行”按钮即可。质检处理界面如图 5-45 所示，质检运行界面如图 5-46 所示。

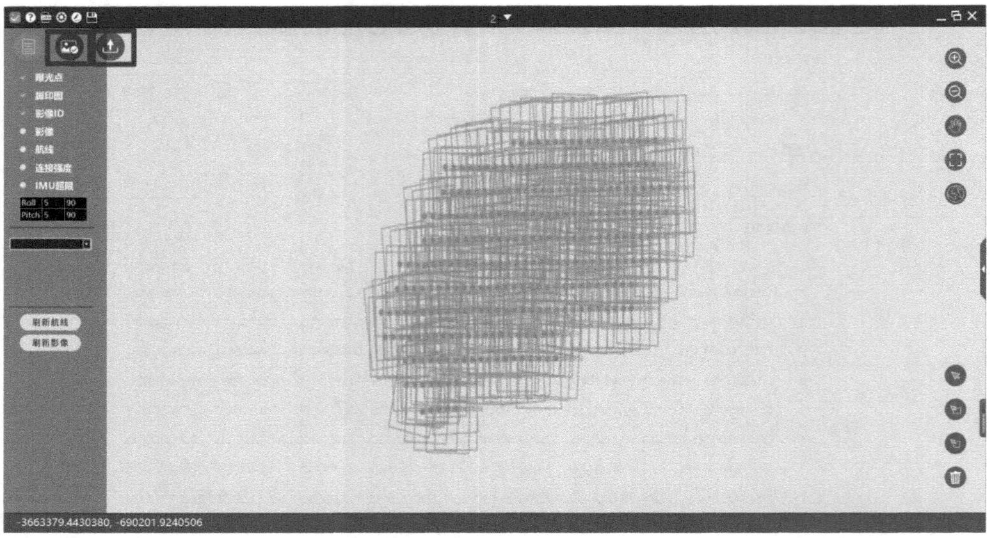

图 5-45　质检处理界面

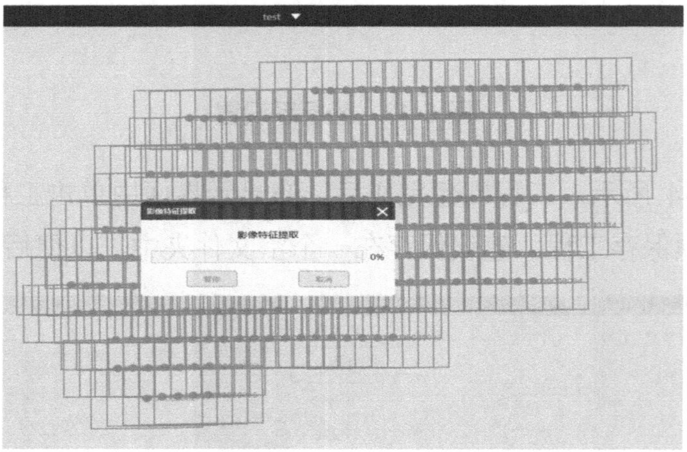

图 5-46　质检运行界面

质检运行结束后，可查看结果，检查数据是否符合任务要求。主要检查重叠度是否满足设计参数要求、是否出现漏片的情况、影像分辨率是否满足比例尺要求等。质检处理结束界面如图 5-47 所示。

图 5-47　质检处理结束界面

5. 质检结果

在视图界面，可以设置 Roll 和 Pitch 的值，查看 IMU 是否超限，超出限制的影像为黄色。IMU 超限如图 5-48 所示。

图 5-48　IMU 超限

质检报告中可查看参数及影像预览图，质检报告如图 5-49 所示，数字表面模型预览图如图 5-50 所示，DSM 预览图如图 5-51 所示，影像重叠度图如图 5-52 所示，质检结论如图 5-53 所示。

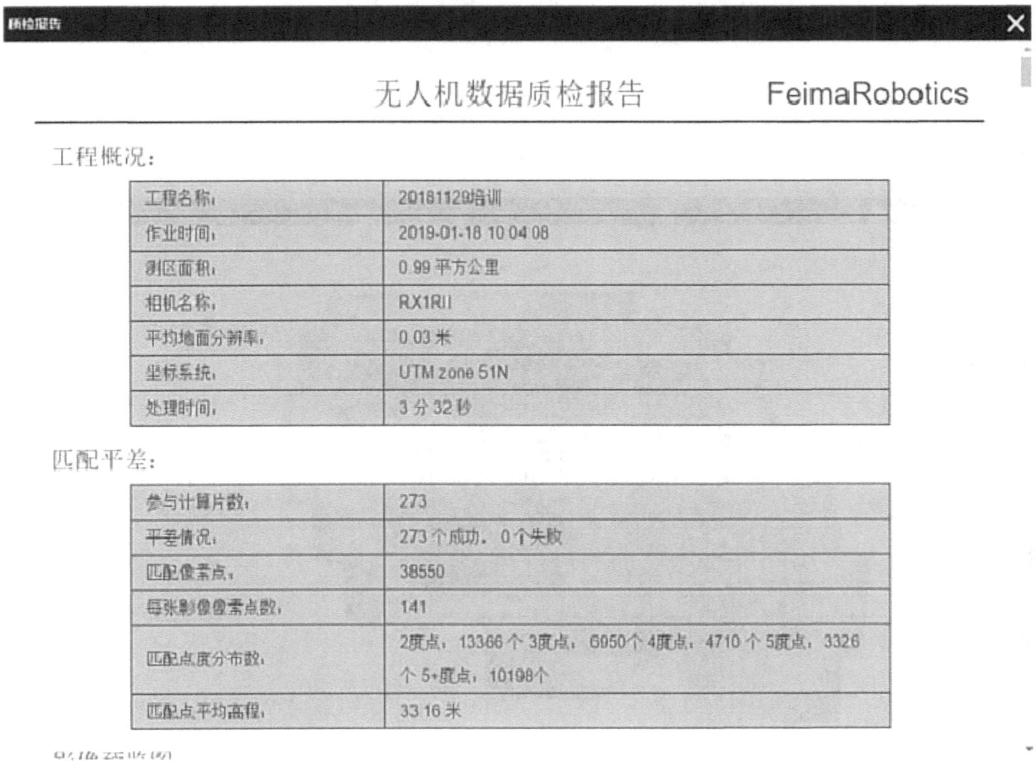

质检报告

无人机数据质检报告　FeimaRobotics

工程概况：

工程名称：	20181129培训
作业时间：	2019-01-18 10:04:08
测区面积：	0.99 平方公里
相机名称：	RX1RII
平均地面分辨率：	0.03 米
坐标系统：	UTM zone 51N
处理时间：	3 分 32 秒

匹配平差：

参与计算片数：	273
平差情况：	273 个成功，0 个失败
匹配像素点：	38550
每张影像像素点数：	141
匹配点度分布数：	2度点：13366 个 3度点：6950个 4度点：4710 个 5度点：3326 个 5+度点：10198个
匹配点平均高程：	33.16 米

图 5-49　质检报告

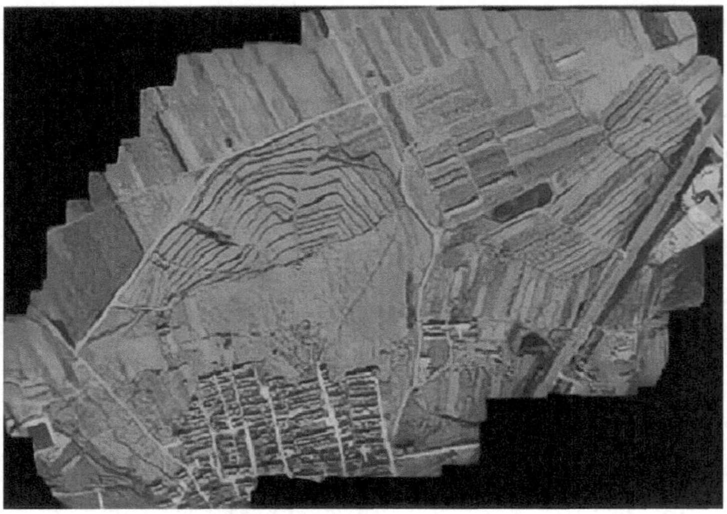

图 5-50　数字表面模型预览图

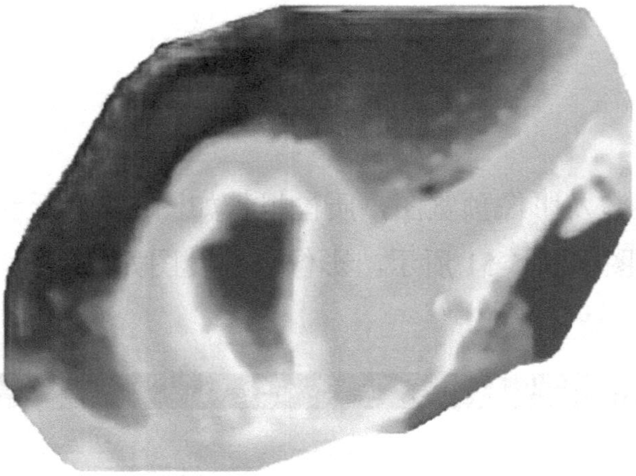

图 5-51　DSM 预览图

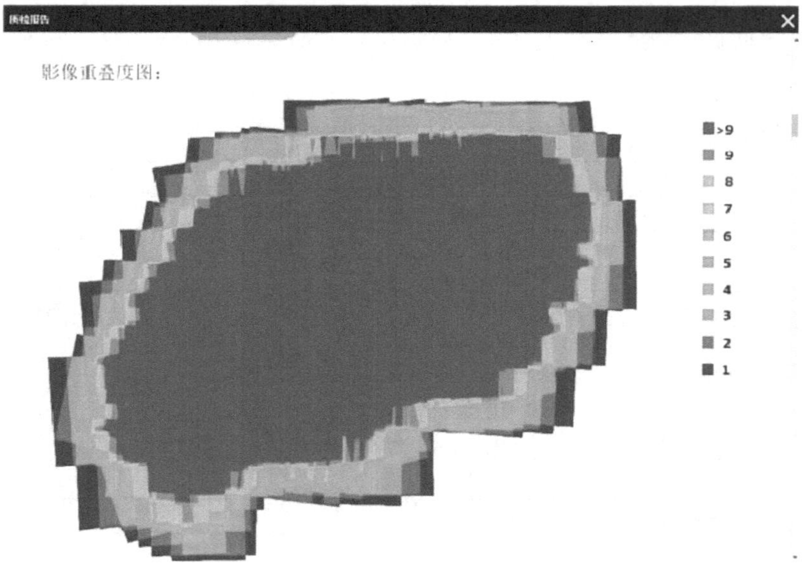

图 5-52　影像重叠度图

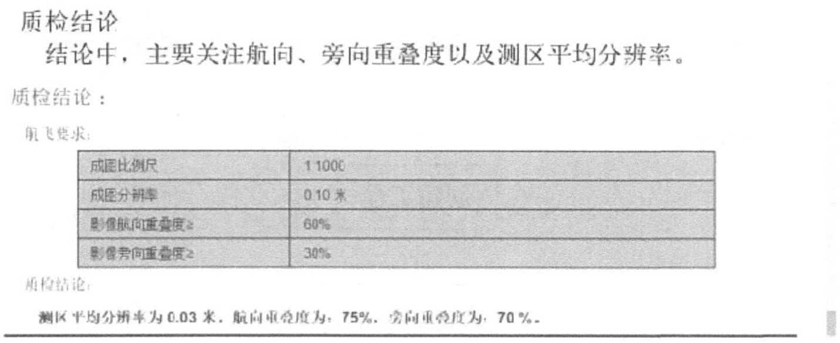
质检结论

结论中，主要关注航向、旁向重叠度以及测区平均分辨率。

质检结论：

航飞要求：

成图比例尺	1:1000
成图分辨率	0.10 米
影像航向重叠度≥	60%
影像旁向重叠度≥	30%

质检结论：

测区平均分辨率为 0.03 米，航向重叠度为：75%，旁向重叠度为：70 %。

图 5-53 质检结论

选择导出质检报告，指定保存路径，即可输出质检结果，储存为.html 格式。导出质检报告界面如图 5-54 所示，输出结果保存文件如图 5-55 所示。

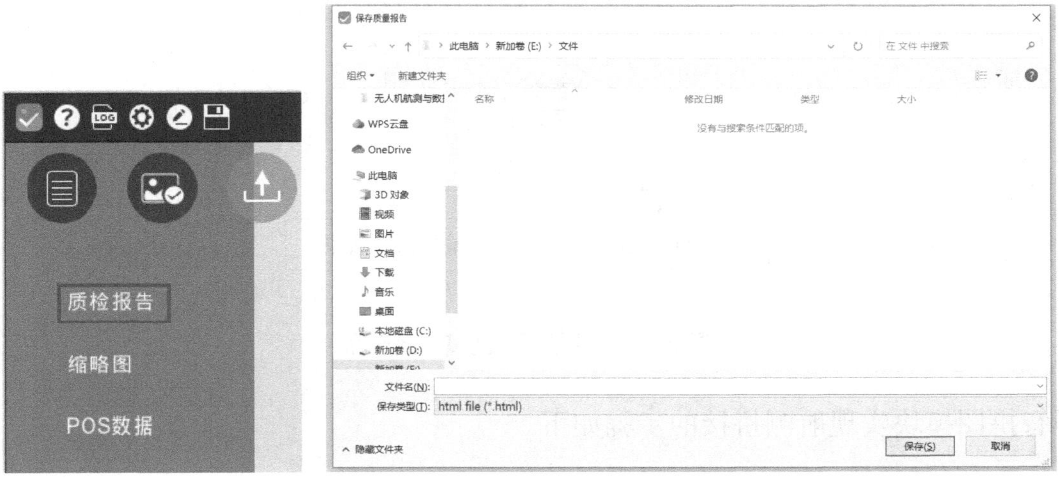

图 5-54 导出质检报告界面

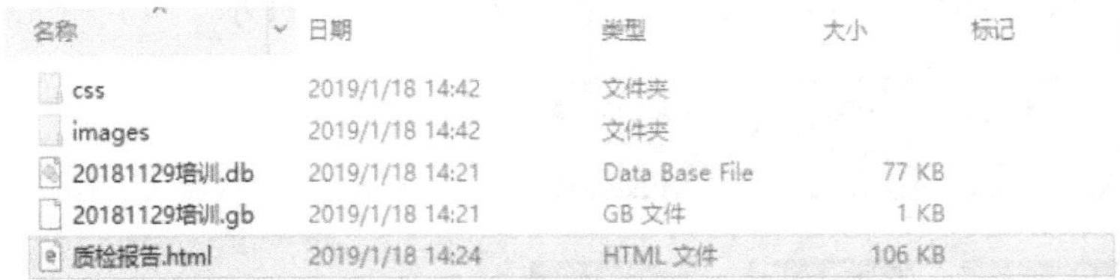

图 5-55 输出结果保存文件

5.4 航测影像拼接

无人机管家软件中的智拼图模块能够完成无人机数据特征点匹配、空三计算、控制点量测、正射纠正、匀色及镶嵌的全流程作业，最终输出高精度、高质量的成果。成果包括输出匹配点云、DSM 和 TDOM、DEM 和 DOM、2.5D 模型、三维模型等，为用户提供一站式多成果解决方案。智拼图模块功能流程如图 5-56 所示。

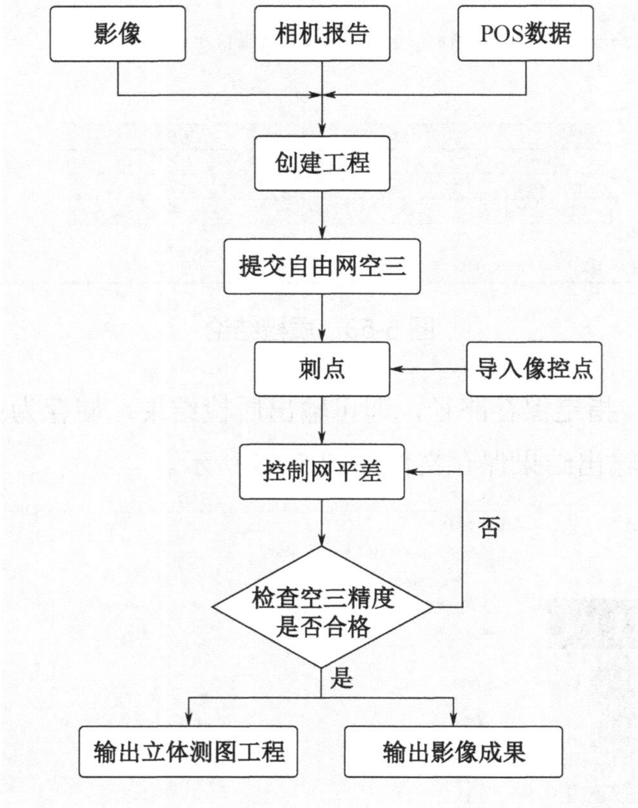

图 5-56　智拼图模块功能流程

使用智拼图模块实现航测拼接的步骤如下。

1. 数据准备

数据包括原始影像、相机报告和 POS 数据，如图 5-57 所示。

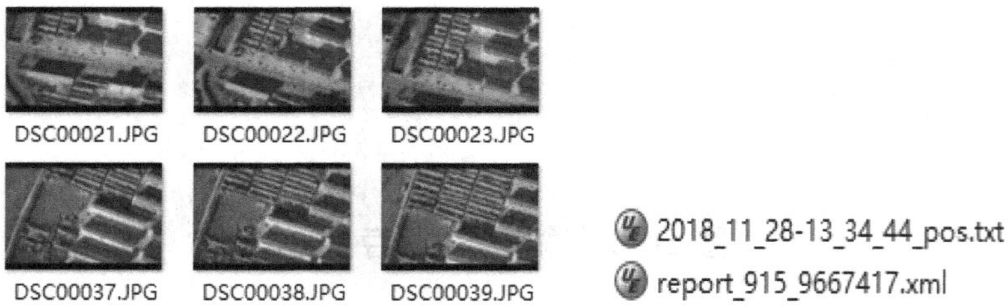

图 5-57　原始影像、相机报告和 POS 数据

2. 创建工程

创建工程与创建智检图模块步骤相同。在此需要注意：导入 POS 数据为平面坐标时，不勾选“经纬度”复选框，坐标系选择本地坐标系，手动指定 X、Y 坐标，其中 X 对应东坐标，Y 对应北坐标，之后保存工程。导入 POS 数据如图 5-58 所示，创建与保存工程如图 5-59 所示。

3. 自由网空三

在“一键处理”界面，指定工作路径（最终所有成果都会输出到此路径），单击“运行”按钮，出现“选择处理方法”对话框，若使用的是高精度 POS 数据，勾选“特征提取与匹配”

“空三计算”“PPK”复选框，如图 5-60 所示；若使用的不是高精度 POS 数据，勾选“特征提取与匹配”复选框，执行空三计算，空三计算不用修改分辨率。

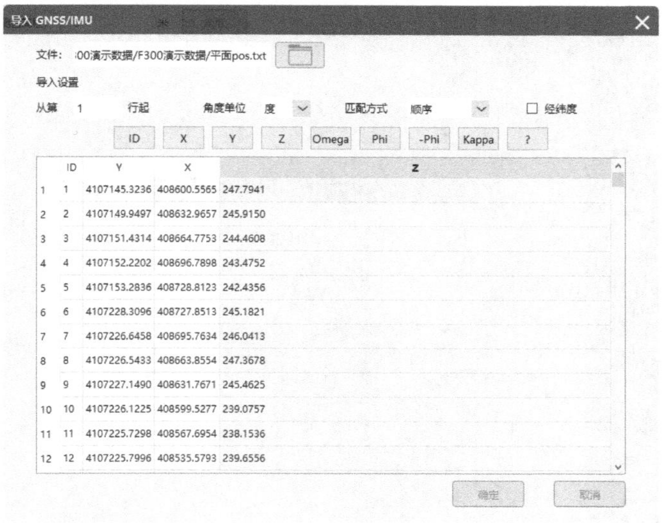

图 5-58　导入 POS 数据

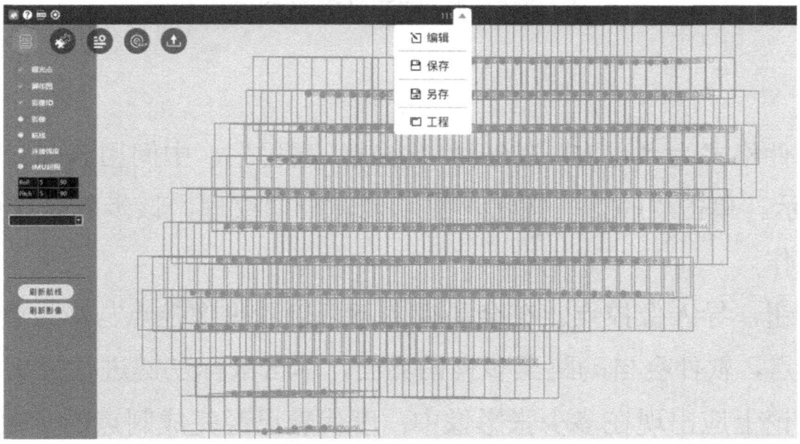

图 5-59　创建与保存工程

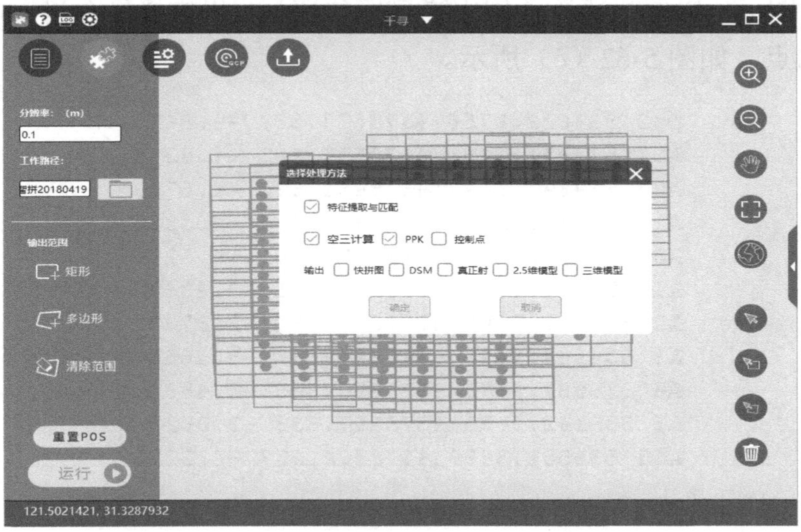

图 5-60　“选择处理方法”对话框

提示处理结束，空三计算完成，如图 5-61 所示，此时绿色点代表参与空三计算的点，橙色点代表未参与空三计算的点。

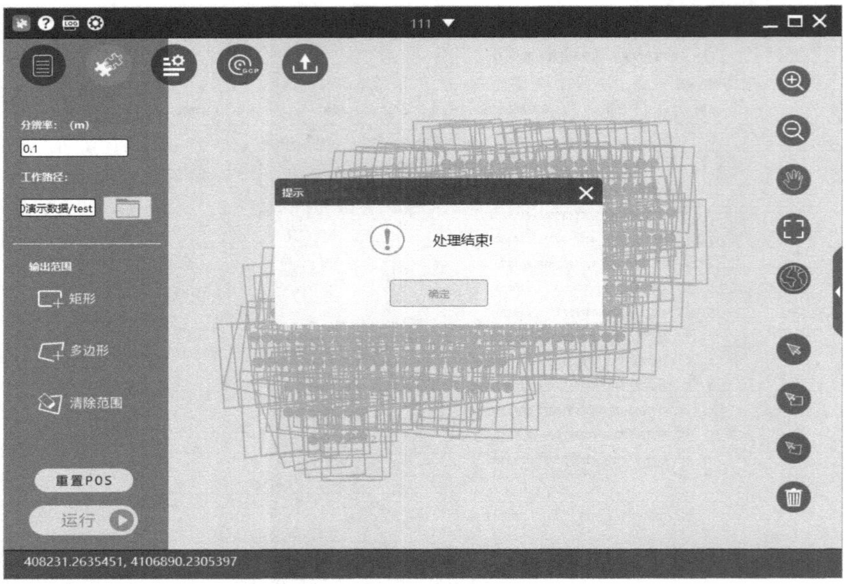

图 5-61　空三计算完成

4. 刺点

（1）像控点文件格式为“点 ID　东坐标　北坐标　高程”，中间用 Space 键或 Tab 键隔开，如图 5-62（a）所示。单击“GCP”按钮，提示创建影像纹理，该步骤是在创建影像金字塔，便于后续浏览等操作。

（2）单击按钮，导入像控点。在全局视图下可以看见像控点与影像套合的情况。

（3）激活控制点，软件会自动跳至多视图界面，单击鼠标左键进行控制点量测，预测数代表预测该控制点理论上应出现在多少张影像中；度代表已经完成刺点的个数。当预测数大于 9 时，通过上下翻页进行刺点设置。所有清晰点都需要刺点，控制点信息如图 5-62（b）所示。

（4）对于刺错的点，根据影像名字选中该点所在像片，单击鼠标右键删除该点或清除该点在所有照片上刺的点，如图 5-62（c）所示。

```
pt2 534619.9756 4378677.568 -4.8473
A32 534621.2456 4378675.408 -4.8253
A33 534697.5197 4378451.521 -4.5739
A19 534668.2771 4378426.872 -4.3234
A34 534789.5265 4378476.601 -4.5284
A1 534716.2158 4378271.781 -3.4362
A2 534850.7068 4378304.352 -2.8708
A3 534944.4648 4378341.633 -3.1666
A4 535032.9575 4378355.505 -2.4588
A5 535142.6055 4378397.332 -3.362
A18 534581.5499 4378702.237 -4.2235
```

（a）像控点文件格式

图 5-62　刺点设置

（b）控制点信息

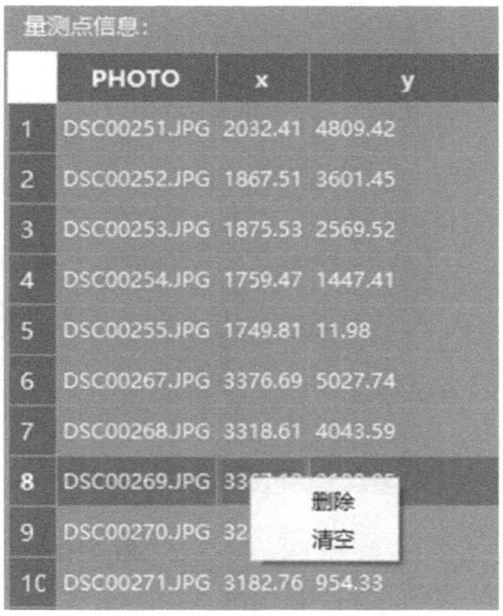

（c）删除刺点

图 5-62 刺点设置（续）

控制点状态：红色代表未刺控制点，黄色代表已刺控制点，蓝色代表检查点。

点类型：包括控制点和检查点，控制点代表参与平差计算；检查点代表不参与平差计算。

点控制类型：包括 XYZ 平高点，XY 平面点，Z 高程点。

注意：若飞机为差分飞机，应先检查 POS 数据精度，即免像控（免像片控制测量）精度，再进行后续处理。具体流程如下。

① 检查无控精度：将所有点作为检查点，再进行第一次控制网平差（平差优化），检查免像控时的精度误差。误差满足要求可直接使用结果。若免像控精度不好，需分析原因：若为系统误差，应检查基站坐标；若不是系统误差，应查看差分结果、影像质量等。

② 控制点参与空三：选择一部分或全部控制点作为检查点，如图 5-63 所示。再次平差优化并检查精度是否合格。设置为控制点和检查点如图 5-64 所示。若精度合格可以直接出成果，若精度不合格，需分析原因，可以考虑像控点分布、影像质量等因素。

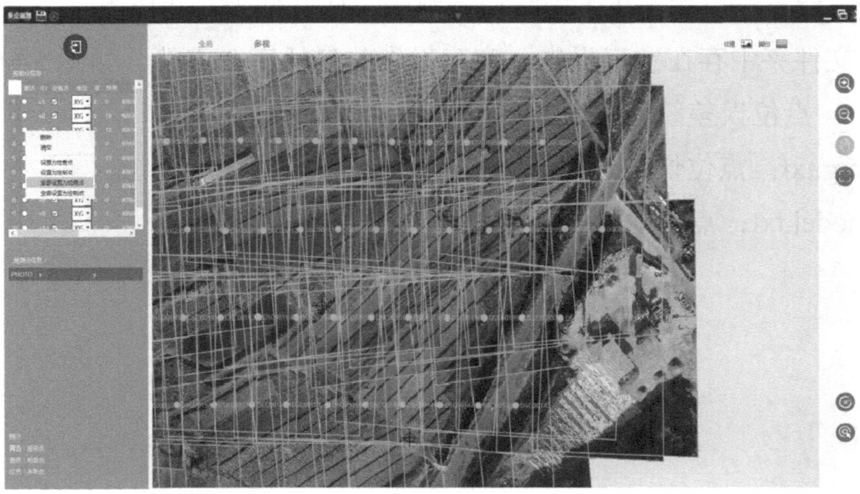

图 5-63 全部设置为检查点

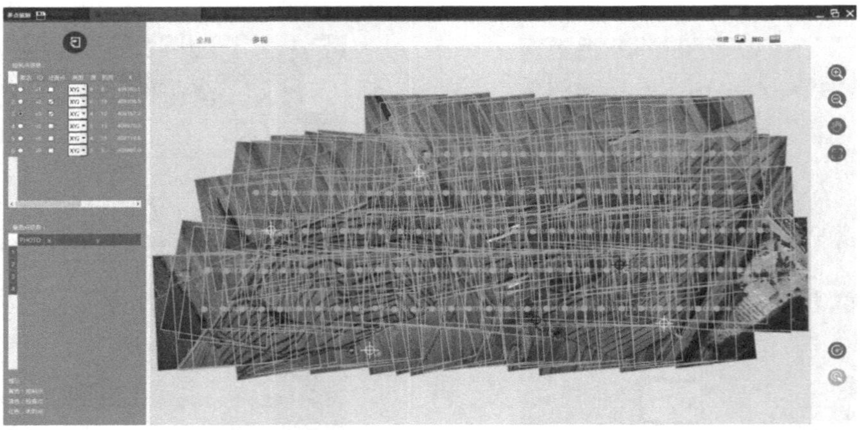

图 5-64　设置为控制点和检查点

5. 平差优化

关闭刺点界面，软件将会提示保存刺点信息，关闭后回到处理界面。单击“空三计算”按钮，勾选“自检校”“PPK”“控制点”复选框，进行控制网平差优化，如图 5-65 所示。

注意：PPK 适用于基站坐标、天线等精密参数计算出来的差分 GPS。

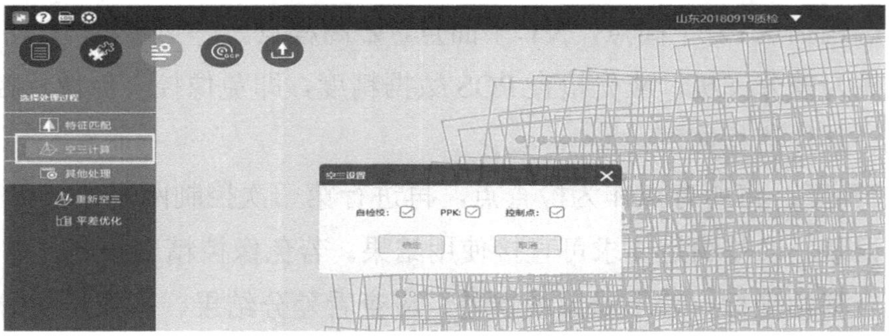

图 5-65　平差优化

6. 检查空三精度

（1）每次空三计算结束后，在工程路径下都会生成文件夹，并按照时间命名，打开最新时间的文件夹，此文件夹中存在空三报告，空三报告共包括三个文件，如图 5-66 所示。

空三报告.txt：点位误差统计报告，单位为米。

空三报告_img.txt：点位像方残差统计报告，单位为像素。

空三报告_model.txt：点位模型相对误差统计报告，单位为米。

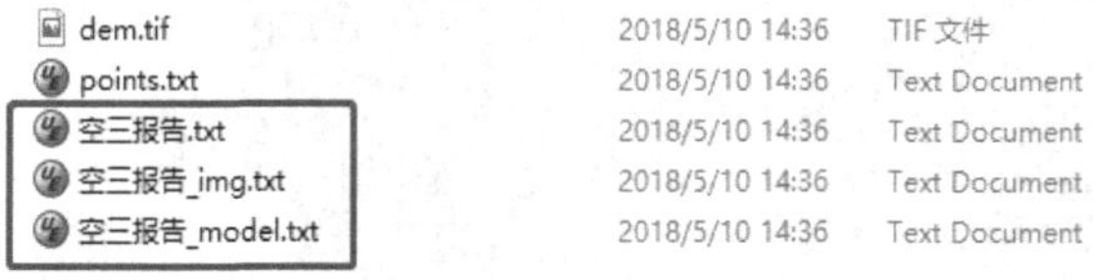

图 5-66　检查空三精度

（2）优先检查空三报告.txt 文件，判断点位绝对误差。存在误差超限的点位，再参照空三报告_img.txt 文件，检查超限点位像方残差情况；若两个报告均符合精度要求，参照空三报告

_model.txt 文件，检查前方交会误差。若通过此报告，则可大致判断立体精度情况，空三报告生成如图 5-67 所示。

ID	TYPE	DX	DY	DZ
CP1	XYZ	0.002	0.006	0.056
CP3	XYZ	-0.003	0.001	-0.012
CP5	XYZ	0.001	0.002	-0.032
CP6	XYZ	0.001	-0.005	0.002
CP4	CHK	0.048	0.002	-0.294
CP7	CHK	0.026	-0.009	0.051

ID	DX	DY	DXY	DZ
ALL	0.014	0.004	0.014	0.075

（a）空三报告.txt

控制点ID：CP1

DSC00014.JPG	-0.117259	0.680331
DSC00015.JPG	0.92224	0.767316
DSC00016.JPG	0.799499	0.331821
DSC00017.JPG	0.495182	0.27715
DSC00019.JPG	0.180968	0.176779
DSC00020.JPG	0.256868	0.880537
DSC00021.JPG	0.102362	0.215093
DSC00022.JPG	0.0645181	0.00527866
DSC00023.JPG	0.0642952	0.151098
DSC00049.JPG	-0.556829	0.599343
DSC00050.JPG	-0.939248	0.708722
DSC00051.JPG	-0.222446	0.286776
DSC00052.JPG	-0.662362	0.202472

中误差：0.714984

（b）空三报告_img.txt

CP1

photo	photo	dx	dy	dxy	dz	b/h(1/*)
DSC00014.JPG	DSC00015.JPG	-0.015	-0.025	0.029	-0.016	7.4
DSC00014.JPG	DSC00016.JPG	0.009	-0.013	0.016	-0.069	3.6
DSC00014.JPG	DSC00017.JPG	0.009	-0.017	0.019	-0.050	2.5
DSC00015.JPG	DSC00016.JPG	-0.009	-0.017	0.019	-0.083	7.3
DSC00015.JPG	DSC00017.JPG	-0.011	-0.020	0.023	-0.062	3.7
DSC00016.JPG	DSC00017.JPG	-0.020	-0.012	0.023	-0.021	7.5
DSC00019.JPG	DSC00020.JPG	0.016	0.050	0.052	0.205	7.1
DSC00019.JPG	DSC00021.JPG	0.005	0.009	0.010	0.002	3.6
DSC00019.JPG	DSC00022.JPG	0.003	0.005	0.006	-0.019	2.4
DSC00019.JPG	DSC00023.JPG	0.000	0.008	0.008	-0.003	1.8
DSC00020.JPG	DSC00021.JPG	-0.011	0.025	0.027	-0.209	7.3
DSC00020.JPG	DSC00022.JPG	-0.005	0.029	0.029	-0.133	3.7
DSC00020.JPG	DSC00023.JPG	0.002	0.032	0.032	-0.074	2.5
DSC00021.JPG	DSC00022.JPG	-0.000	0.013	0.013	-0.054	7.3
DSC00021.JPG	DSC00023.JPG	0.001	0.010	0.010	-0.008	3.7
DSC00022.JPG	DSC00023.JPG	0.005	-0.010	0.011	0.048	7.5
DSC00049.JPG	DSC00050.JPG	0.054	-0.041	0.068	0.056	7.2
DSC00049.JPG	DSC00051.JPG	-0.011	-0.015	0.018	-0.055	3.6
DSC00049.JPG	DSC00052.JPG	0.008	-0.019	0.020	-0.037	2.4
DSC00050.JPG	DSC00051.JPG	-0.052	-0.018	0.055	-0.158	7.2
DSC00050.JPG	DSC00052.JPG	0.000	-0.026	0.026	-0.068	3.6
DSC00051.JPG	DSC00052.JPG	0.017	-0.013	0.021	-0.001	7.4

RMS:	dx	dy	dxy	dz
	0.018	0.022	0.029	0.088

（c）空三报告_model.txt

图 5-67　空三报告生成

7. 输出测图工程

（1）输出 Inpho 工程：导出的 Inpho 工程对应无畸变影像，工程参数设置如图 5-68 所示。

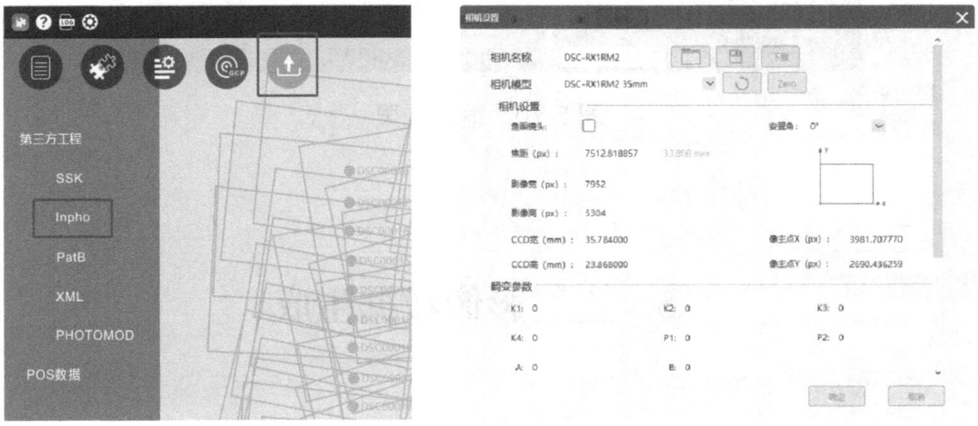

图 5-68　工程参数设置

（2）选择是否输出无畸变影像，指定 Inpho 工程及畸变影像保存路径，畸变后影像具有以下特点：像主点归零，焦距为检校后的参数，畸变参数全为零。输出测图工程如图 5-69 所示。

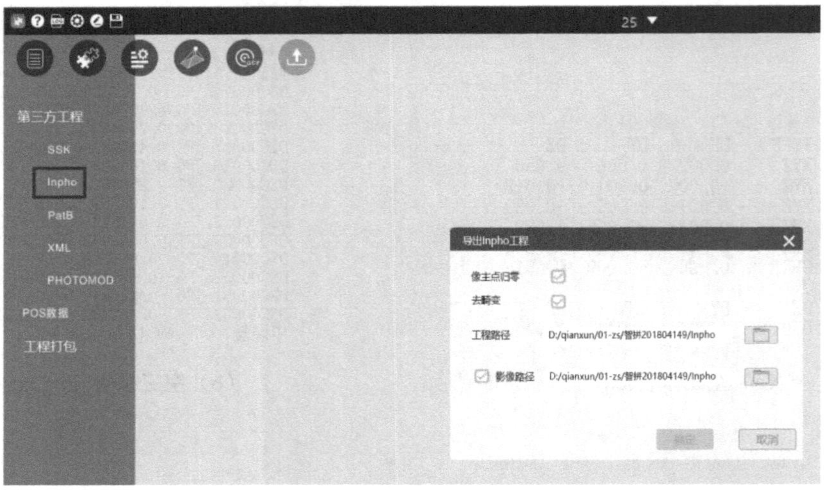

图 5-69　输出测图工程

8. 输出成果

如图 5-70 所示，在检查过空三精度满足要求的前提下，在处理界面更改成果分辨率，选择输出路径，勾选需要的成果复选框，单击“确定”按钮即可（过程文件会占用较大空间，务必保证有充足的空间）。

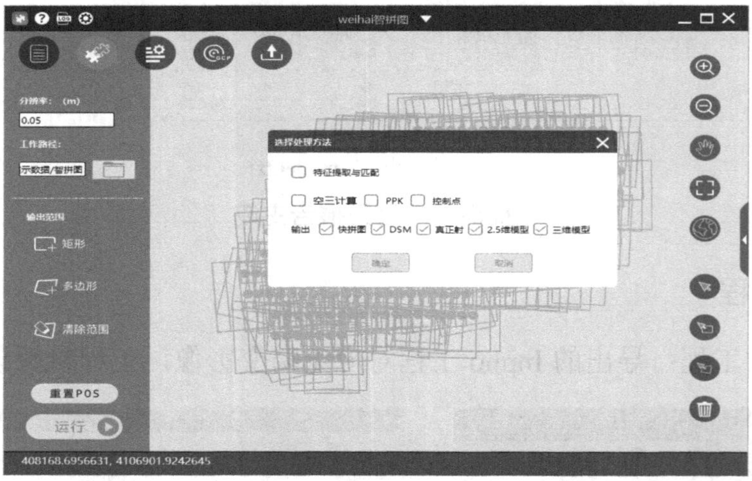

图 5-70　输出成果

5.5　正射影像数据生成

传统正射影像数据处理流程如图 5-71 所示。

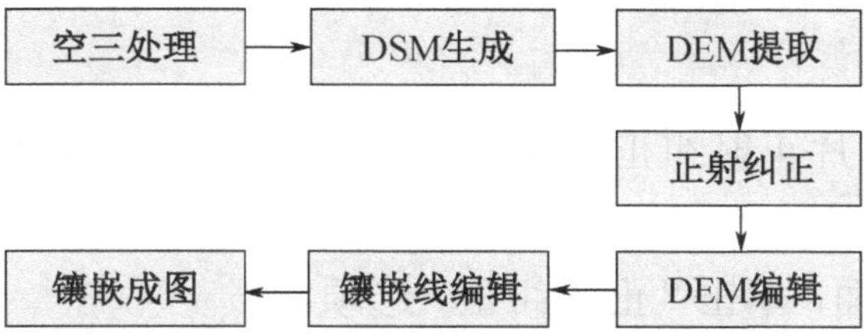

图 5-71 传统正射影像数据处理流程

1. DSM 生成

在空三处理精度满足要求的情况下，在“一键处理”界面设定分辨率，在“分步处理”界面，单击“传统正射”→“DSM 生成”选项，生成 DSM，如图 5-72 所示。

（a）设定分辨率 （b）DSM 生成 （c）DSM 生成结果

图 5-72 生成 DSM 步骤

2. DEM 提取

基于 DSM 成果进行 DEM 的滤波提取，去除建筑物、树木等非地形数据，步骤如下。

（1）在“分步处理”界面，单击“DEM 提取”选项，设置 DSM 路径和提取 DEM 成果存放路径。

（2）输入建筑物最大长度和高度，具体建筑物尺寸可在 DSM 成果中量取获得，也可以根据现场实际预估建筑物尺寸，单击“确定”按钮，开始 DEM 提取。DEM 成果和 DSM 成果如图 5-73 所示。

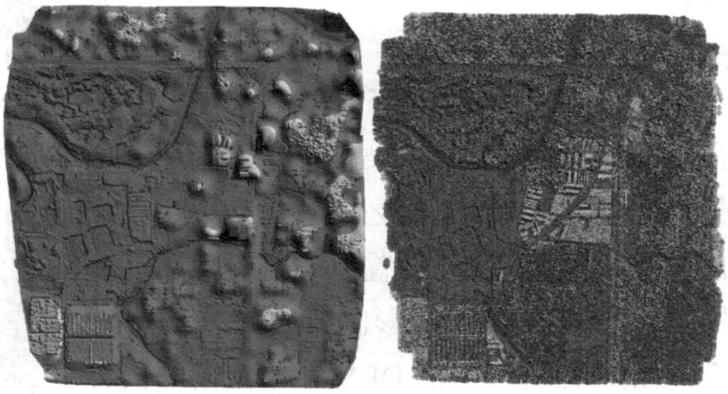

（a）DEM 成果 （b）DSM 成果

图 5-73 DEM 提取

3. 正射纠正

基于 DEM 成果进行单片正射纠正，同时进行镶嵌计算，自动避让建筑物，寻找最佳镶嵌位置。具体步骤如下。

（1）在“分步处理”界面，单击“正射纠正”选项，如图 5-74（a）所示。镶嵌线算法默认为“镶嵌线避让”，指定提取的 DEM 文件。单击“确定”按钮，进行单片正射纠正和镶嵌线生成。

（2）在成果输出的工作路径下会自动生成一个 fm_tmp 文件夹，该文件夹中包含生成的单幅正射影像以及镶嵌线等附属文件，如图 5-74（b）所示。生成文件说明：

① .bdr 是影像有效矢量边界飞马内部格式；

② .dxf 是影像有效矢量边界文件；

③ .jpg 是单片正射纠正影像；

④ .jpw 是单片正射纠正影像地理坐标；

⑤ .msk 和 _.msk.tif 是有效边界的栅格格式；

⑥ .sem 是镶嵌线信息文件；

⑦ .tfw 和.tif 是镶嵌模板文件；

⑧ .tmp 是用于影像加速的相关文件。

（a）正射纠正　　（b）文件格式

图 5-74　正射纠正及文件格式

4. 发现问题区域的方法

在“分步处理”界面，单击“DEM/DOM 编辑”选项，出现“DEM/DOM 编辑”界面，这里提供了 3 种发现问题区域的方法。

（1）DOM 参考：显示基于 DEM 的纠正影像，浏览检查由 DEM 问题导致的 DOM 扭曲变形区域。

显示设置：单击“视图”选项卡中的“分块显示影像”按钮→单击所要选择影像的区域→框选矩形→在弹出的“显示影像”对话框中，勾选“显示”复选框。基于 DEM 的正射纠正图如图 5-75 所示。

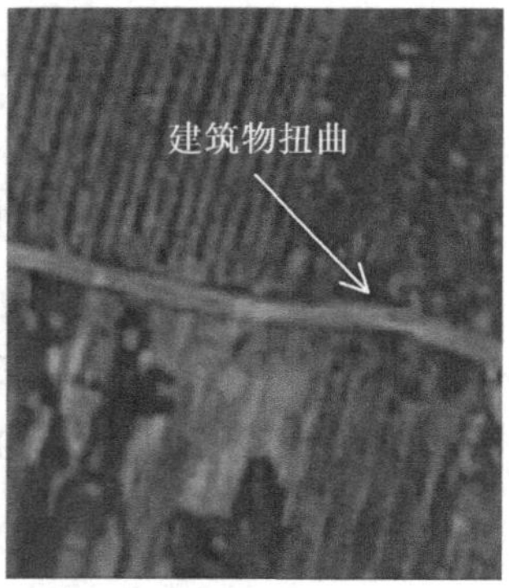

图 5-75　基于 DEM 的正射纠正图

（2）DEM 渲染显示：设置 DEM 不同渲染方式，检查易产生 DOM 扭曲的区域，一般的建筑物区域、道路区域可重点关注，或者 DEM 高程起伏较大的区域。DEM 渲染设置：单击“视图”选项卡中的“DEM”按钮，默认情况下会显示彩色 DEM；单击“视图”选项卡中的“DEM”按钮，并将“彩色 DEM”按钮设置为关闭状态，则会显示灰度 DEM。DEM 渲染显示如图 5-76 所示。

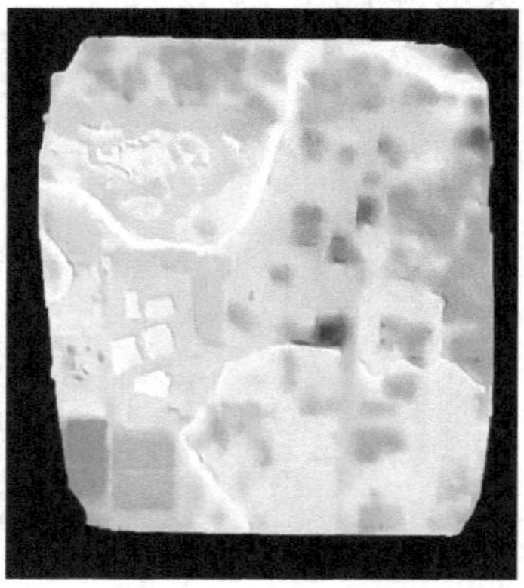

图 5-76　DEM 渲染显示

（3）等高线参考：可将等高线与 DOM 叠加显示，对于等高线穿过建筑物的区域需重点检查是否有扭曲变形问题。等高线参考如图 5-77 所示。

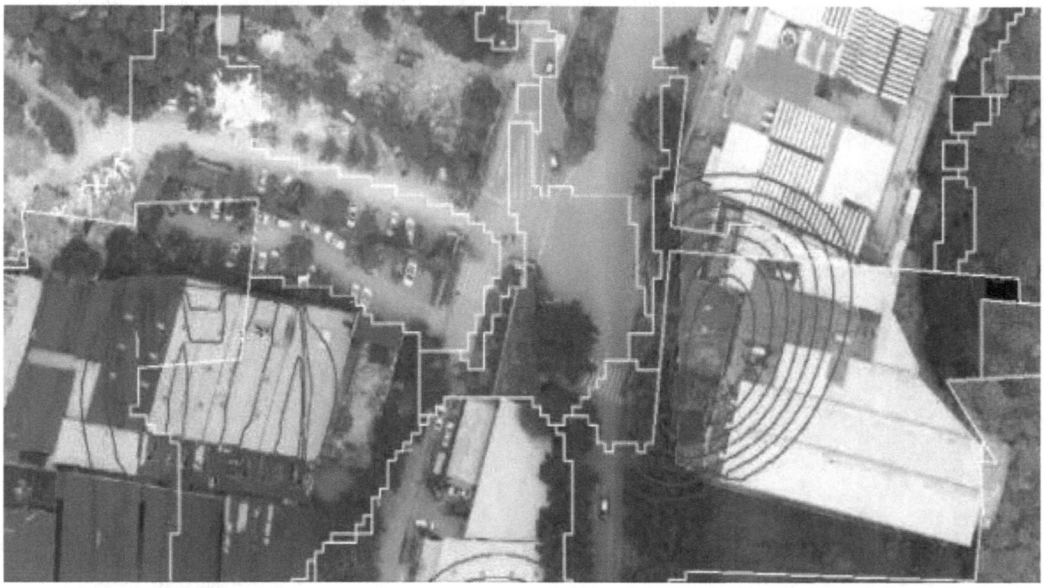

图 5-77 等高线参考

5. DEM 编辑

对于有问题的区域，可以采用 DEM 编辑工具进行交互处理，编辑的同时可实时查看编辑后的 DOM 效果。

注意：在 DEM 编辑时，所有的操作将会覆盖原有的 DEM。因此在作业前，务必备份原始 DEM。备份方法：单击“文件”选项卡中的“备份 DEM”按钮，选择一个单独的文件夹进行备份，如图 5-78 所示。

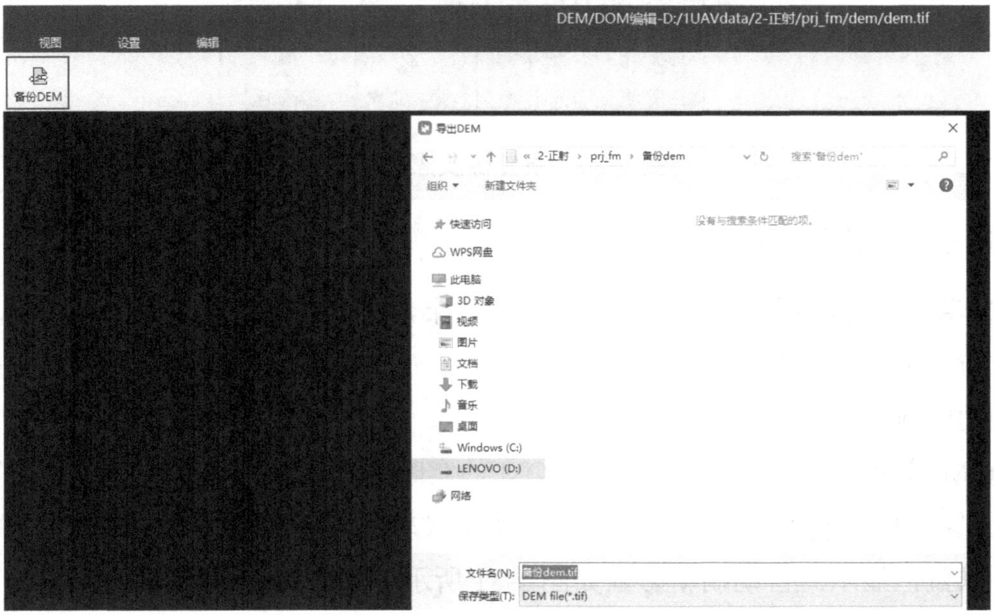

图 5-78 DEM 备份界面

（1）滤除地物工具：根据 DEM 选择边界的高程内插 DEM，适用于大范围 DEM 编辑，如密集建筑物区域或较大地物。

操作步骤：单击“滤除地物”按钮，在 DEM 中找到需要清除的地物，单击“多边形”按钮选择该地物，双击结束多边形绘制，软件将进行自动内插生成新的 DEM 信息。滤除地物效果图如图 5-79 所示。

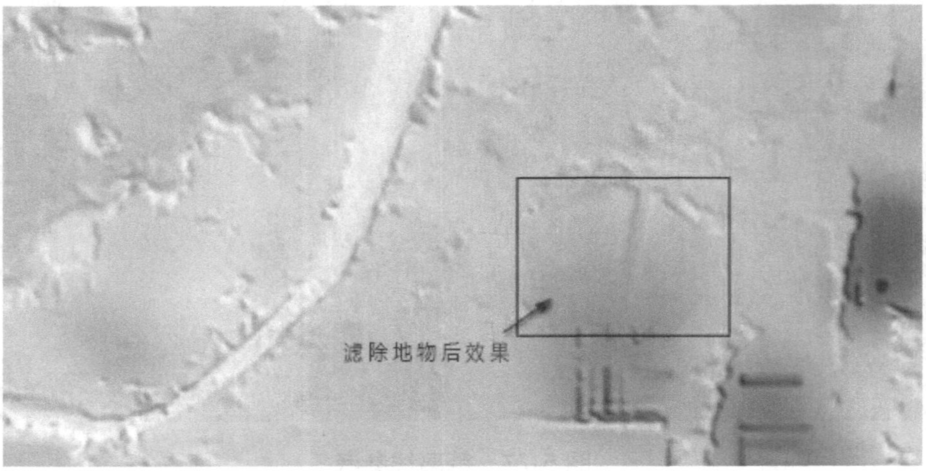

图 5-79　滤除地物效果图

（2）橡皮擦工具：局部 DEM 平滑工具，适用于小范围 DEM 编辑，如接近真实地形，但是有微小起伏的区域或者微小地物的去除。

操作步骤：单击“橡皮擦”按钮，用鼠标左键清除地物，可迭代使用。另外，可以设置橡皮擦的大小，单击“设置”选项卡中的“滤波参数”按钮，更改橡皮擦的大小，如图 5-80 所示。

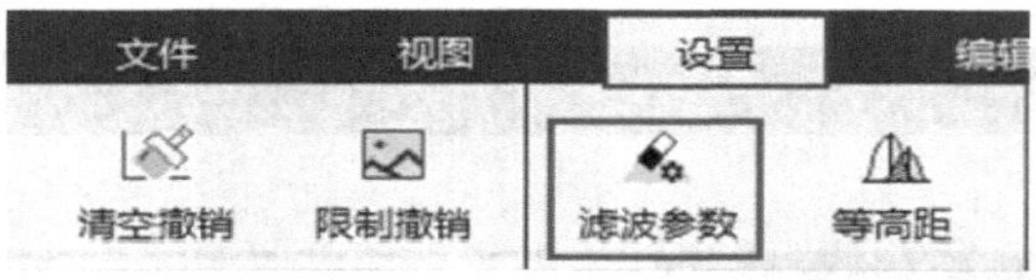

图 5-80　设置橡皮擦的大小

6. 查看 DEM 编辑效果

DEM 编辑的同时，可快速查看 DOM 纠正效果，由 DOM 纠正效果判断 DEM 编辑是否正确。查看方法分为以下两种。

（1）自动刷新影像。

完成 DEM 编辑的同时，完成该区域 DOM 的实时更新。在“DEM/DOM 编辑”界面，将“自动刷新影像”按钮设置为启动（即选中）状态（软件默认为启动状态），刷新后的 DEM 编辑范围将以蓝框显示。自动刷新影像如图 5-81 所示。

（2）手动刷新影像。

对于橡皮擦工具来说，由于存在迭代使用的情况，若实时自动刷新影像，则会出现刷新迟钝或者卡死的现象。因此在橡皮擦工具使用时，建议将“自动刷新影像”按钮设置为关闭状态。

此时 DEM 编辑范围的显示状态为红框，即已做过编辑，但未刷新影像，如图 5-82 所示。若编辑完成后，需要查看 DOM 编辑效果时，则可单击“自动刷新影像”按钮（将其设置为启动状态），软件即会针对当前视图中编辑过的 DEM 区域进行纠正更新 DOM 显示，此时 DEM 的编辑状态将显示为蓝框。

图 5-81　自动刷新影像

图 5-82　手动刷新影像

DEM 编辑完成后，单击“编辑”选项卡中的“纠正更新”按钮，如图 5-83 所示，将 DEM 编辑过的区域重新进行单片纠正，保证最后镶嵌成图时使用的是编辑后的正射影像。

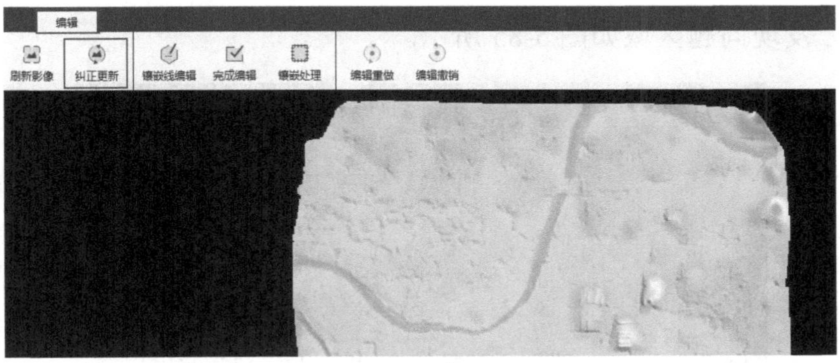

图 5-83　纠正更新

7. 镶嵌线编辑

镶嵌成图是将多个单片正射纠正影像拼接成一个整体图的过程，镶嵌线即为单张影像在成图中所选用的影像范围。一般来说，镶嵌线应避免穿过建筑物等带有投影差的地物，以防拼接过程中出现错位或变形等问题。无人机管家软件的镶嵌线避让算法可以绕开大部分带有投影差的地物，但依然存在镶嵌线穿过建筑物、围墙等导致错位的现象，因此需要编辑镶嵌线，使其尽可能落在弱纹理区域。其作业流程如下。

（1）分块显示数据。

在数据量很大时，加载全部影像会影响操作的流畅度，因此为了达到快速浏览的目的，无人机管家软件采用分块显示的策略：先显示局部区域影像进行编辑，完成后再切换另一块区域的影像进行编辑。显示方式：单击“视图”选项卡中的“分块显示影像”按钮→单击所要选择影像的区域→框选矩形→在弹出的“显示影像”对话框中，勾选“显示”复选框，单击“确定”按钮，如图 5-84 所示。

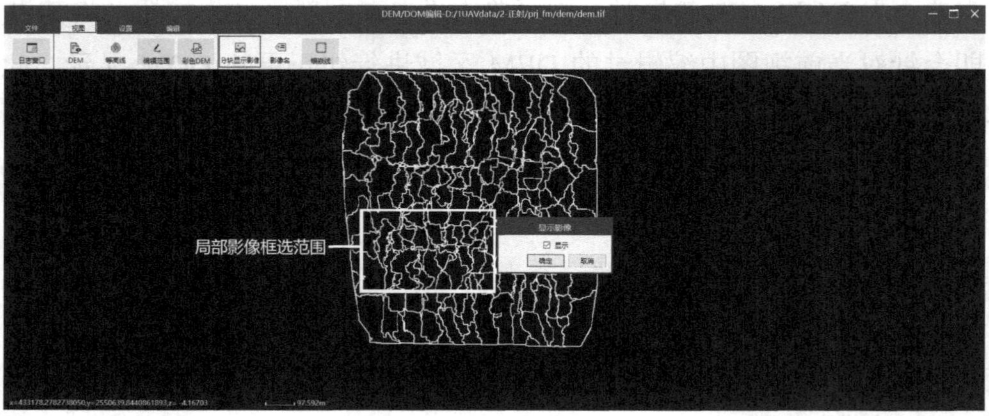

图 5-84　分块显示数据

（2）发现问题区域。

检查 DOM 图像上是否存在扭曲变形等问题，对于有问题的区域需要检查是否是因镶嵌线穿过有投影差的地物而导致的变形。若是则要进行镶嵌线编辑，若不是则需要判断是否由 DEM 成果误差或其他原因导致。而有些区域虽然镶嵌线穿过有投影差的地物，但未导致图面问题，也可不进行编辑。发现问题区域如图 5-85 所示。

图 5-85　发现问题区域

（3）镶嵌线编辑。

对于镶嵌线穿过建筑物导致错位的情况需要进行编辑，具体流程如下。

如图 5-86 所示，可以看出黄色矩形框（内侧小框）内的蓝色建筑物被镶嵌线穿过，镶嵌线两边分别是影像 1 和影像 2 的部分，蓝色建筑物的主体大部分都落在影像 1 范围内，一般应该修改镶嵌线令成图取影像 1 的部分。单击“编辑”选项卡中的“镶嵌线编辑”按钮，单击所在影像区域内部，会出现一个红色边框，显示该影像的有效区域。例如，单击影像 1，会出现一个红色边框，即影像 1 的有效区域，观察后发现影像 1 的有效区域不能完全覆盖该建筑。而单击影像 2，影像 2 的有效区域（如图 5-86 所示的外侧红框）能够完全覆盖该建筑，则此次编辑只能选择影像 2 作为成图部分。

确定所要选择的影像，开始镶嵌线编辑。单击“多边形绘制”按钮，起始点必须落在成图选择的影像区域内，如图 5-87 所示，起始点必须单击在影像 2 的范围内，然后绕过建筑物，双击结束多边形绘制。

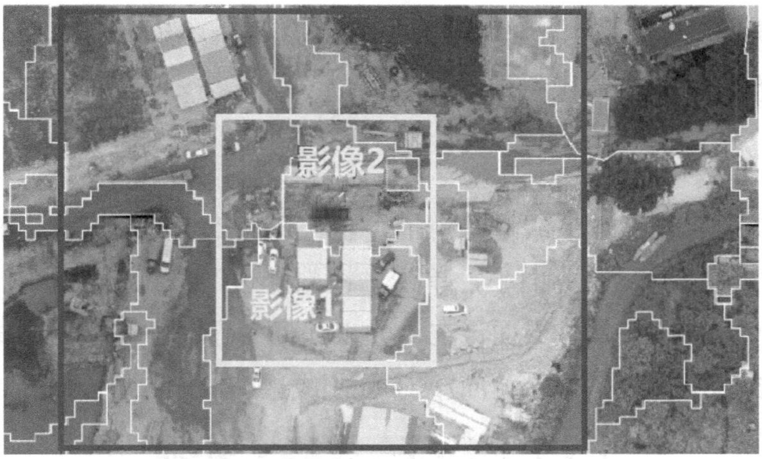

图 5-86　镶嵌线编辑

图 5-87　镶嵌线编辑前的效果

镶嵌线编辑结束后，视图实时刷新，显示镶嵌线编辑后的成图效果。如示例中问题区域显示影像 2 的图像部分，使建筑物不再错位，即完成了该区域的镶嵌线编辑。镶嵌线编辑后的效果如图 5-88 所示。

图 5-88　镶嵌线编辑后的效果

对于无法判断的影像可尝试编辑不同影像范围查看效果，如果不满意，则可以进行镶嵌线撤销，恢复原来的状态。注意：由于镶嵌线编辑的刷新显示不进行色彩羽化，所以可能会存在色差，而软件在镶嵌成图时会进行色彩均衡处理。

8. 镶嵌成图

根据更新后的正射影像及镶嵌线进行镶嵌，输出最终的 DOM 成果，有以下两种方法。

（1）在“DEM/DOM 编辑”界面中，单击“镶嵌处理”按钮，可输出最终 DOM 成果。

（2）退出“DEM/DOM 编辑”界面，在“分步处理”界面中，单击“传统正射”→“镶嵌处理”选项，如图 5-89 所示，即可输出最终 DOM 成果。

图 5-89　镶嵌成图方法二

最终，输出 DOM 成果保存在工程路径下，镶嵌成图结果如图 5-90 所示。

图 5-90　镶嵌成图结果

5.6 土地规划应用

随着土地资源管理精细化和信息化程度不断提高，对土地相关信息数据采集及更新频率也提出了更高的要求，传统的地面勘测方法成本高、效率低，已不能满足目前的需求。无人机航测具有大范围、客观、重复获取数据的能力，可快速获取高分辨率的遥感影像图，并提取土地相关的位置和属性信息，它是对地面勘测传统方法的一种革新，目前广泛应用于土地规划、整治、执法、确权等工作中，已成为土地管理中不可或缺的一种技术手段。

本案例以平谷区岳各庄某区域为例，对无人机采集的数据进行二维正射影像拼接，并对拼接区域进行土地类型划分，同时对该区域进行数字化处理，最终形成专题图。此案例的目标是辅助该区域完成村镇规划，建立该区域土地利用类型图及老旧房屋建筑专题图，为规划部门提供数据支持。

1. 数据检查

打开无人机管家软件智检图模块对影像进行数据检查。

（1）创建工程，如图5-91所示。

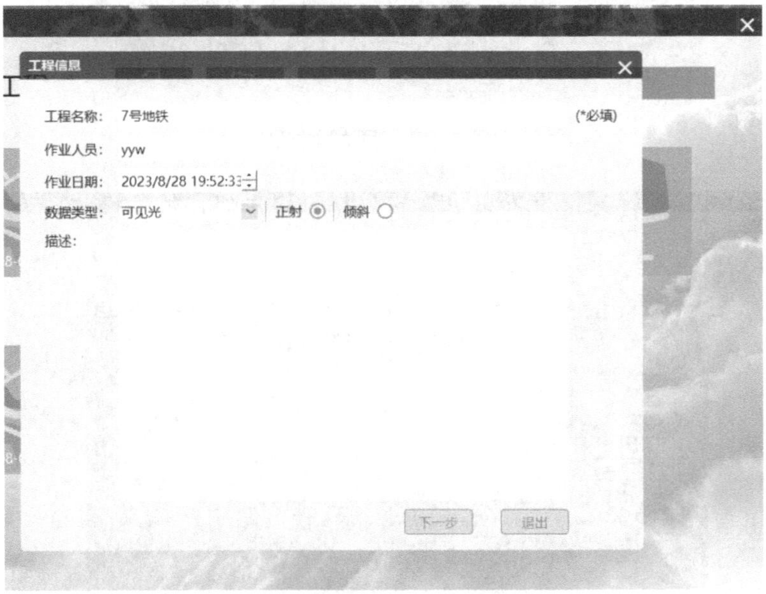

图5-91 创建工程

（2）进行数据质检。

先添加数据，如图5-92所示，进行质检，然后将错误点删除，质检过程如图5-93所示，删除错误点如图5-94所示。最后再次进行质检得出质检报告，获取高程和分辨率。

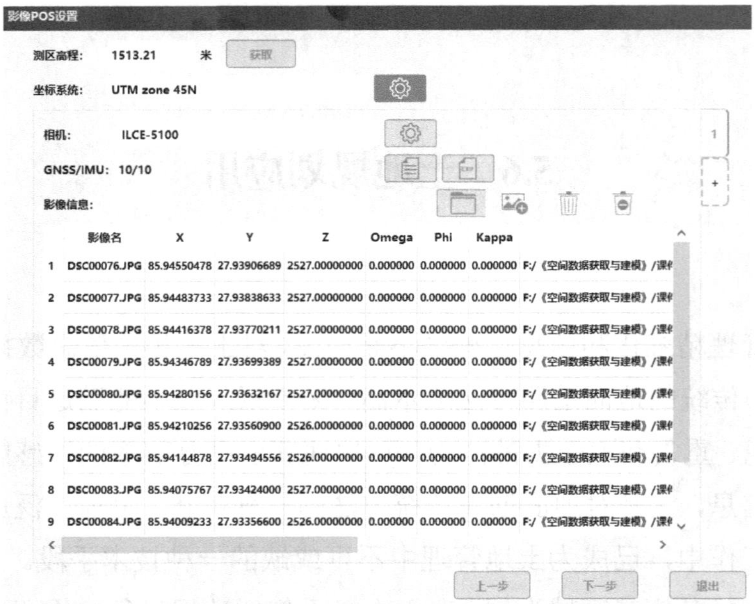

图 5-92 添加数据

图 5-93 质检过程

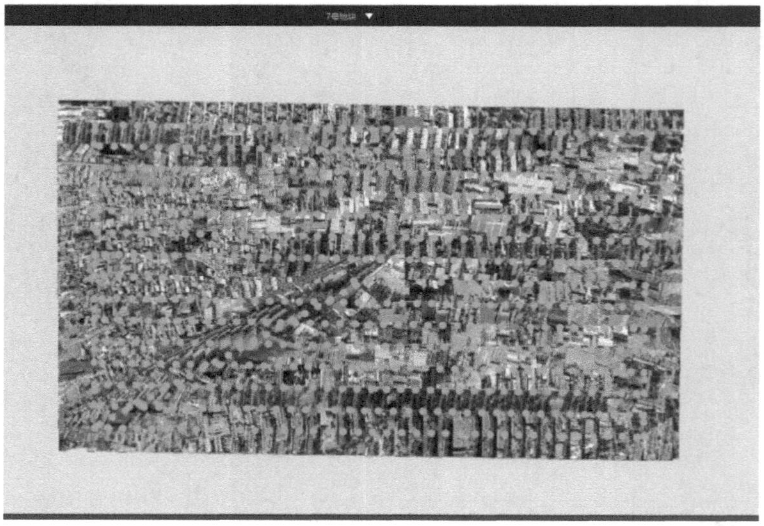

图 5-94 删除错误点

得到无人机数据质检报告，如图 5-95 所示。

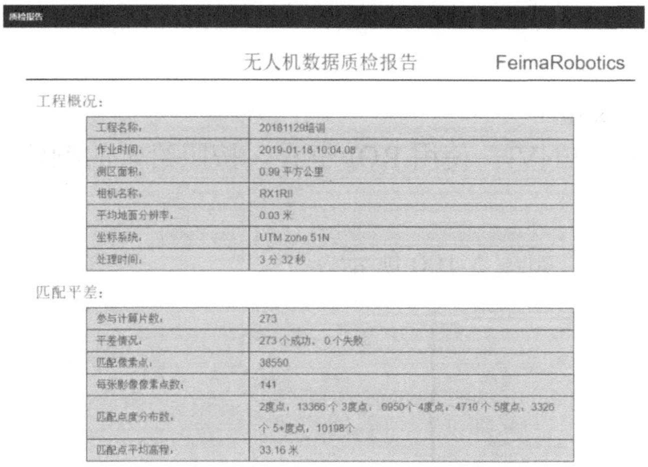

质检报告

无人机数据质检报告　　FeimaRobotics

工程概况：

工程名称：	20181129培训
作业时间：	2019-01-18 10:04:08
测区面积：	0.99 平方公里
相机名称：	RX1RII
平均地面分辨率：	0.03 米
坐标系统：	UTM zone 51N
处理时间：	3 分 32 秒

匹配平差：

参与计算片数：	273
平差情况：	273 个成功，0 个失败
匹配像素点：	38550
每张影像像素点数：	141
匹配点度分布数：	2度点：13366 个 3度点：6950个 4度点：4710 个 5度点：3326 个 5+度点：10198个
匹配点平均高程：	33.16 米

图 5-95　质检报告

2. 影像数据拼接

（1）添加正射影像数据，如图 5-96 所示。

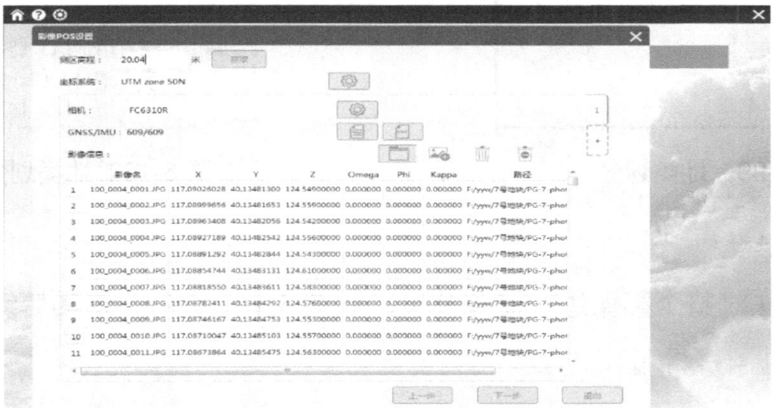

图 5-96　添加正射影像数据

（2）影像拼接。

将高程和分辨率按照质检报告进行调整，运行智拼图模块，选择处理方法，如图 5-97 所示。得到正射影像，如图 5-98 所示。

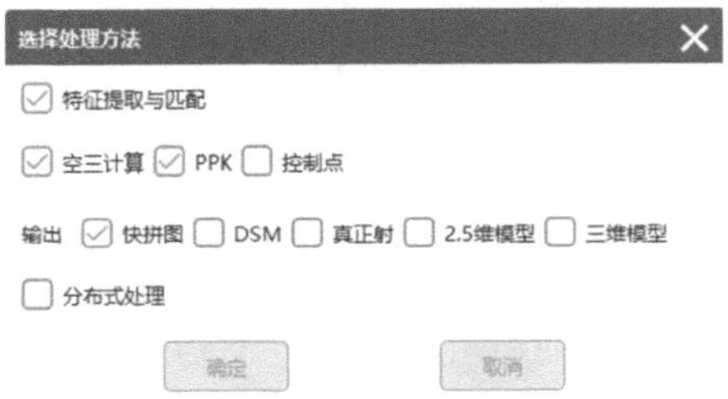

图 5-97　选择处理方法

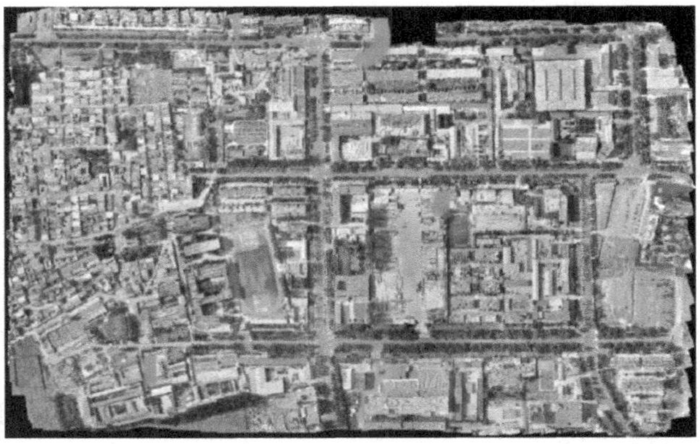

图 5-98　正射影像

3. 土地类型分析

（1）ROI 划分。

打开遥感数据处理软件 ENVI，使用 ROI 工具，按照给定的颜色，对不同地类进行划分，如图 5-99 所示。

将每项地类都划分完成，如图 5-100 所示。

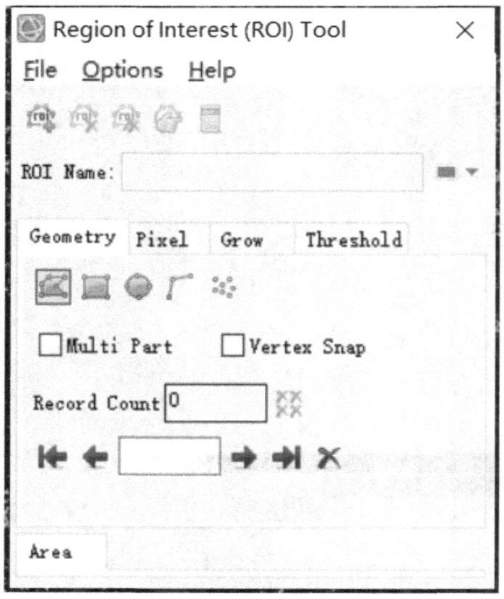

图 5-99　地类划分

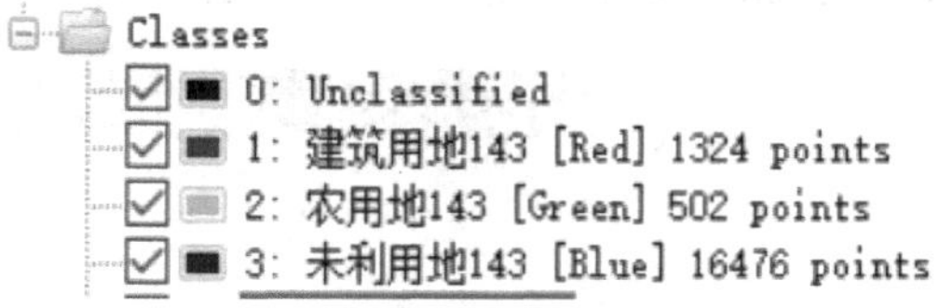

图 5-100 地类划分完成

（2）最大似然法。

使用最大似然法对整个影像进行监督分类，如图 5-101 所示。将其后缀名改为.img。

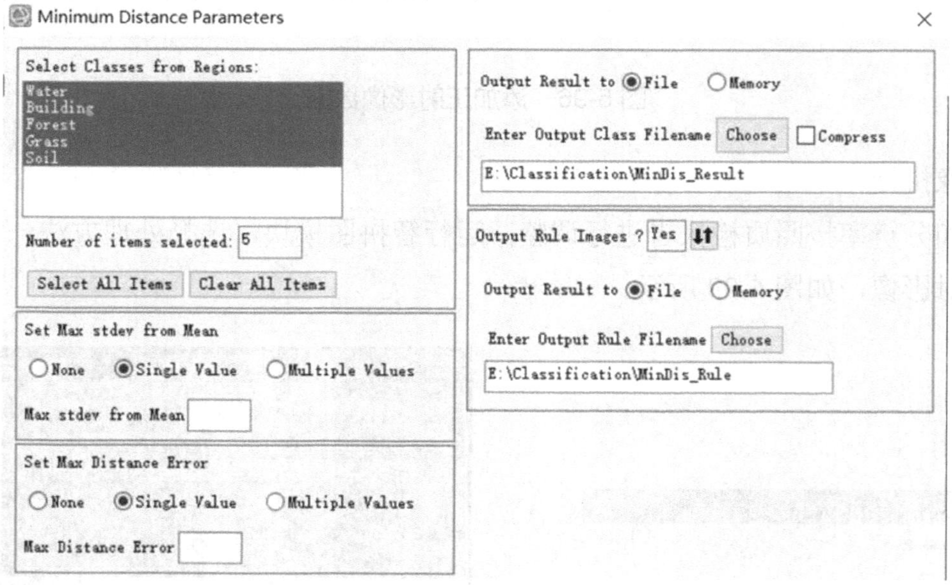

图 5-101　最大似然法

（3）得到土地类型监督分类结果，如图 5-102 所示。

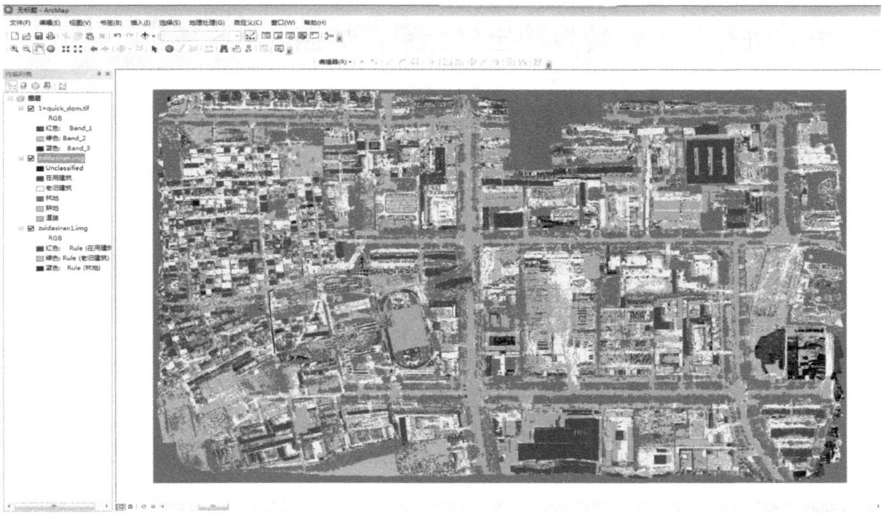

图 5-102 土地类型监督分类结果

4. 数字化

（1）配准，在目录中找到 GIS 服务器，打开“共享为服务”界面，如图 5-103 所示，选择“发布服务”选项，单击“下一页”按钮。

图 5-103 “共享为服务”界面

将网址粘贴进来，如图 5-104 所示。

图 5-104 粘贴网址

将地图拖进，对其进行投影，转换输出坐标系，如图 5-105 所示。

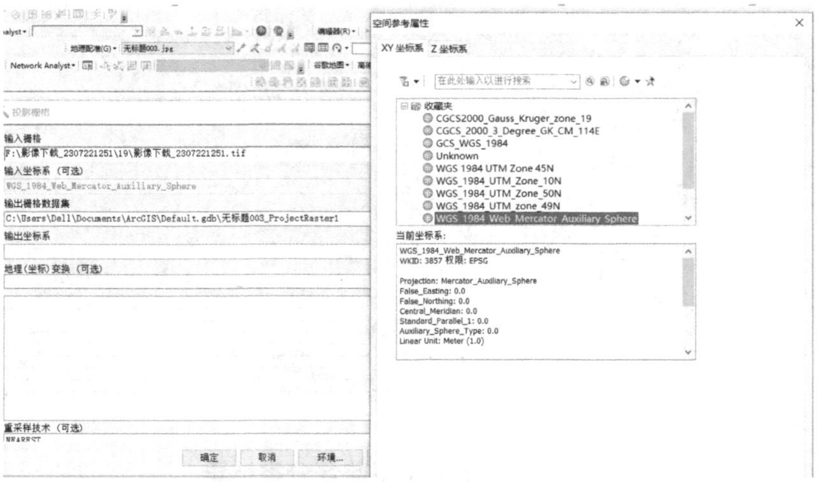

图 5-105　投影并转换输出坐标系

添加控制点，如图 5-106 所示。

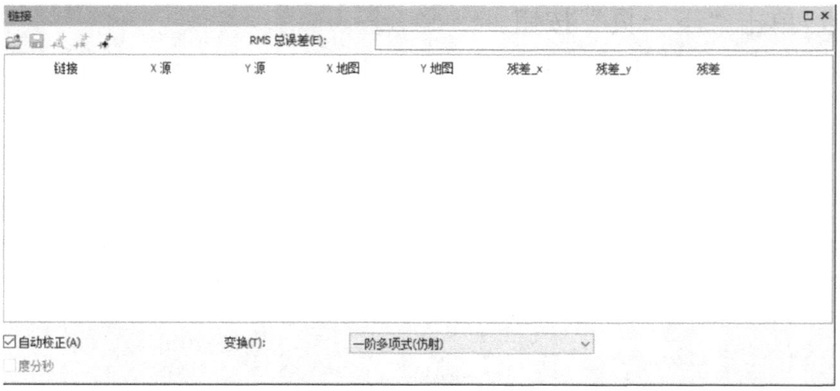

图 5-106　添加控制点

（2）数字化。

按照各个地类创建 Shapefile 文件，如图 5-107 所示，再按照规定的颜色进行数字化。结合正射影像和监督分类结果，对影像进行数字化，其数字化过程如图 5-108 所示。

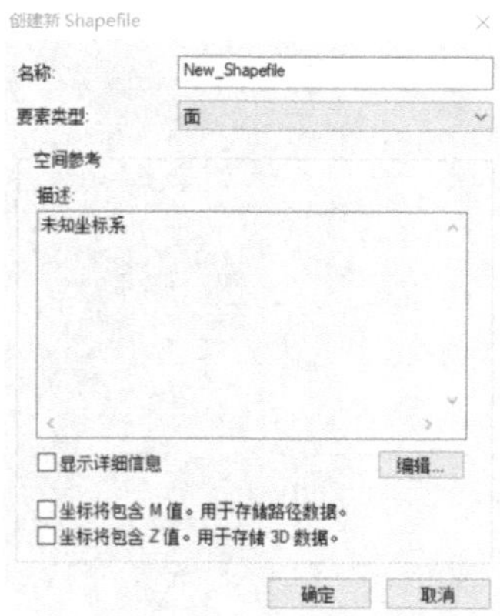

图 5-107　创建 Shapefile 文件

图 5-108　数字化过程

最终完成数字化，如图 5-109 所示。

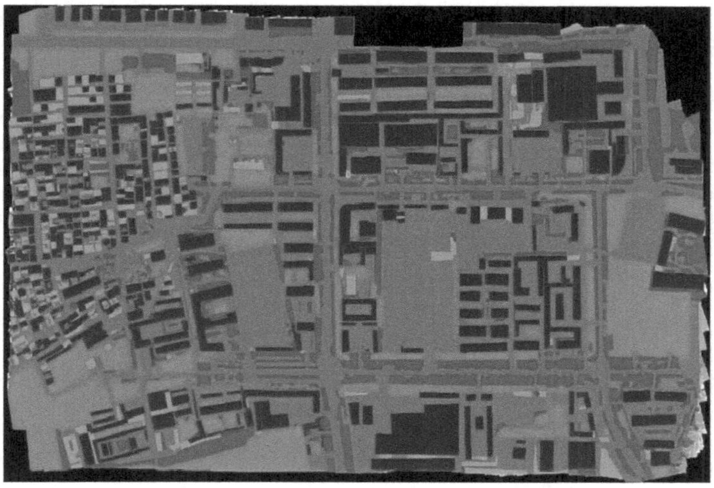

图 5-109 完成数字化

（3）添加字段。

为要素添加字段并赋予值，如图 5-110 所示。

图 5-110 添加字段

以耕地为例，计算每个区域的面积，单击“计算几何”按钮，计算几何面积如图 5-111 所示。

得出耕地面积计算结果，如图 5-112 所示。

为道路创建一个线图层，如图 5-113 所示。

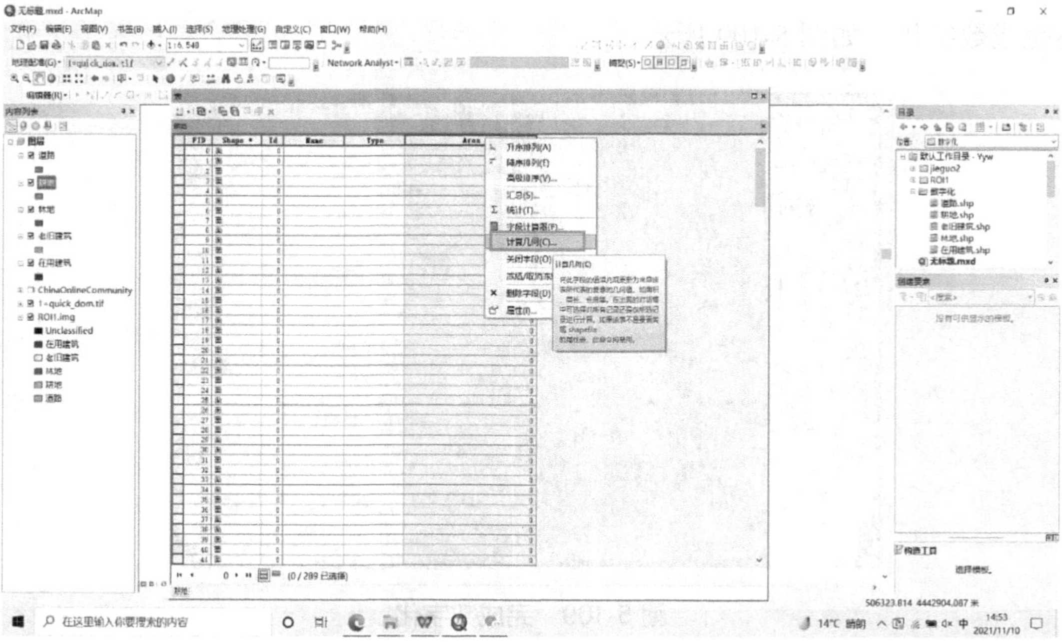

图 5-111　计算几何面积

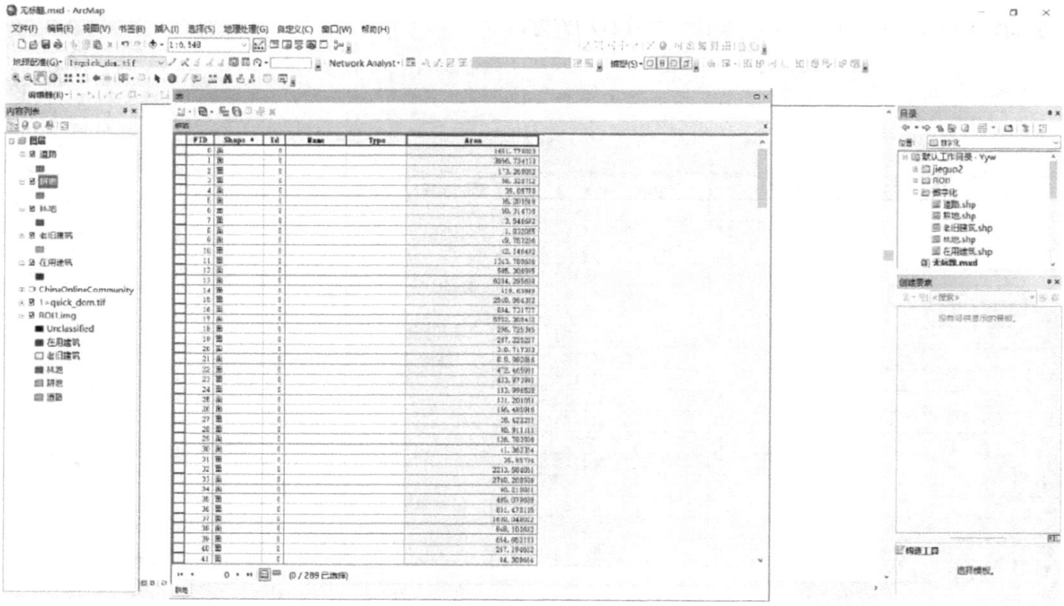

图 5-112　耕地面积计算结束

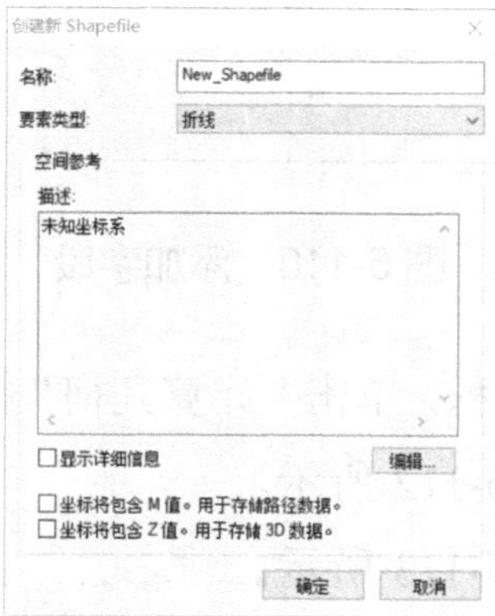

图 5-113　道路线图层

按正射影像进行数字化，如图 5-114 所示。

为道路添加长度字段并计算，得出结果，如图 5-115 所示。

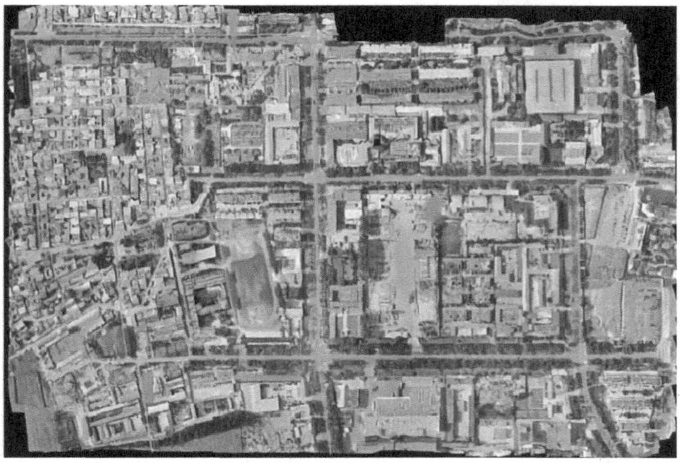

图 5-114 道路数字化

[illegible]	Shape_Length	Shape_Area
1.087006	2261.717556	43480.042148
1.050976	2214.39208	42028.301507
0.272456	657.773055	10897.27702
1.055683	2194.336522	41683.836616
1.173408	2435.635043	46928.127106
0.434686	603.626444	9406.267243
0.434686	480.717532	6722.339652
0.879462	1874.640361	35177.920878
0.9255	2392.315199	37378.626822
1.675488	834.079985	12709.101428
2.311532	1753.537906	32568.926562
1.675488	1379.445927	24709.107518
2.311532	1792.939936	33607.224496
0.063543	233.894243	2541.659376
1.174741	2166.777526	41217.111507
1.02601	2136.905185	41039.600867
1.150599	2389.295703	46013.757798
1.123522	2336.92526	44940.870393
0.125413	383.516199	5016.529757

图 5-115 道路长度

5. 制作专题图

将比例尺改为 1∶5000，制作专题图，如图 5-116 所示。

最终制作为平谷区岳各庄村数字化专题图，如图 5-117 所示。

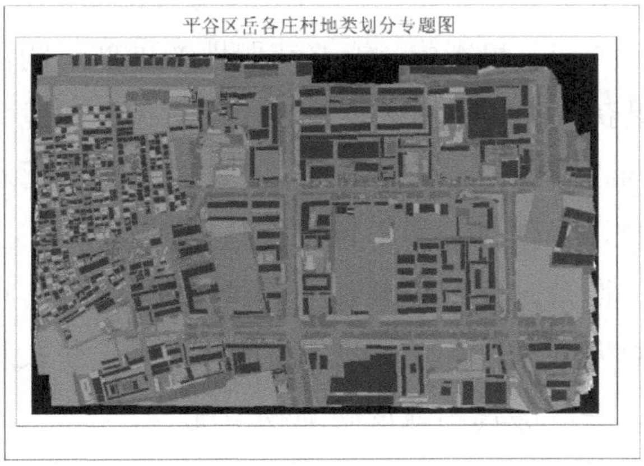

图 5-116 制作专题图

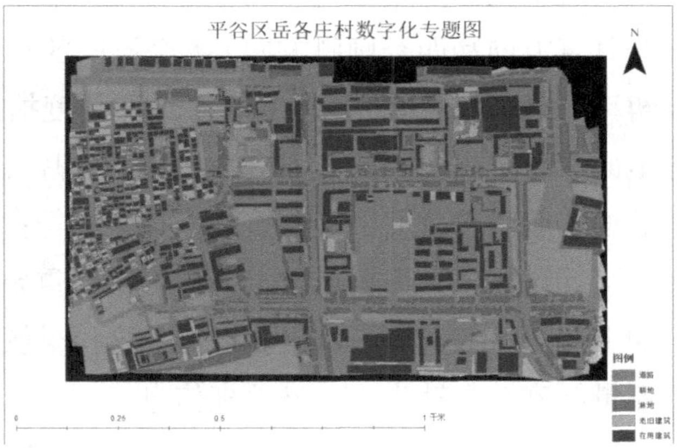

图 5-117 平谷区岳各庄村数字化专题图

第 6 章

倾斜摄影测量与三维建模

6.1 倾斜摄影测量

6.1.1 倾斜摄影测量原理

随着航测技术的创新和发展，倾斜摄影测量在近十几年逐渐发展并得到广泛应用。倾斜摄影测量技术通过使用多角度相机同步获取地面物体各个角度的航摄影像，改变了传统航空摄影只从正射角度采集影像的方式。利用倾斜摄影测量技术获取的影像数据可以进行三维建模，展现出全面丰富的地理信息。

倾斜航空摄影通过在同一飞行平台上搭载多台传感器（目前常用的是五镜头相机），同时从一个垂直方向和四个倾斜方向，五个不同的视角同步采集影像，能够获取地物顶部及侧视的高分辨率纹理，如图 6-1 所示。垂直地面角度拍摄获取的影像称为正片（一组影像），镜头朝向与地面成一定夹角拍摄获取的影像称为斜片（四组影像）。在拍摄时，机载系统同步记录航高、航速、航向重叠度、旁向重叠度、坐标等参数，以便对倾斜影像进行分析和整理。

在飞行过程中，飞机连续拍摄多组影像重叠的照片，配合控制点或影像 POS 数据信息，使影像上每个点都具有三维坐标，基于这些影像数据可对任意点、线、面进行量测，获取厘米级的测量精度并自动生成三维地理信息模型。该方法能够真实地反映地物情况。

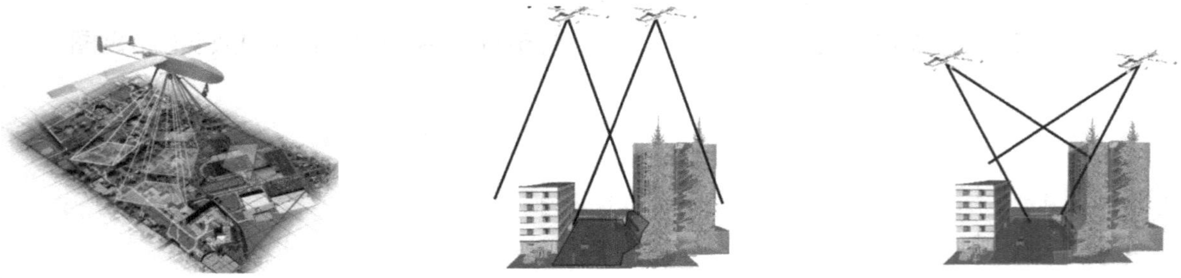

（a）倾斜航空摄影　　（b）垂直摄影　　（c）倾斜摄影

图 6-1　倾斜摄影测量

世界上较早的倾斜摄影测量相机是 Leica 公司 2000 年推出的 ADS40 三线阵数码相机，它提供了地物前视、正视和后视 3 个视角方向的影像。此外，Pictometry 国际公司和 Trimble 导航有限公司也专门研发了用于倾斜摄影的多角度相机，该相机可以同时获取一个地区多个角度的影像。北京四维远见信息技术有限公司也研制了具有自主知识产权的多角度相机。

6.1.2 倾斜摄影的特点及关键技术

传统的航测方法获取的数据影像是垂直方向的单张影像，是地物的单张二维平面正视图，无法全方位表达地物的空间特征。倾斜摄影是从垂直和倾斜多角度进行数据采集，能够 360°表达空间地物信息，可同时满足传统航测和三维建模的要求，弥补正射影像无法全方位表达地物空间特征的不足。传统航测及其获取的影像数据和倾斜摄影测量及其获取的影像数据如图 6-2 和图 6-3 所示。

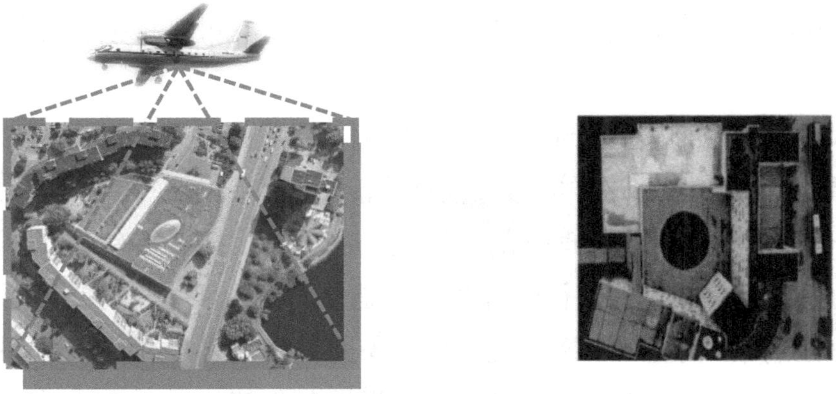

图 6-2 传统航测及其获取的影像数据

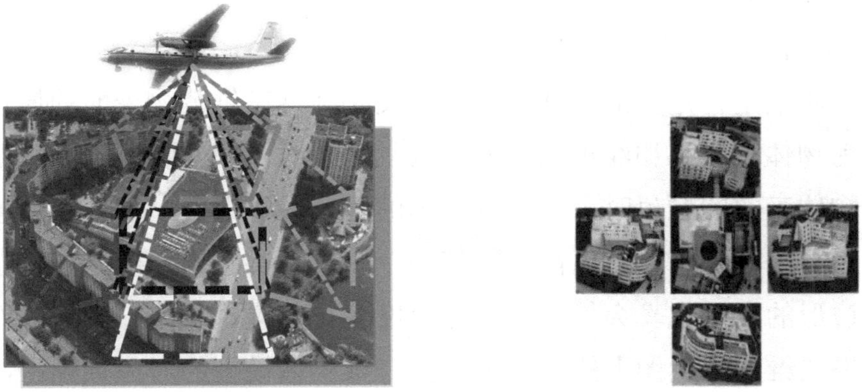

图 6-3 倾斜摄影测量及其获取的影像数据

倾斜摄影测量的关键技术包括以下几个方面。

（1）多视影像联合平差：倾斜摄影获取的多视影像不仅包括垂直摄影数据，还包括倾斜摄影数据，而部分传统空中三角测量系统无法较好地处理倾斜摄影数据。因此，多视影像联合平差需要充分考虑影像间的几何变形和遮挡关系。结合 POS（定位测姿系统）提供的多视影像外方位元素，再采取由粗到精的金字塔匹配策略，达到在每级影像上进行同名点自动匹配和自由网光束法平差，能够得到较好的同名点匹配结果。同时，建立连接点和连接线、控制点坐标、GPU/IMU（图形处理器/惯性测量单元）辅助数据的多视影像自检校区域网平差的误差方程，再通过联合解算，可以确保平差结果的精度。

（2）多视影像密集匹配：采用无人机影像恢复被摄物体的三维信息，该方法具有自动化程度高、成本低的特点。多视影像密集匹配技术是基于二维影像恢复三维信息的关键技术之一，同时也是摄影测量和计算机视觉领域的热点和难点问题。无人机影像相对于传统航摄影像，具有影像分辨率高、重叠度大的优点，但也存在基高比小、影像姿态不稳定等问题。无人机影像的这些问题给多视影像密集匹配带来了困难。

如何在匹配过程中筛选冗余信息，快速准确获取多视影像上的同名点坐标，进而获取地物的三维信息，是多视影像密集匹配的关键。由于单独使用一种匹配基元或匹配策略往往难以获取建模需要的同名点，所以随着近年来计算机视觉发展起来的多基元、多视影像匹配，逐渐成为了研究的焦点。目前，在该领域的研究已取得很大进展，在搜索多视影像上的特征时，如建筑物边缘、墙面边缘和纹理等来确定建筑物的二维矢量数据集，可以将影像上不同视角的二维特征转化为三维特征。

（3）单体化技术：倾斜摄影模型由于生产工艺问题，最后的成果是连片的三角像片，并没有把建筑物等模型单独提取出来。这样的影像数据只能浏览，无法进行地理信息系统（GIS）的管理与应用。若尝试把建筑物进行物理分割，又会造成效果差、打破原有细节层次模型（LOD）结构，而导致性能急剧下降等问题。可行的解决方案是叠加待管理建筑物的底面矢量数据，利用三维渲染技术，在倾斜摄影模型中动态实现目标对象的编辑效果，这种技术称为单体化技术。该技术能够实现图查属性、属性查图、空间查询、专题图制作等一系列 GIS 功能，为倾斜摄影模型的深入应用提供技术支持。

（4）纹理映射和细节层次模型（LOD）技术。

纹理生成过程实质上是将定义的纹理映射作为反映某种三维景物表面的属性，并参与后续的光照明计算。为物体表面添加纹理的技术称为纹理映射，即对物体表面细节进行模拟。当用光照模型计算物体表面的颜色时，细节多边形的各个反射系数，代替它所覆盖的部分物体表面的相应反射系数来参与计算。以前，提高一个图像真实感的主要方法是增加物体的多边形，然而增加多边形的实时仿真会使生成图形速度变得缓慢。目前，图形硬件都具有实时纹理处理能力，允许二维图像位图上的像素值加到三维实体模型的对应顶点上，以增强图像的真实感。

LOD 技术的主要思想就是利用一组复杂程度（一般以多边形数来衡量）各不相同的实体细节层次模型来描述同一个对象，并在绘制图形时依据视点的远近或其他标准在这些细节层次模型中进行切换，自动选择相应的显示层次，从而能够达到实时改变场景的复杂程度，而又不影响效果的目的。LOD 技术在大多情况下用于简化多边形几何模型，目前在简化模型的研究中，生成 LOD 模型的方法主要有：细分法，采样法，删减法，其中删减法应用得较为广泛。

6.1.3 倾斜摄影测量数据处理

倾斜摄影测量的实质是在同一飞行平台上搭载多个传感器，利用多角度倾斜相机获取飞行拍摄的影像，从而使从三维角度获取的地物信息更完整、更全面。倾斜摄影获取的数据包括

POS 数据、多视影像和像控点。通过空中三角测量计算，可以得到各影像外方位元素，并使用这些元素进行特征匹配和逐像素级的密集匹配，进而得到高密度彩色点云数据。这些彩色点云数据构成不规则三角网（TIN），进而形成高精度、高分辨率的数字表面模型（DSM），然后进行滤波处理得到数字高程模型（DEM），再进行数字正射纠正，得到基于机载多角度倾斜摄影的真数字正射影像模型（TDOM）。倾斜摄影测量数据处理流程图如图 6-4 所示。

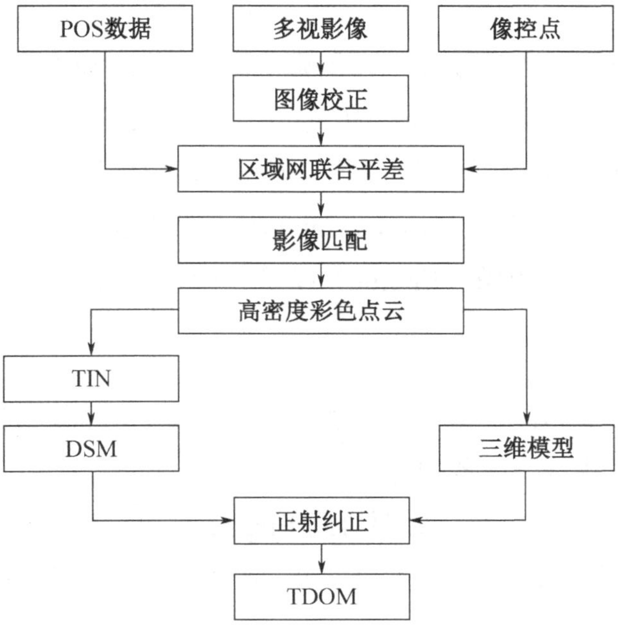

图 6-4 倾斜摄影测量数据处理流程图

倾斜摄影测量技术提供了更丰富的地理信息，目前已在应急指挥、国土安全、智慧城市、不动产登记等领域广泛应用。例如，政府部门主要将其应用于自然资源管理、不动产登记、智慧城市建设、应急指挥和灾害评估等；企业单位主要将其应用于房地产开发、工程建设、实景导航和旅游规划等。

6.2 倾斜摄影建模软件

目前，无人机航测数据处理过程基本都有相应的软件，可实现自动化运算，无须人工干预，并且可以利用多台计算机进行集群运算。根据获取的影像数据、传感器属性、照片位置姿态参数、控制点（像控点）等信息，倾斜摄影建模（数据处理）软件可利用影像自动化进行三维模型构建，最终输出带有真实纹理的三维格网模型，也称实景真三维模型。

倾斜摄影建模主流软件包括：美国 Bentley Systems 公司的 ContextCapture 软件，法国 INFOTERRA 公司的 Pixel Factory 或 Street Factory 软件，瑞士 Pix4D 公司研发的 Pix4Dmapper

软件，俄罗斯 Racurs 公司开发的 PhotoMOD 软件，以及以色列 Skyline 旗下的 PhotoMesh 倾斜摄影自动批量建模软件。国内多家企业对倾斜模型也有比较深入的研究，并研发了各自独特的软件产品，主要包括：中地数码科技有限公司的 SuperMap iDesktop、武汉智觉空间信息技术有限公司的 SVSDPO、广东南方数码科技股份有限公司的 Smart3D、立得空间信息技术股份有限公司的 Leador AMMS、以及武汉天际航信息科技股份有限公司的 DP-Modeler 等倾斜摄影建模软件。

本书将以 ContextCapture 软件为例，介绍倾斜摄影三维建模数据处理的过程。该软件最初由法国 Acute3D 公司开发（原名为 Smart3DCapture），2015 年被美国 Bentley Systems 公司收购，并更名为 ContextCapture。作为一款实景建模软件，它能够自动从简单连续的影像生成三维模型、正射影像、数字地表模型。ContextCapture 软件包括四个核心模块：主控（Master）模块、设置（Settings）模块、引擎（Engine）模块、浏览（Viewer）模块。

1. 各模块简介

（1）Master 模块是一个非常友好且功能强大的人机交互界面，其作用相当于一个管理者，负责创建任务、管理任务并监视任务的进度等。

（2）Settings 模块作为中间媒介，主要协助 Engine 模块定位任务的路径。

（3）Engine 模块作为引擎端，负责处理指向的 Job Queue 中的任务，其运行状态不受 Master 模块打开或关闭的影响。

（4）Viewer 模块具备预览生成三维场景和模型的功能。

2. 软件环境设置

打开 ContextCapture 软件的 Settings 模块图标，在“配置”选项卡，设置任务序列目录，如图 6-5 所示。

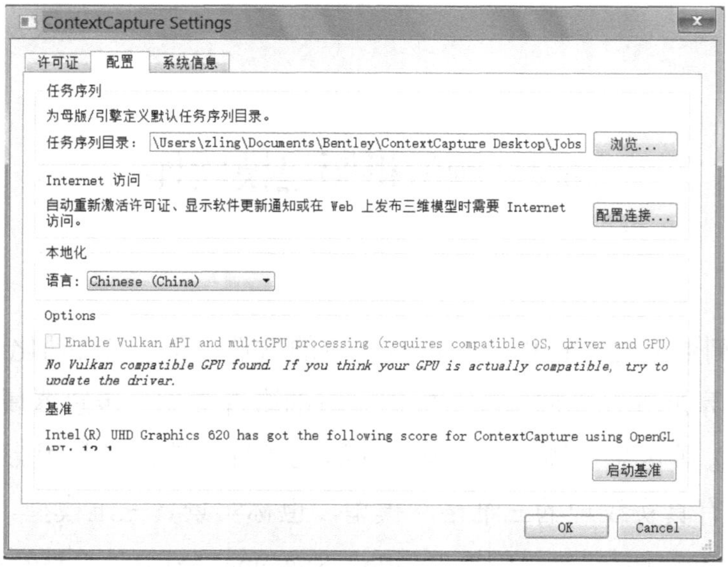

图 6-5　任务序列目录

（2）打开 ContextCapture 软件的 Master 模块，单击“任务序列监视器”按钮，打开“任务序列监视器”对话框，任务序列应与任务序列目录一致，如图 6-6 所示。

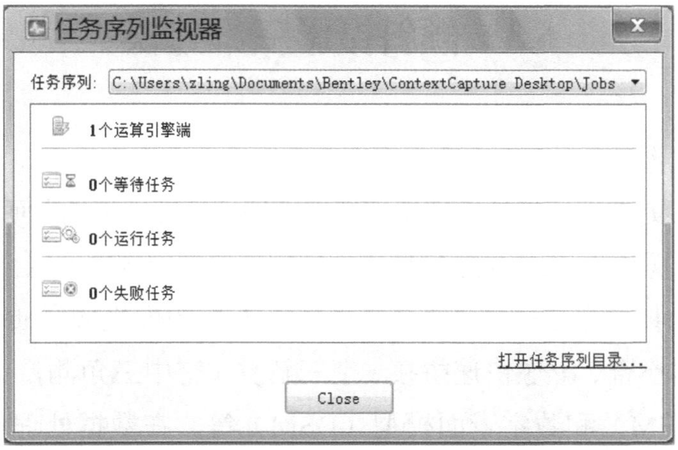

图 6-6　任务序列

3. 软件生成的成果

ContextCapture 软件可处理和生成的成果格式包括多种三维网格（3D mesh）场景建模格式。

（1）S3C 格式：Smart3D 内部格式，实质上是分块模型的索引文件，支持将所有区块整合显示在一张图中。

（2）OSGB 格式：国际通用三维模型格式，采用分块存储结构，但是没有索引，因此每次只能显示一块。

（3）OBJ 格式：通用三维模型交换格式，若是需要使用第三方软件对生成的模型进行编辑，则应使用此格式交换。

（4）3D point cloud 格式：三维点云数据格式，主要是由激光雷达获取的数据。

（5）Orthophoto/DSM 格式：正射影像（DOM）及相应数字表面模型（DSM）成果格式。若要生成 DOM，必须先生成其他任意一种三维成果（S3C/OSGB/OBJ）。

4. 注意事项

在使用该软件进行数据处理时要注意如下事项。

（1）执行空中三角测量计算及三维建模时，必须开启 Engine 模块。

（2）生成成果时，需要预先划分区块，所有运算和存储均按照区块结构进行。

（3）软件数据处理过程非常耗时，需要占用几乎全部 CPU 资源和大量内存，注意搭配合适的硬件配置。

（4）空三解算效果不佳时，可进行迭代处理；若影像质量不好，可进行匀色处理，但空三解算一定要使用原始影像，建模时可替换匀色后的影像。

（5）三维建模生成的模型不支持格式间的直接转换，必须通过工程文件输出不同的格式。

6.3 倾斜摄影三维建模

三维场景在视觉上更直观、形象，也更能还原和再现实际地物几何信息。随着高分辨率光学载荷的发展，通过多视角影像三维重建技术，利用高性能计算机平台对无人机图像进行数据处理，可以满足工程需求。通过三维软件系统处理无人机图像生成高质量的三维模型，主要步骤包括无人机影像数据检查、影像快速拼接、空三解算（空中三角测量计算）、三维模型重建、建立数字高程模型（DEM）和数字表面模型（DSM）等。在数据处理过程中，要求导入的无人机影像数据具有一定的重叠度，同时根据实际工程需求在各个环节进行多参数反复实验与优化，最终实现高质量的三维模型重建。三维软件建模过程如图 6-7 所示。

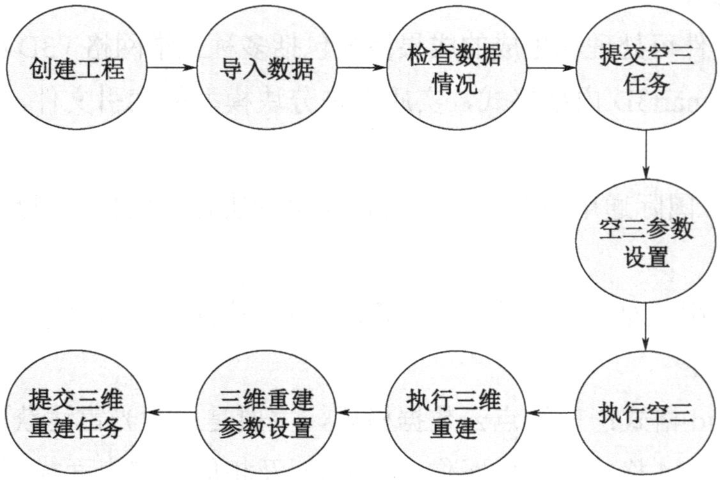

图 6-7　三维软件建模过程

无人机航测系统具有响应迅速、机动灵活等特点，在应对各类地质灾害的防治与救援方面有着明显优势。本节将以 ContextCapture 软件为例介绍应对地质灾害的三维建模数据处理流程。

1. 数据检查

影像数据文件的存储路径必须被准确记录。打开项目数据包中的 Excel 文件（如影像索引表或像控点（控制点）表等），检查表中记录的影像、像控点等数据的文件路径信息，并根据电脑中数据文件储存的实际位置，修改 Excel 表中记录的对应路径字段，如图 6-8 所示。

2. 三维建模

（1）新建工程。

打开 ContextCapture 软件的 Master 模块，同时还应打开 Engine 模块，在 Master 模块中，

新建工程，更改工程名称及工程目录（即工程对应的储存路径），如图 6-9 所示。

图 6-8　数据检查与修改

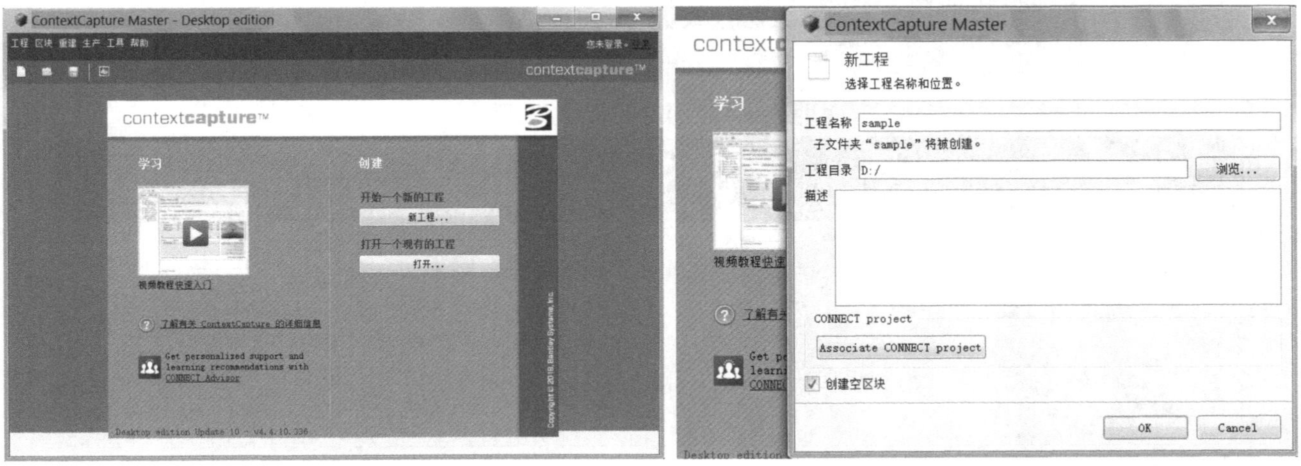

图 6-9　新建工程

单击“OK”按钮后，在出现的界面中，选中默认的区块 Block_1，右击，在弹出的菜单中，选择“删除”选项，将默认的区块删除，如图 6-10 所示。

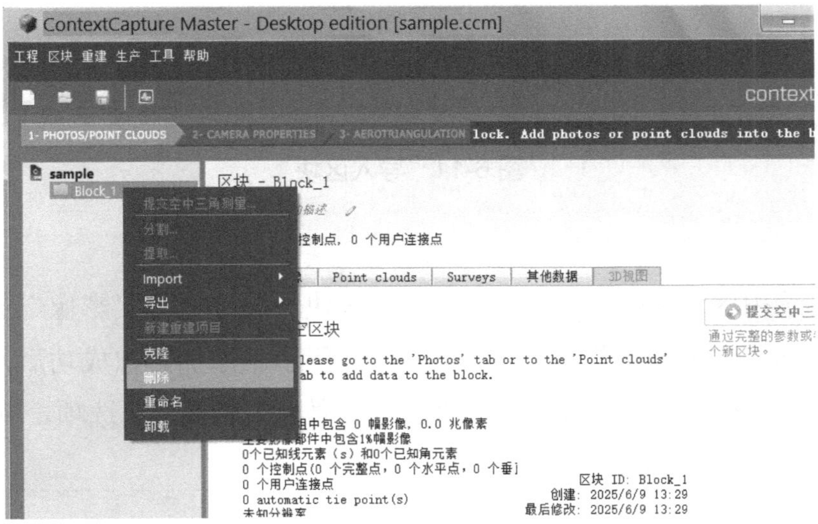

图 6-10　删除默认区块

（2）导入区块。

如图 6-11 所示，通过菜单栏选项，或者界面右侧任务栏中“导入区块”按钮，将所给的名称为 test4 的 Excel 表格选中导入。（注意：表格中的 Options 子表的 BaseImagePath 值，要修改为此表格文件在电脑中的实际存储路径，且路径名称中不应有中文，否则无法导入。）

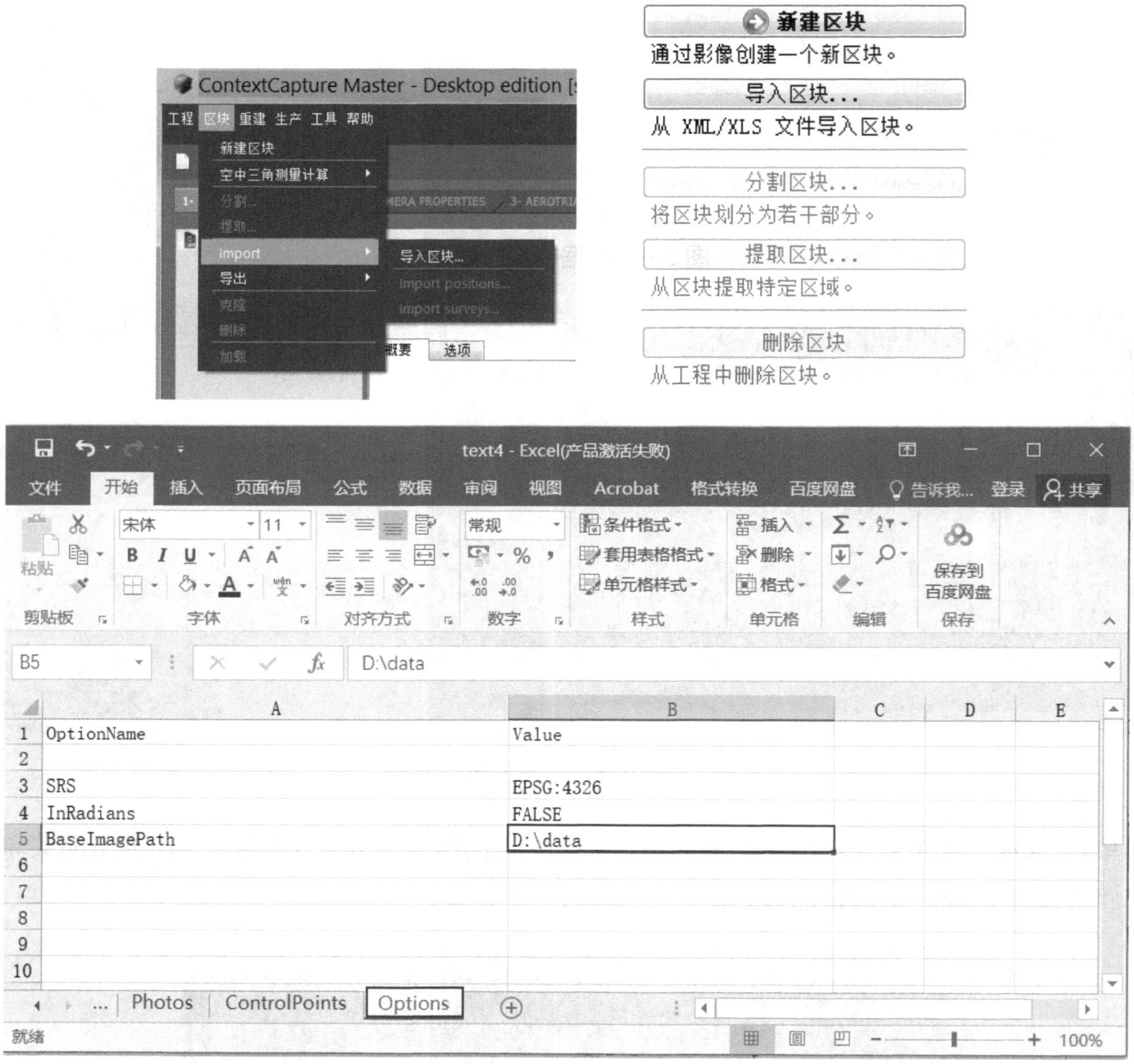

图 6-11 导入区块

（3）影像检查。

导入成功后，选中区块 Block_1（text4），在区块界面中选择“影像”选项卡，单击“添加影像”按钮，选择要添加的影像，如图 6-12（a）所示。添加影像成功后，单击“检查影像文件”按钮，在弹出的对话框中选择“只检查影像文件头（较快）”选项，单击“开始”按钮，对影像文件进行检查，如图 6-12（b）所示。

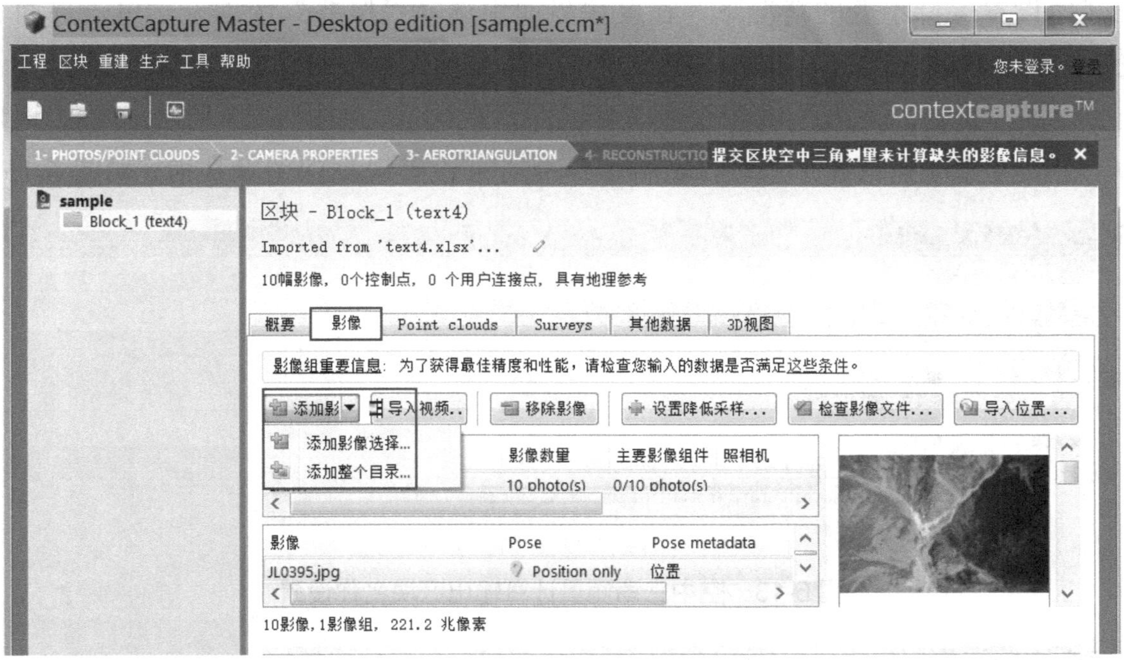

（a）添加影像

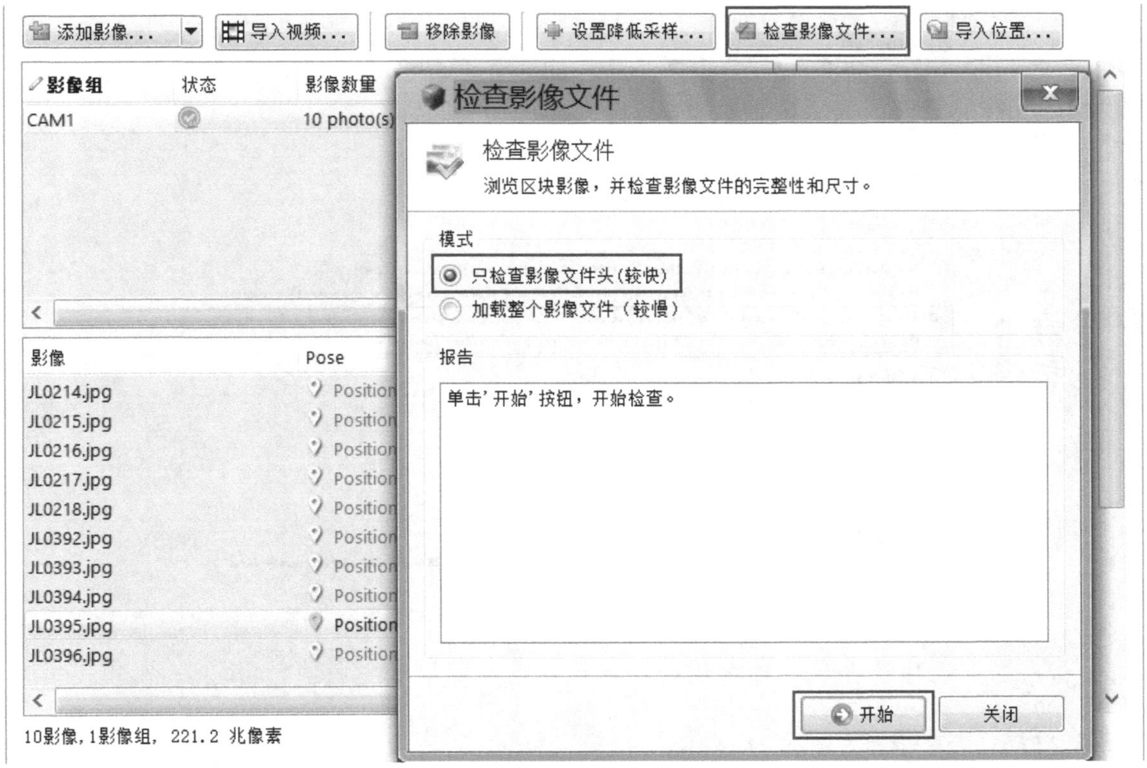

（b）影像检查

图 6-12　添加影像与影像检查

（4）空中三角测量计算。

在其他设置保持不变的情况下，在区块界面中选择“概要”选项卡，单击界面右侧的“提交空中三角测量”按钮，弹出“定义空中三角测量计算”对话框，进行空中三角测量计算的相关设置。其中，输出区块名称选项可以保留默认值，如图 6-13 所示；定位/地理参考选项中，定位模式选择第 5 个选项，如图 6-14 所示；设置选项保留默认值，如图 6-15 所示。

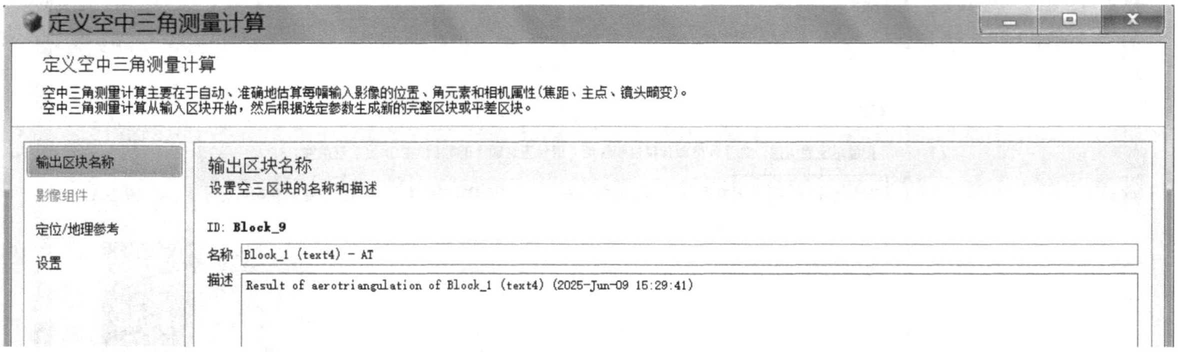

图 6-13　空中三角测量计算输出区块名称设置

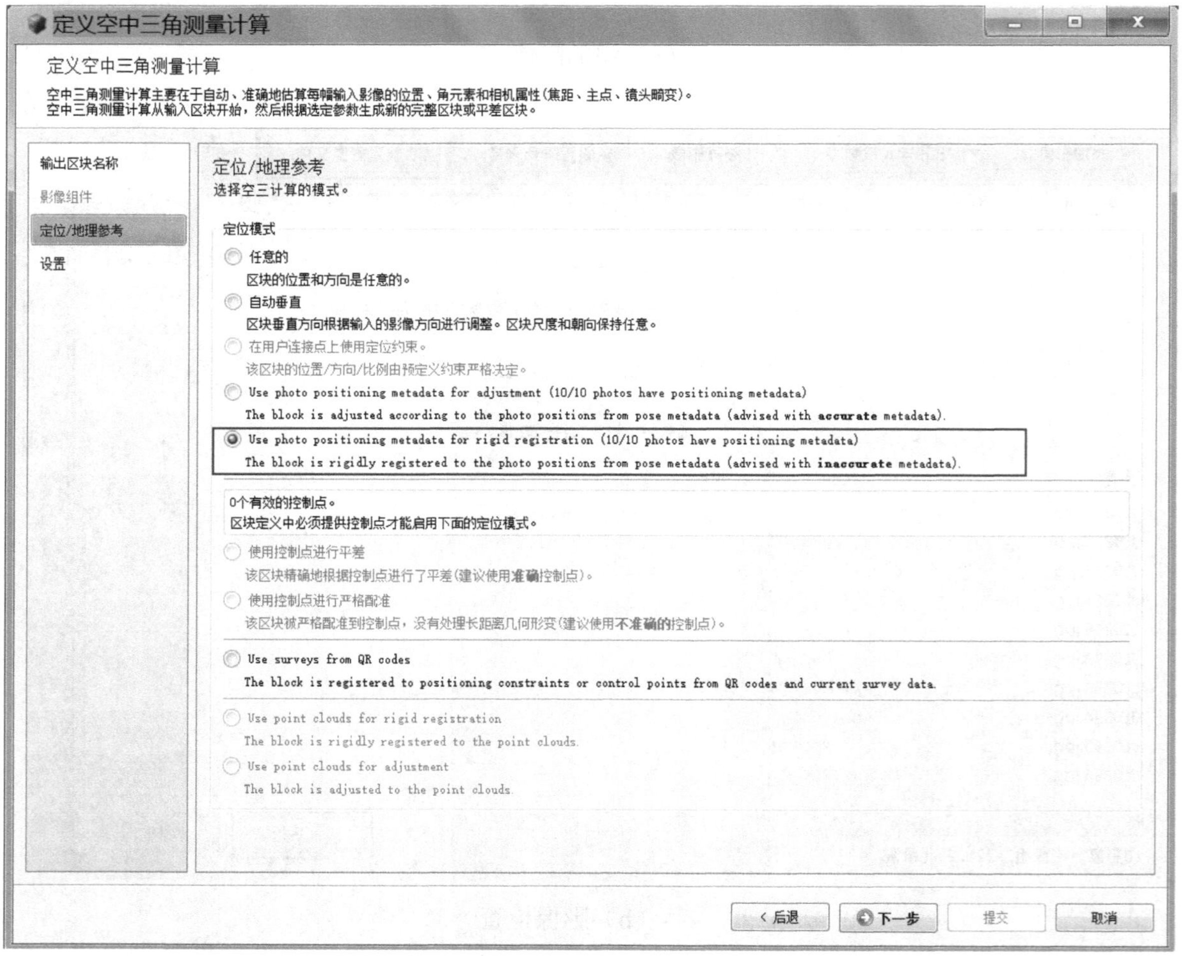

图 6-14　空中三角测量计算定位/地理参考设置

图 6-15 空中三角测量计算其他设置

设置完成后，单击“提交”按钮，进行空中三角测量计算，计算结束后，显示计算结果，如图 6-16 所示。

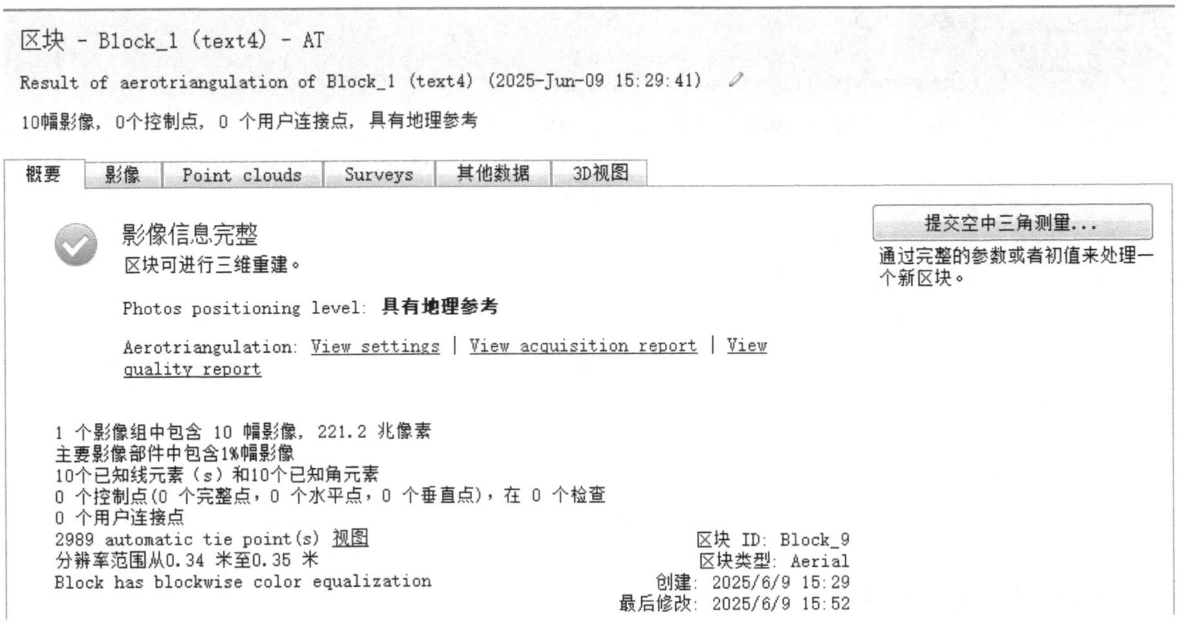

图 6-16 空中三角测量计算结果

（5）空间参考。

空中三角测量计算完成后，选择界面右侧的“新建重建项目”按钮，生成重建项目“Reconstruction_1”，选中该重建项目名称，在重建窗口中，选择“空间框架”选项卡，其中，空间参考系统选择 WGS-84 坐标系（界面显示名称为 WGS 84），切块模式选择“规则平面网格切块”选项，如图 6-17 所示。设置完成后，选择“概要”选项卡，可看到设置结果，如图 6-18 所示。

图 6-17　空间框架设置

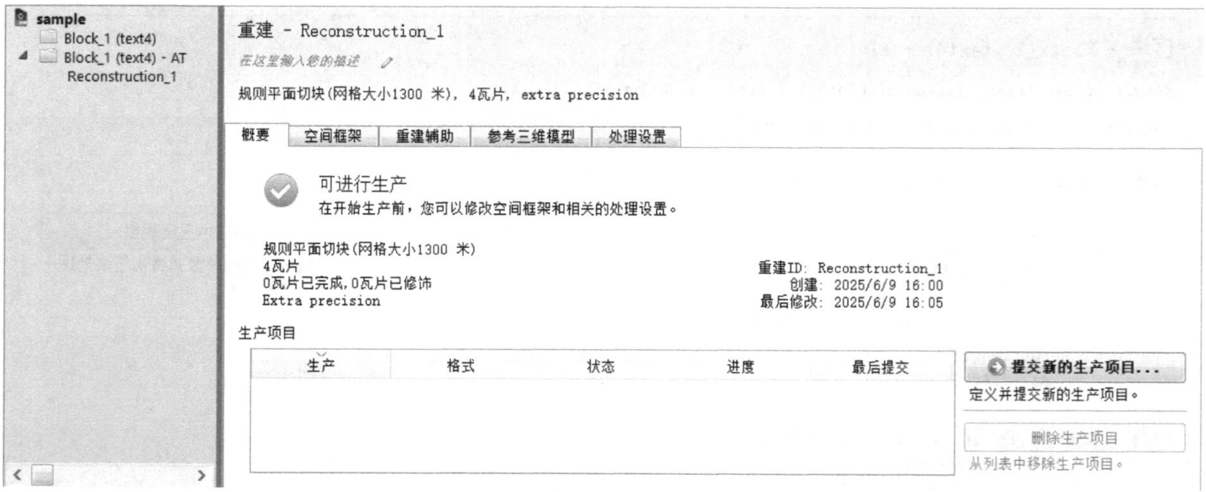

图 6-18　设置结果

（6）3MX 数据格式输出。

在所有数据处理设置完成后，在右侧的任务栏中单击“提交新的生产项目”按钮，可进行三维模型的构建。在弹出的“生产项目定义”对话框的名称选项中，设置名称为 3MX，描述中可输入三维模型，如图 6-19 所示。目的选项中，生产目的选择“三维网格”选项，如图 6-20 所示。

图 6-19　三维模型构建生产项目名称设置

图 6-20　三维模型构建生产项目目的设置

格式/选项中，保留默认值，如图 6-21 所示。空间参考系统选择 WGS-84 坐标系，如图 6-22 所示。范围、目标选项都保留默认值，如图 6-23、图 6-24 所示。

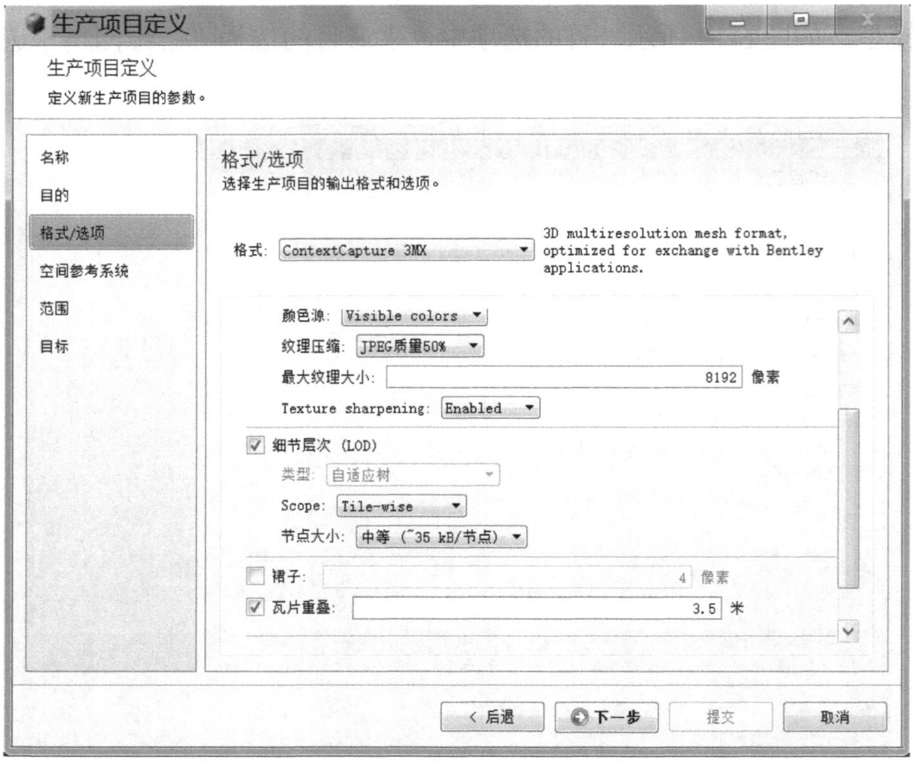

图 6-21　三维模型构建生产项目格式/选项设置

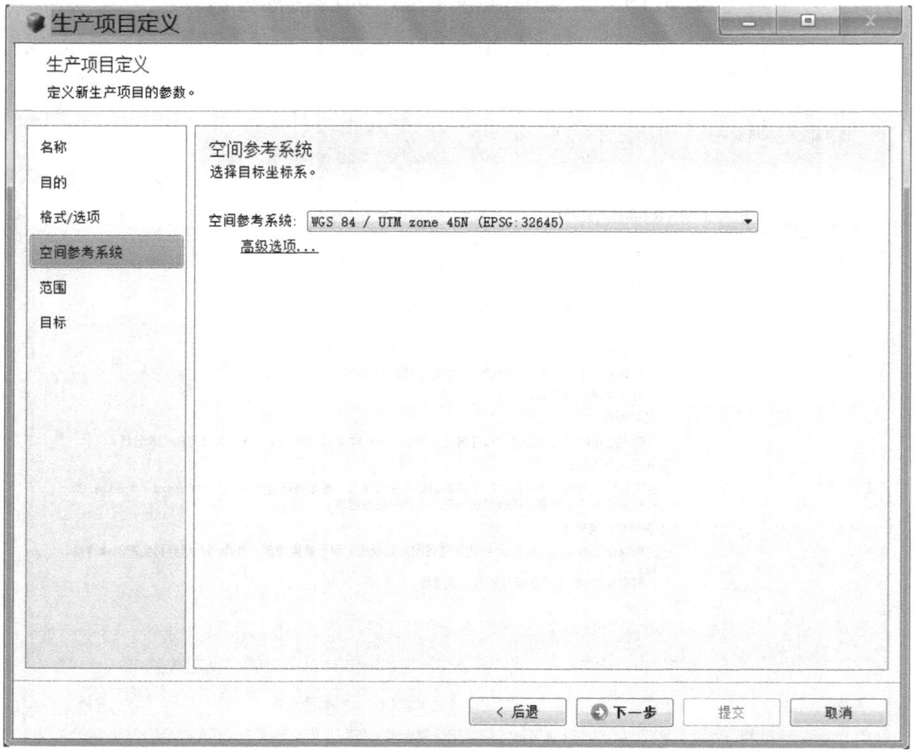

图 6-22　三维模型构建生产项目空间参考系统设置

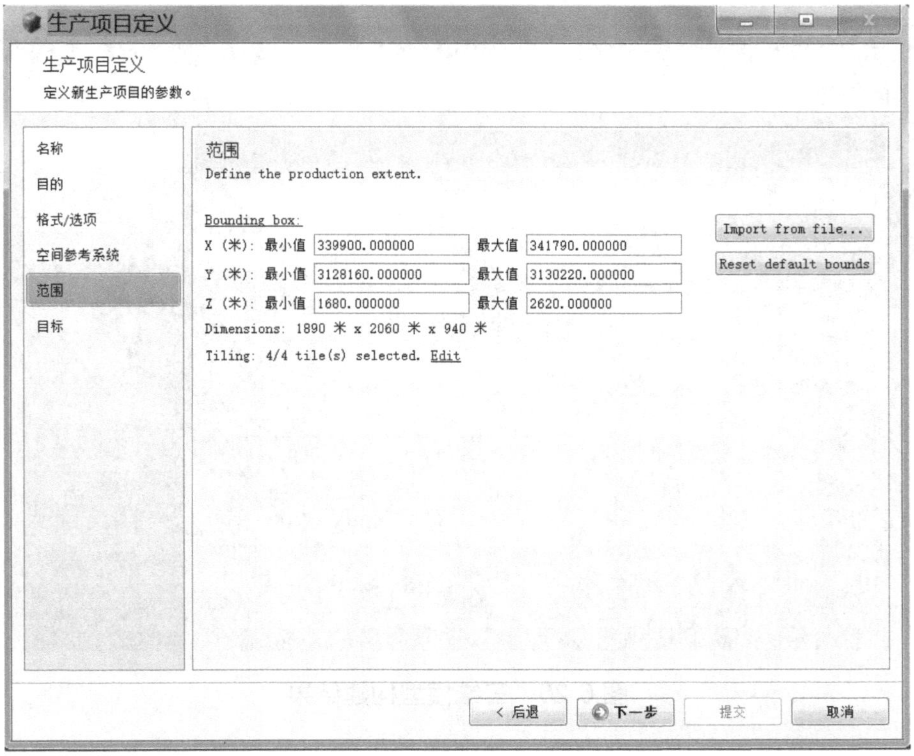

图 6-23　三维模型构建生产项目范围设置

图 6-24　三维模型构建生产项目目标设置

设置完成后，单击“提交”按钮，进行三维模型的构建，构建完成后，单击“3D 视图”选项卡，可以查看三维模型构建结果，如图 6-25 所示。在三维模型上按住鼠标左键并拖动鼠标，可变换角度查看三维模型不同方向的细节，滚动鼠标滑轮可放大查看三维模型。

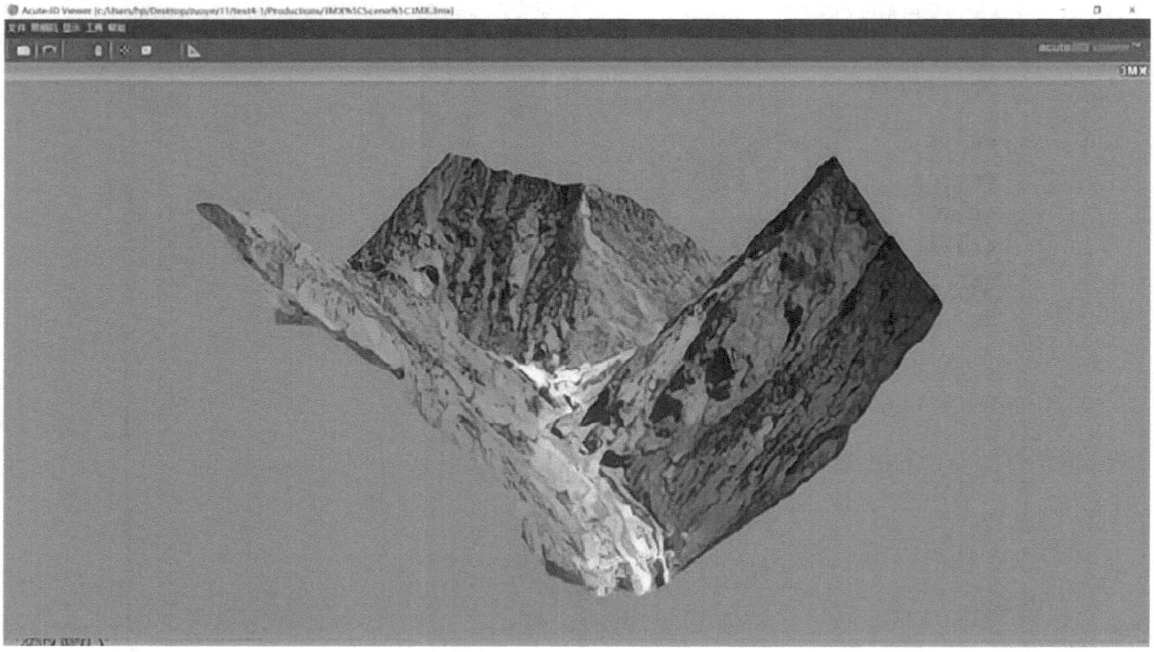

图 6-25　三维模型构建结果

（7）点云模型构建。

返回选中重建项目“Reconstruction_1”，再次单击界面右侧的“提交新的生产项目”按钮，在弹出的“生产项目定义”对话框的名称选项中，设置名称为 Point，描述中可输入点云模型，如图 6-26 所示。目的选项中，生产目的选择“三维点云”选项，如图 6-27 所示。

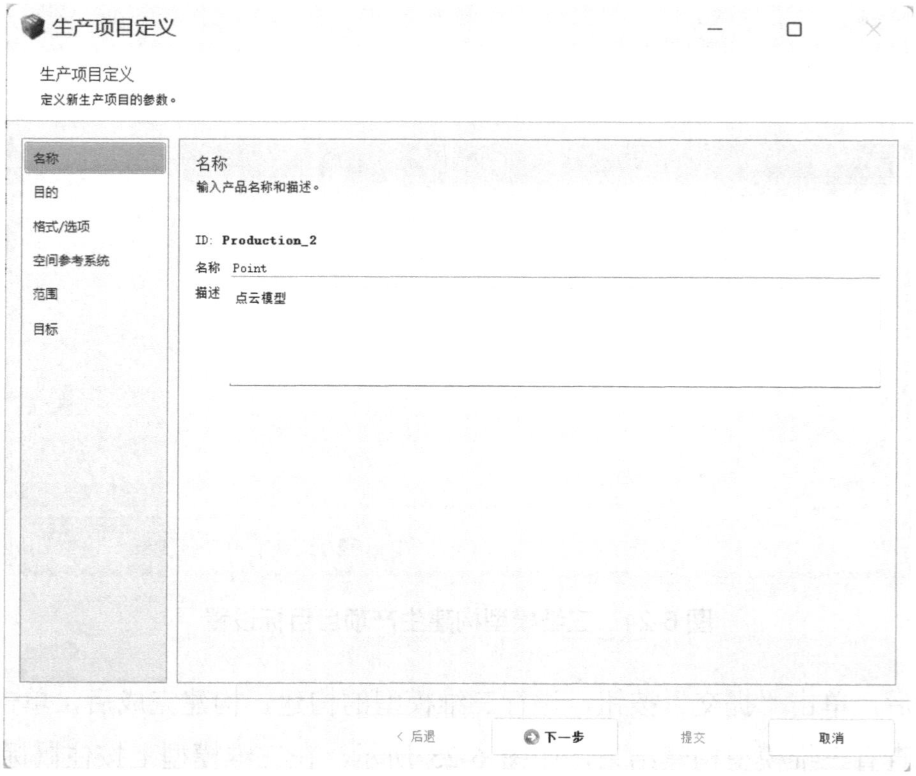

图 6-26　点云模型构建生产项目名称设置

图 6-27　点云模型构建生产项目目的设置

格式/选项中，保留默认值，如图 6-28 所示。空间参考系统选择 WGS-84 坐标系，如图 6-29 所示。范围、目标选项都保留默认值，如图 6-30、图 6-31 所示。

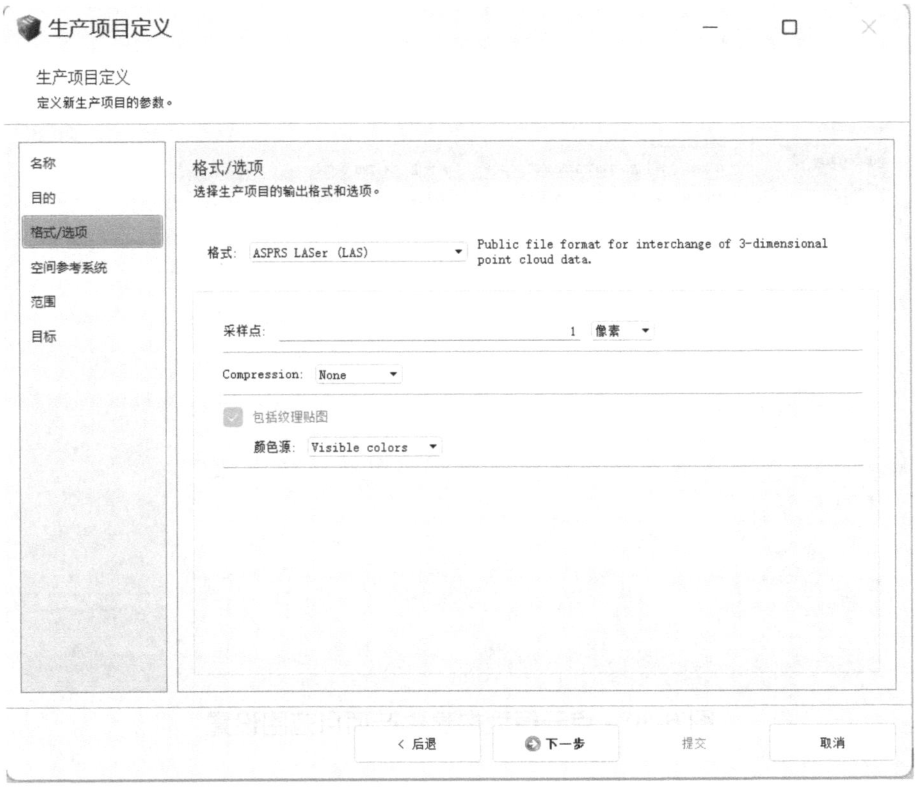

图 6-28　点云模型构建生产项目格式/选项设置

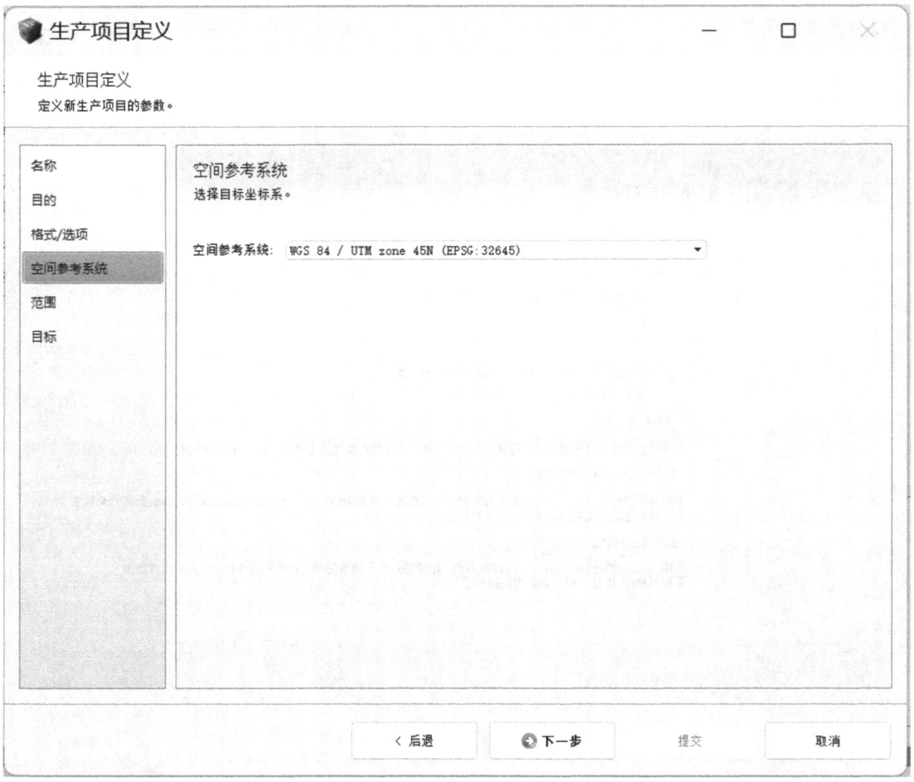

图 6-29　点云模型构建生产项目空间参考系统设置

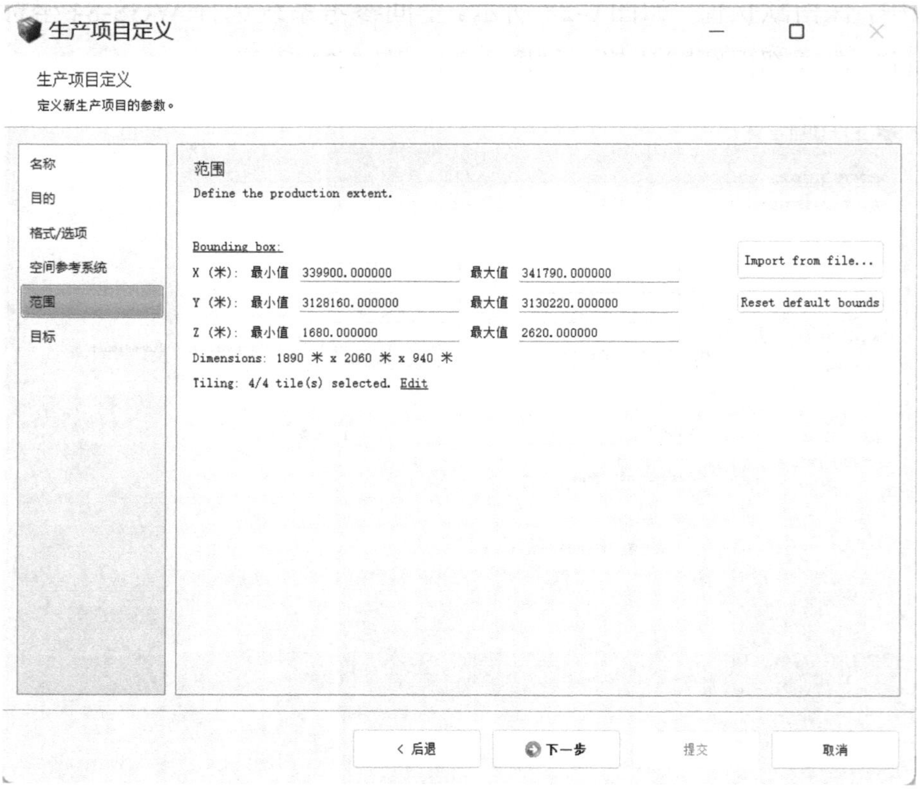

图 6-30　点云模型构建生产项目范围设置

图 6-31　点云模型构建生产项目目标设置

设置完成后，单击“提交”按钮，生成三维点云模型结果并保存，如图 6-32 所示。

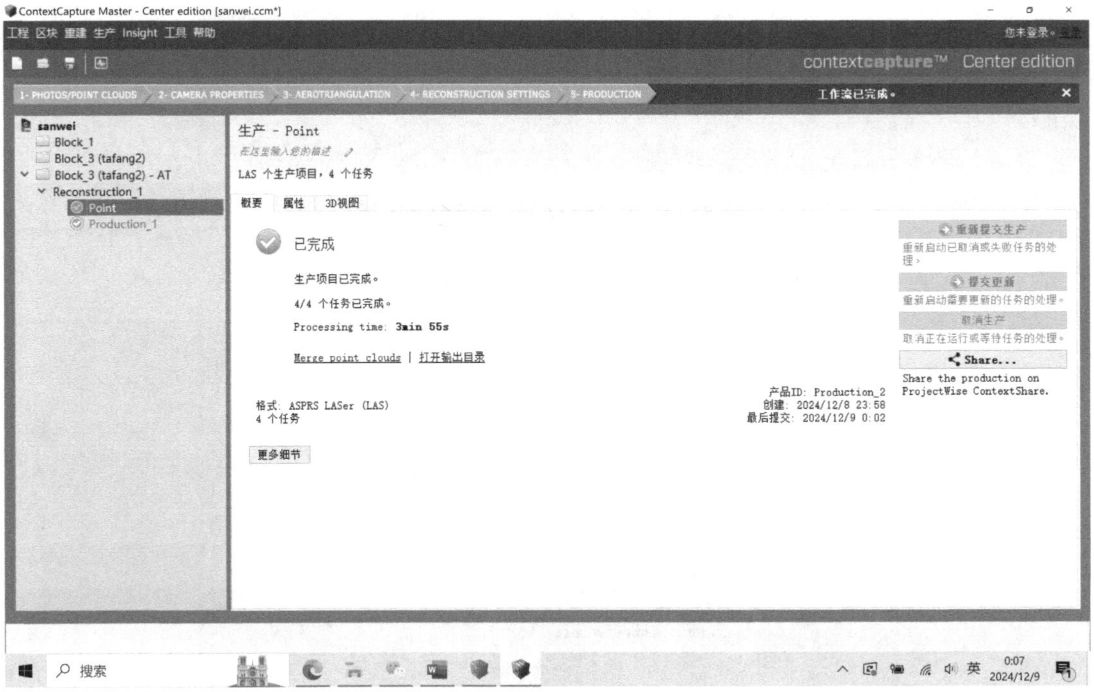

图 6-32　三维点云模型生成结果

打开 Point 文件夹查看三维点云模型生成的 LAS 文件，如图 6-33 所示。

图 6-33 三维点云模型生成结果

（8）DSM（数字表面模型）构建。

返回选中重建项目“Reconstruction_1”，再次单击界面右侧的“提交新的生产项目”按钮，在弹出的“生产项目定义”对话框的名称选项中，设置名称为 DSM，描述中可输入数字表面模型；目的选项中，生产目的选择“正射影像/DSM”选项；空间参考系统选择 WGS-84 坐标系；其余设置保持默认值。设置界面如图 6-34~图 6-39 所示。

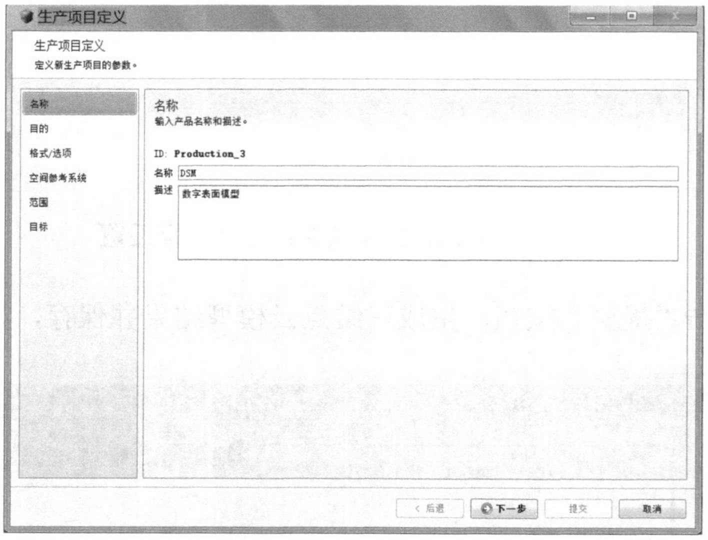

图 6-34　DSM 生产项目名称设置

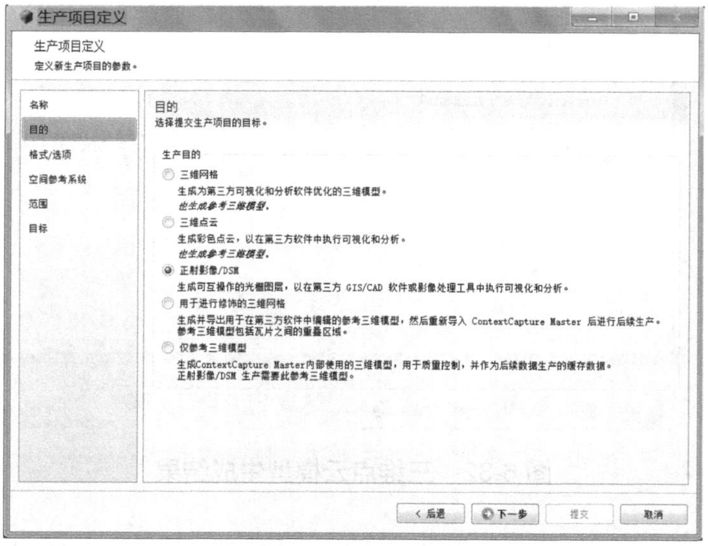

图 6-35　DSM 生产项目目的设置

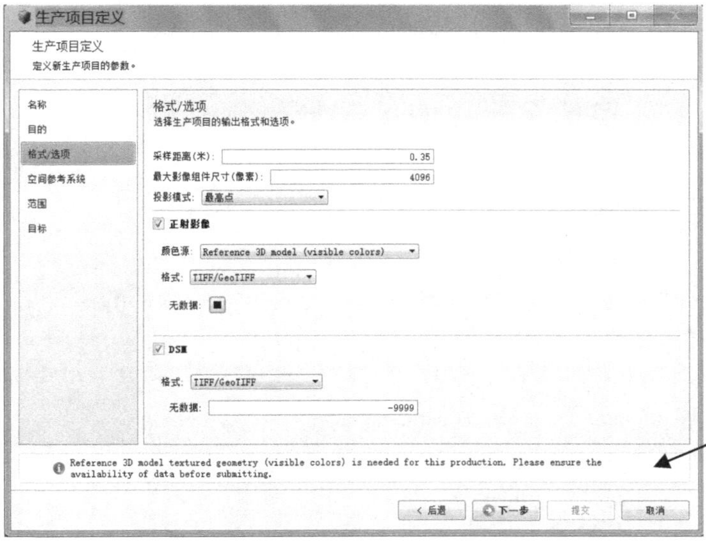

【说明】图 6-36 中，色彩源选择为参考三维模型纹理。图中提示为：此生产需要参考三维模型纹理几何结构，请在提交前确保数据的可用性。

图 6-36　DSM 生产项目格式/选项设置

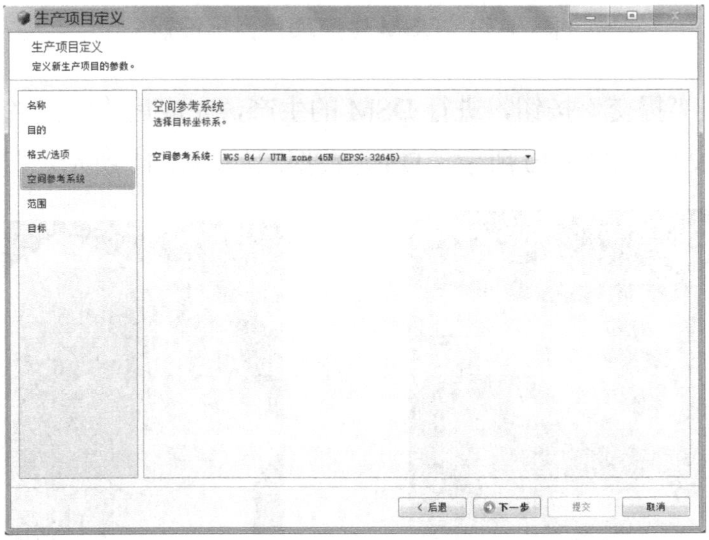

图 6-37　DSM 生产项目空间参考系统设置

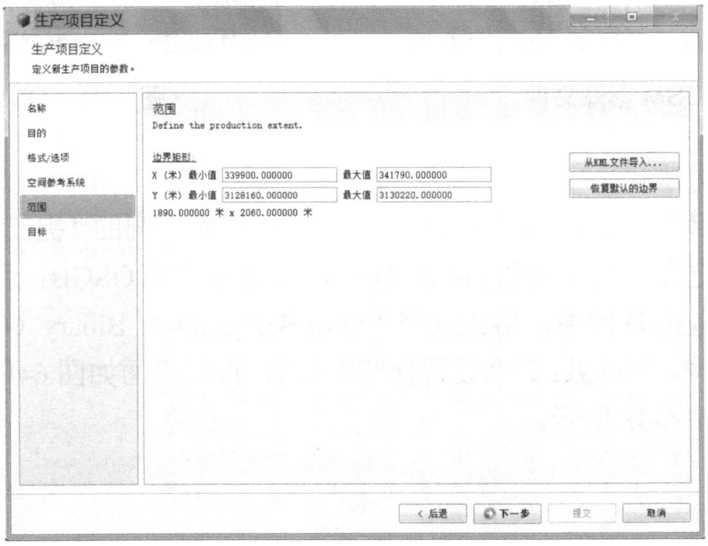

图 6-38　DSM 生产项目范围设置

图 6-39　DSM 生产项目目标设置

设置完成后，单击“提交”按钮，进行 DSM 的生产，完成后将得到的结果在 ArcGIS 软件中打开查看，DSM 影像文件如图 6-40 所示，DSM 数据图如图 6-41 所示。

图 6-40　DSM 影像文件

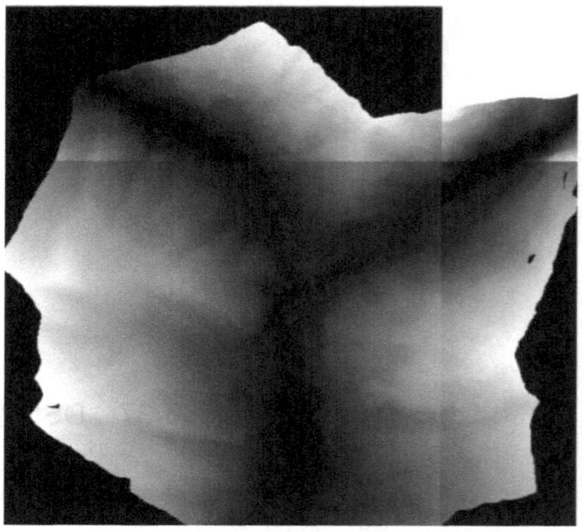

图 6-41　DSM 数据图

（9）OSGB 模型构建。

返回选中重建项目“Reconstruction_1”，再次单击界面右侧的“提交新的生产项目”按钮，在弹出的“生产项目定义”对话框的名称选项中，设置名称为 OSGB；目的选项中，生产目的选择“三维网格”；格式/选项中，格式选择“OpenSceneGraph Binary（OSGB）”选项，空间参考系统修改为 WGS-84 坐标系；其余设置保留默认值。设置界面如图 6-42~图 6-47 所示。OSGB 模型生产项目结果如图 6-48 所示。

图 6-42　OSGB 模型生产项目名称设置

图 6-43　OSGB 模型生产项目目的设置

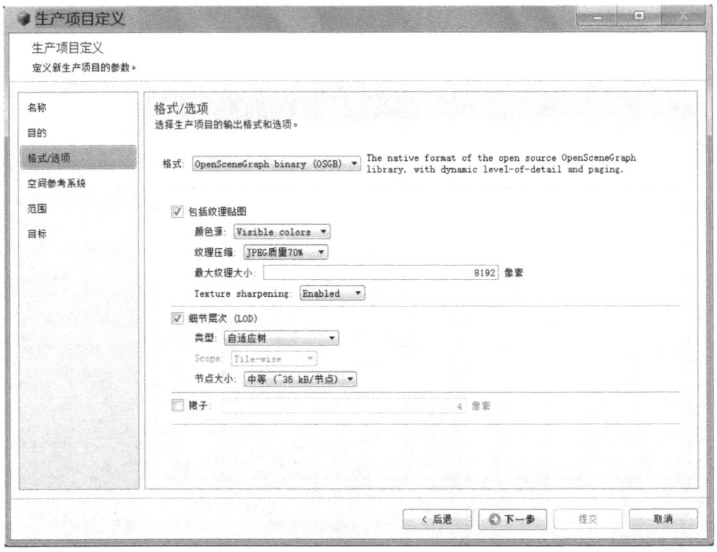

图 6-44　OSGB 模型生产项目格式/选项设置

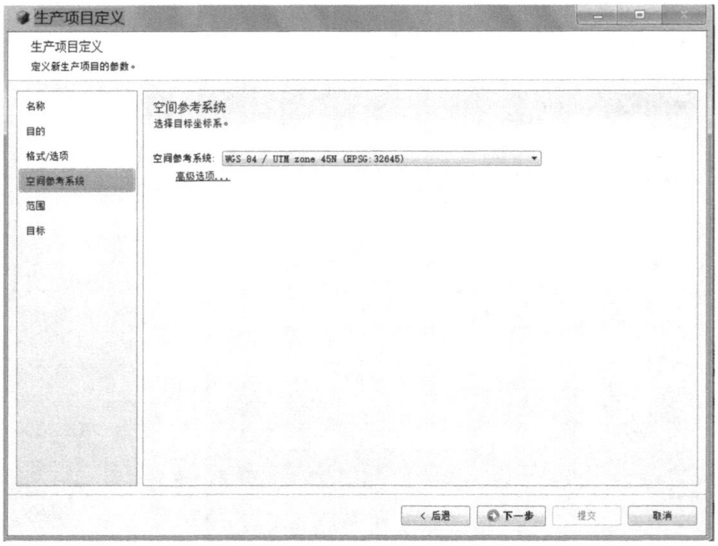

图 6-45　OSGB 模型生产项目空间参考系统设置

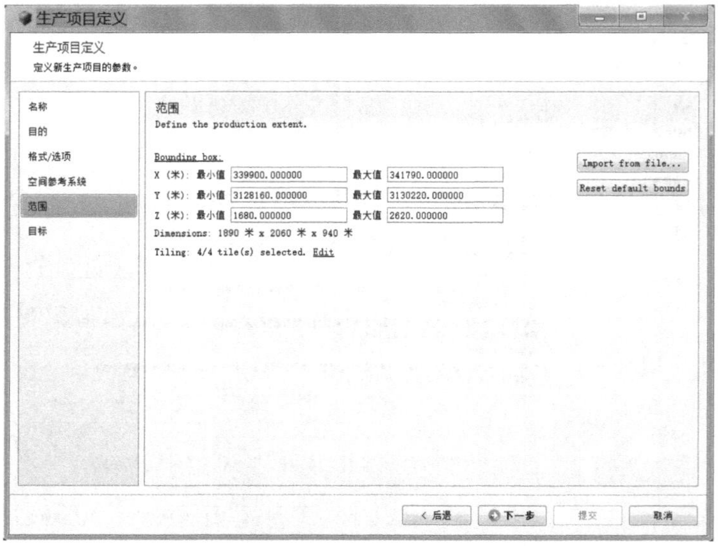

图 6-46　OSGB 模型生产项目范围设置

图 6-47　OSGB 模型生产项目目标设置

图 6-48　OSGB 模型生产项目结果

3. EXIF 影像处理流程

EXIF 影像处理功能是将航测影像的经纬度及高度信息写入其属性中，从而方便倾斜影像数据整理及后期处理。写入结果示例如图 6-49 所示。无人机管家软件有 EXIF 信息写入功能，处理流程如下。

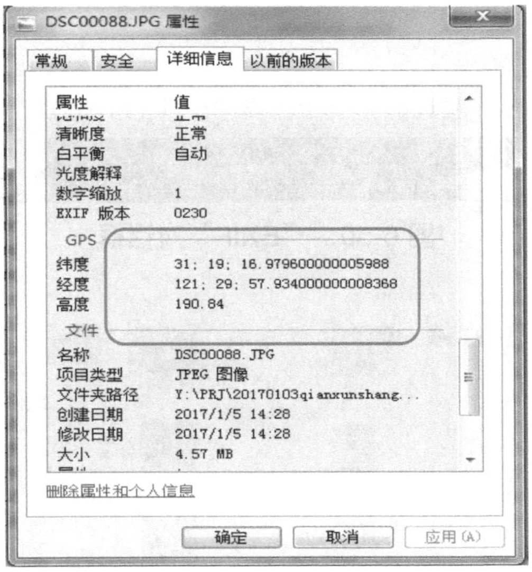

图 6-49　写入结果示例

（1）数据准备。

准备 POS 数据和待处理的影像。POS 数据格式为 TXT，且每一行数据的排列顺序依次为 ID 字段、经度、纬度、高度，其中经纬度须为十进制数。必须严格保证影像文件数量与 POS 数据行数相同，且按顺序一一对应（即第 1 张照片对应 POS 数据第 1 行，第 2 张对应第 2 行，以此类推）。若每张影像的文件名（不含扩展名）与 POS 数据中的 ID 字段完全匹配，则无须顺序对齐，系统会自动通过 ID 匹配关联。

（2）打开无人机管家软件的智理图模块，单击“图形处理”→“EXIF”选项，弹出“EXIF”对话框，依次选择影像路径、POS 路径及输出路径（保存路径）；匹配方式勾选“顺序”选项，在桌面新建“exif 数据”文件夹作为保存路径，如图 6-50 所示。单击“确定”按钮，进行 EXIF 影像处理。

打开“exif 数据”文件夹，右键单击任一处理后的影像，查看其属性（选中某一影像图片后右击，在弹出的快捷菜单中选择“属性”选项），在弹出的其属性对话框的“详细信息”选项卡中，可以看到 EXIF 影像处理后，添加了 GPS 坐标信息，包括经度、维度和高度信息，如图 6-51 所示。原影像数据和处理生成的文件夹如图 6-52 所示。

图 6-50　“EXIF”对话框

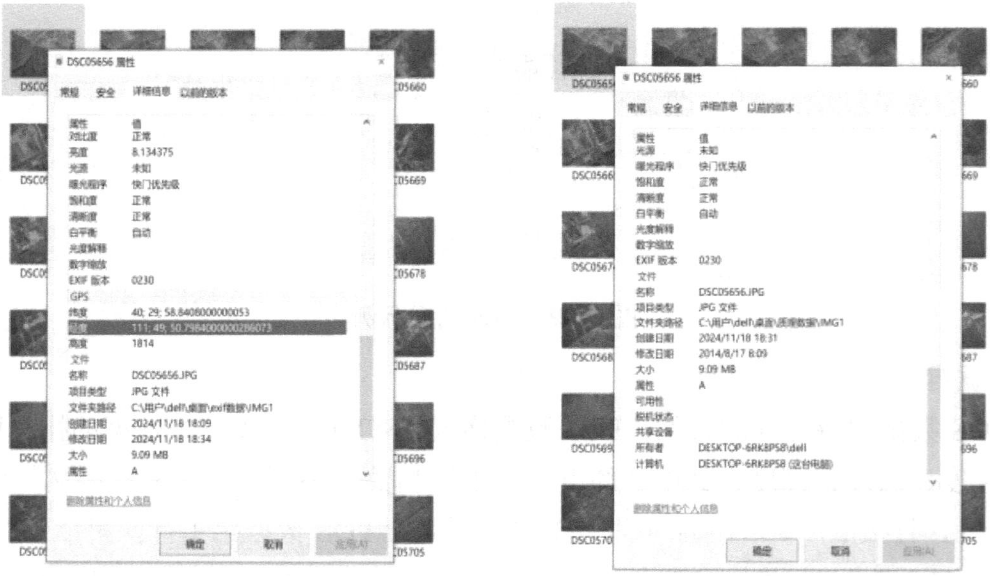

（a）GPS 信息写入后影像数据属性　　（b）原影像数据属性（无 GPS 信息）

图 6-51　EXIF 影像处理前后影像数据属性

4. 数据表处理

当遇到影像使用地方坐标系（非 WGS-84 坐标系），或影像经过畸变纠正导致无法通过常规 EXIF 方式将 GPS 信息（经纬度、高度）写入影像文件时，须将原始数据（相机参数、POS 数据、控制点信息等）整理并填入软件指定的.xls 标准格式模板（包含相机参数表、POS 数据表、控制点表及选项设置表），通过导入这些表格文件来完成数据处理。

（1）相机参数表。

相机参数表记录使用到的相机参数，包括相机名称、宽度、高度、焦距、像元大小。注意：

只要飞行任务中更换了相机或调整了相机参数，就在表格里另起一行填写新参数，一行代表一个架次的完整配置，如图 6-52 所示。

Name	Width	Height	FocalLength	PixelSize
CAM1	6000	4000	20	0.0039

图 6-52　相机参数表

（2）POS 数据表。

POS 数据表记录所有参与计算的像片名称及其对应的相机名称、POS 数据和 IMU（Inertial Measurement Unit，惯性测量单元）信息。当存在 IMU 信息时，要求相机的定位信息准确，若不准确可不用进行相机定位信息的设置，如图 6-53 所示。

Name	PhotogroupName	Longitude	Latitude	Height
DSC00018.JPG	CAM1	117.820393	36.484224	373.07
DSC00019.JPG	CAM1	117.815223	36.475637	1126.26
DSC00020.JPG	CAM1	117.814939	36.476579	1122.38
DSC00021.JPG	CAM1	117.814918	36.477516	1124.22

Name	PhotogroupName	Easting	Northing	Height	Omega	Phi	Kappa
020091-000136-121312191847-Cam1.jpg	CAM1	619942.97587	3351593.72983	956.23648	0.019654639	-0.002573567	-1.570936165
020092-000137-121312191849-Cam1.jpg	CAM1	619944.58989	3351517.24543	955.84382	0.015160150	-0.018353944	-1.575787083
020093-000138-121312191850-Cam1.jpg	CAM1	619945.20310	3351440.08127	954.01290	0.022843397	0.004570610	-1.522214443
020101-000146-121312191905-Cam2.jpg	CAM2	619953.71742	3350830.35924	946.42399	0.772956633	-0.028279054	-1.543337683
020102-000147-121312191907-Cam2.jpg	CAM2	619955.52710	3350753.09422	948.16385	0.786337609	-0.016971612	-1.579904857
020103-000148-121312191909-Cam2.jpg	CAM2	619956.88668	3350676.96717	947.84617	0.794190322	-0.007819358	-1.593556326
020181-000046-121312192511-Cam3.jpg	CAM3	619573.79175	3351586.56481	955.82836	-0.024746466	-0.823044850	-3.129140650
020182-000047-121312192513-Cam3.jpg	CAM3	619575.36695	3351510.84363	955.56000	-0.068485317	-0.864149068	3.085743523
020183-000048-121312192515-Cam3.jpg	CAM3	619575.97513	3351433.78630	955.10794	-0.048480308	-0.771232993	3.102434825
020091-000136-121312191847-Cam4.jpg	CAM4	619942.86671	3351593.76540	956.10344	-0.771187652	0.003489917	1.571842057
020092-000137-121312191849-Cam4.jpg	CAM4	619944.48149	3351517.39804	955.70731	-0.775655594	-0.004106815	1.557140822
020093-000138-121312191850-Cam4.jpg	CAM4	619945.08354	3351440.26861	953.88134	-0.767531296	-0.026005672	1.611126979
020226-000045-121312192829-Cam5.jpg	CAM5	619432.26310	3348132.63238	970.42272	0.027637101	-0.802171596	-3.110105922
020227-000044-121312192830-Cam5.jpg	CAM5	619430.14807	3348211.00389	971.13505	-0.011218910	-0.820811418	3.139242960
020228-000043-121312192831-Cam5.jpg	CAM5	619427.72563	3348290.71105	971.00102	0.009968694	-0.770672208	-3.108771570

图 6-53　POS 数据表

（3）控制点表。

控制点表记录参与空中三角测量计算的控制点信息（无控制点时该表可不导入，也可建立工程后导入，POS 数据与控制点使用的坐标系须一致），如图 6-54 所示。

Name	Easting	Northing	Height

图 6-54　控制点表

（4）选项设置表。

选项设置表记录导入的 POS 数据和控制点的坐标系信息及 IMU 的角度单位，设置影像导入的路径（注意：路径不要出现中文，当多个影像放在一起时，影像不能重名），选项设置表如图 6-55 所示。

	A	D
1	OptionName	Value
2		
3	SRS	EPSG:4326
4	InRadians	FALSE
5	BaseImagePath	E:\20160418shandongzibo\20160417yaojiayu\100MSDCF
6		

图 6-55　选项设置表

6.4　三维建模综合应用

无人机航测数据三维建模还可以进行模型研究与构建，在该模型下的区域可以进行三维场景设计和案例分析推演。该技术可应用于房地产开发、公园选址、应急救援等领域。本节以广西柳州某区域无人机航测数据为案例，综合应用无人机管家、ContextCapture、KQGIS 等软件进行无人机数据处理、三维建模和应急救援分析推演。

6.4.1　数据质检和预处理

1. 检查图片影像

检查图片影像是否齐全、清晰，如图 6-56 所示。

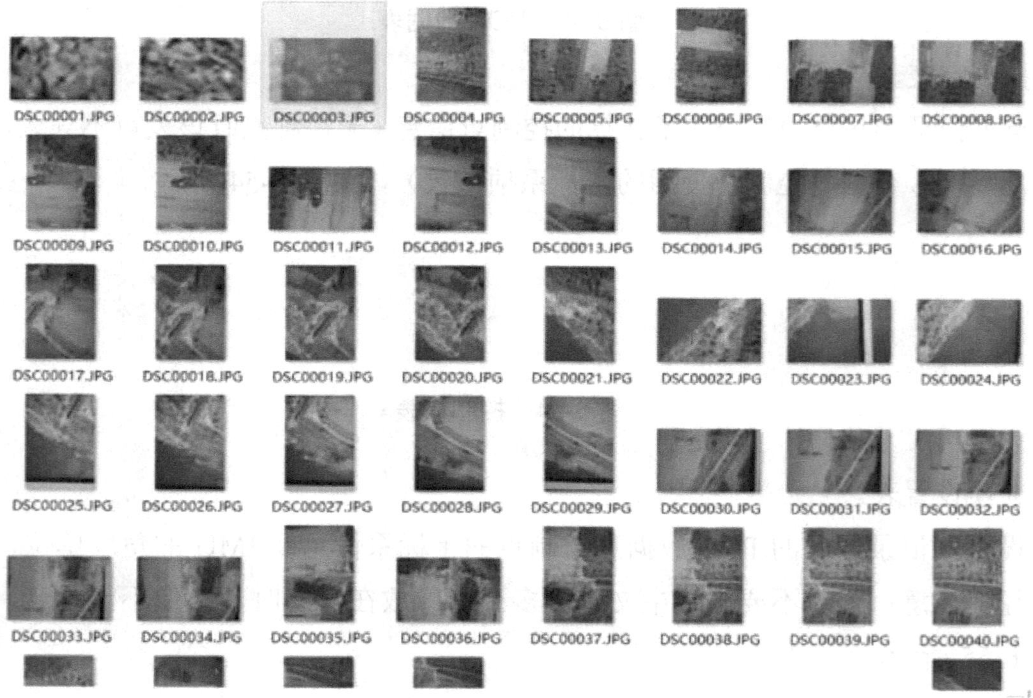

图 6-56　检查图片影像

2. 检查POS数据

检查POS数据是否齐全，并检查正误，如图6-57所示。

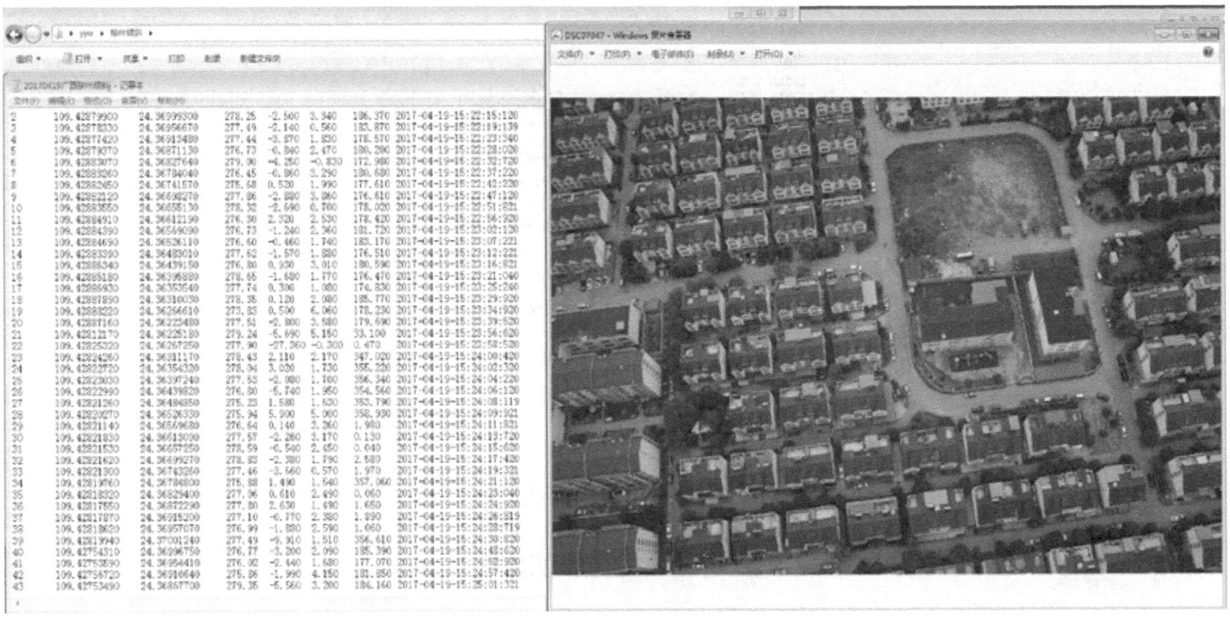

图6-57 检查POS数据

3. EXIF处理

（1）后镜头EXIF处理。

打开无人机管家软件智理图模块，单击“图像处理”→“EXIF”选项，将后镜头的影像添加进来，再选择需要的POS数据及设置保存路径，单击“确定”按钮，如图6-58所示。

图6-58 后镜头EXIF处理

完成后，查看后镜头影像的属性，检查是否已添加GPS数据，如图6-59所示。

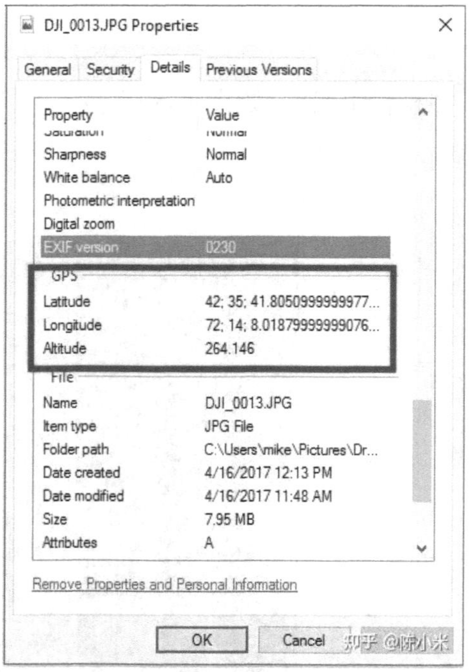

图 6-59 检查影像属性

（2）左镜头 EXIF 处理。

按照以上步骤，将左镜头的影像及 POS 数据进行匹配，并保存。完成后对左镜头的影像属性进行检查。

4. 局部区域选择

（1）打开无人机管家软件的智拼图模块，单击“新建工程”按钮，在弹出的“工程信息”对话框中，输入工程名称、作业人员，数据类型选择“倾斜”选项，如图 6-60 所示。

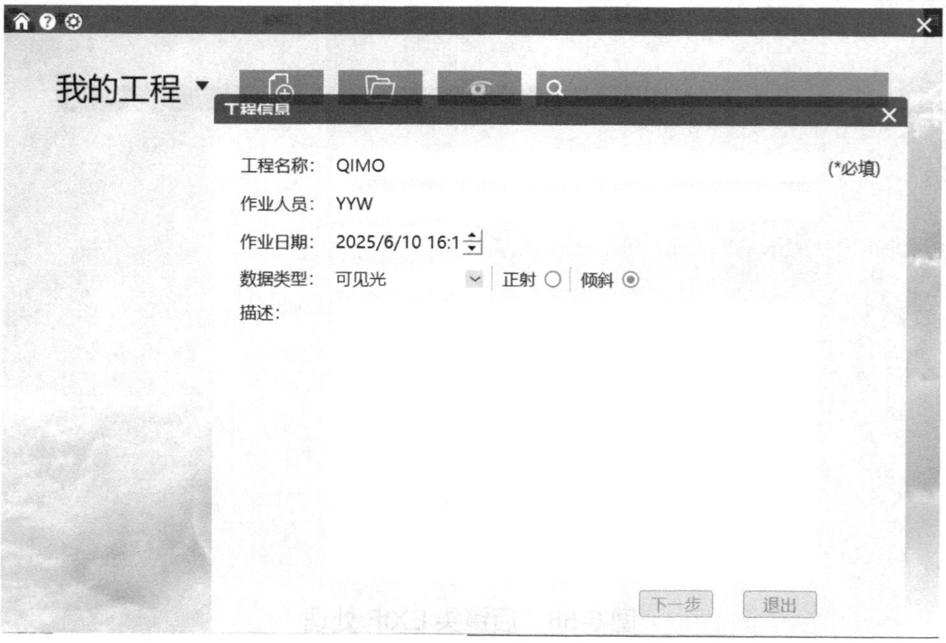

图 6-60 新建工程

（2）单击“下一步”按钮，在弹出的“导入影像”对话框中，单击“添加影像目录”按钮，选择要添加影像，如图 6-61 所示。单击“下一步”按钮，弹出“影像 POS 设置”对话框，单击右侧的“+”按钮，增加一个相机架次，分别在 1 号和 2 号架次中，添加后镜头和左镜头影像，如图 6-62 所示，单击“EXIF”按钮，弹出“在线获取高程数据”对话框，如图 6-63 所示，单击“获取”及“应用”按钮，再单击“下一步”及“完成”按钮。

图 6-61　添加影像

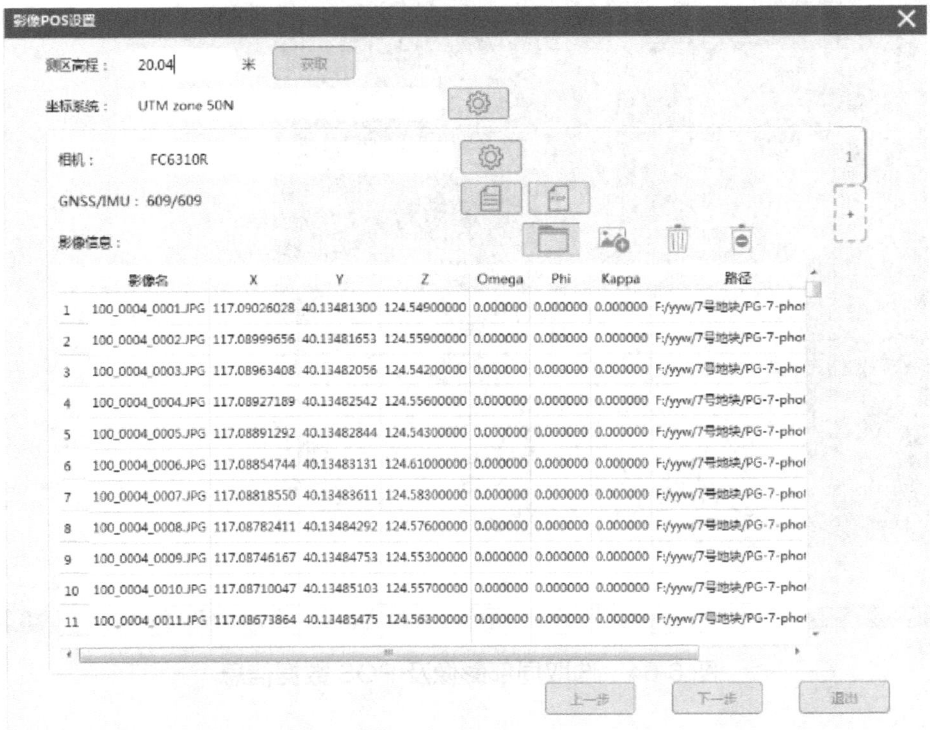

图 6-62　EXIF 影像处理

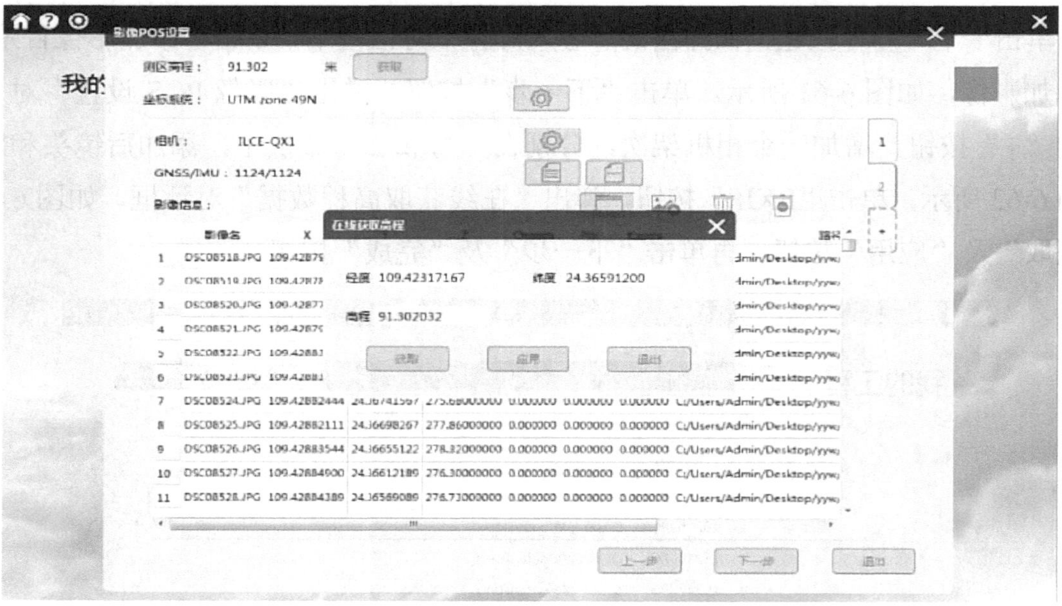

图 6-63 “在线获取高程”对话框

6.4.2 三维模型数据生成

1. 影像拼接和选取

在线获取高程数据完成后，返回智拼图模块，进行影像拼接。之后单击界面右侧的“多边形选取”按钮，选取局部影像及 POS 数据信息，如图 6-64 所示。

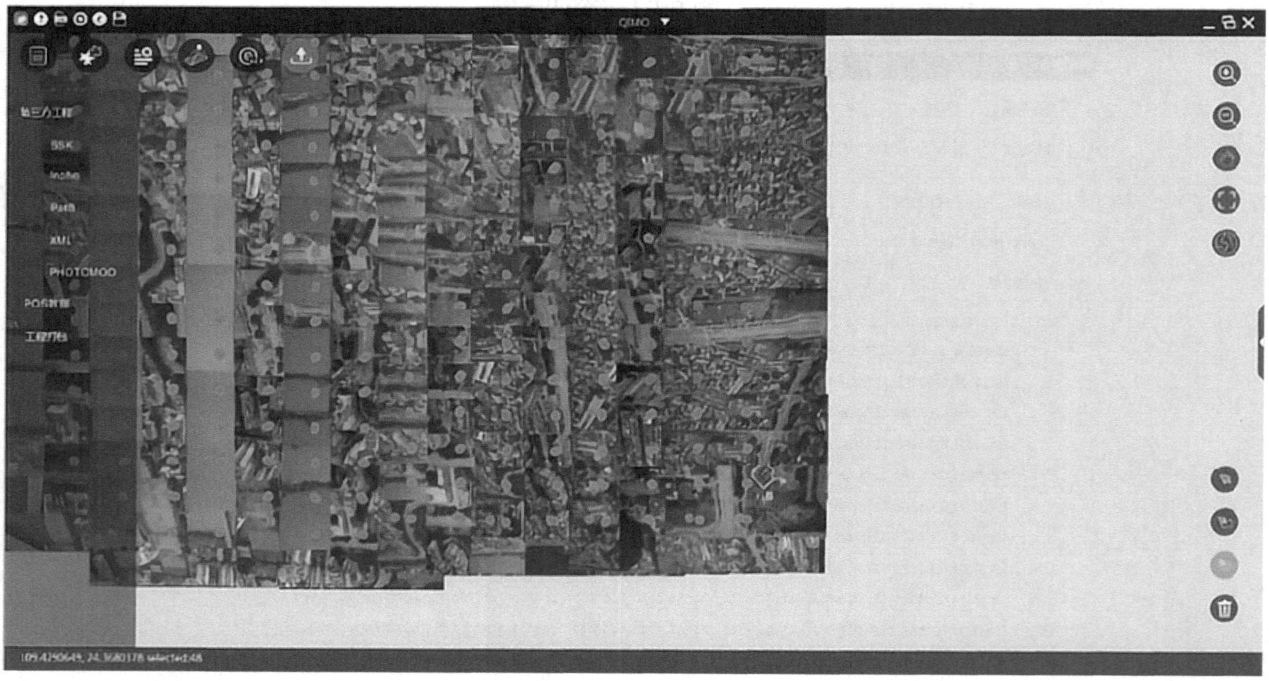

图 6-64 选取局部影像及 POS 数据信息

选取完成后，单击界面上方的“导出”按钮，自动导出所选区域的 POS 数据，如图 6-65 所示。

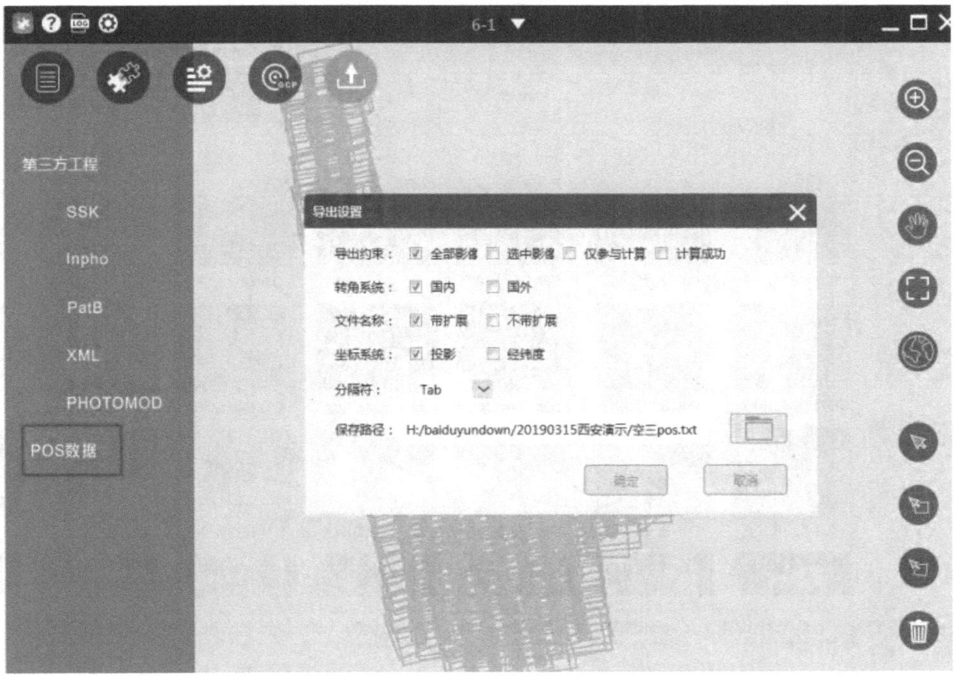

图 6-65　导出 POS 数据

2. 数据预处理

POS 数据导出后，按照 POS 数据文本中显示的 ID 信息，在已经进行 EXIF 处理后的影像中挑选出与之匹配的影像，如图 6-66 所示。

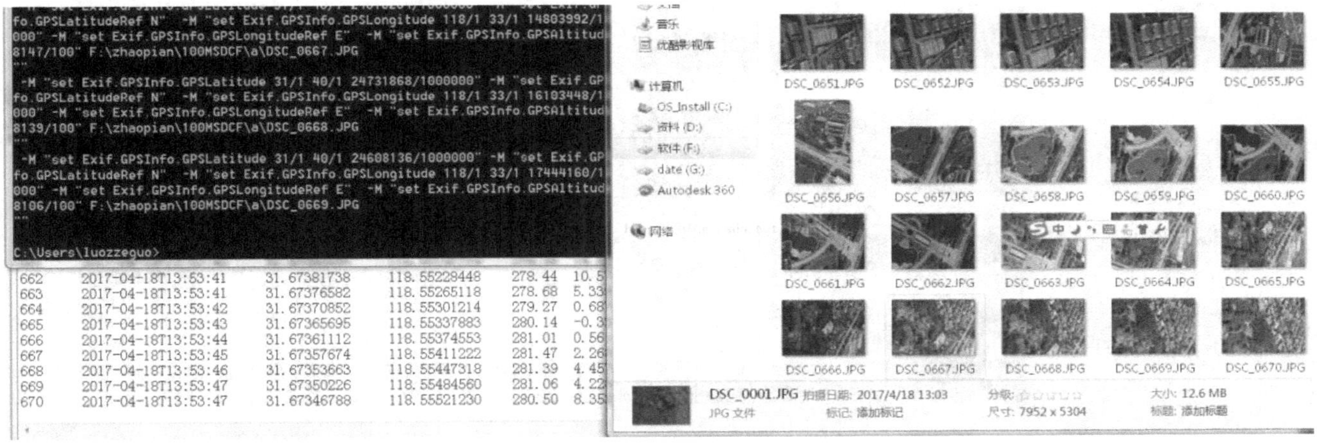

图 6-66　按照 ID 信息选取影像

以后镜头影像为例，选取完成后，将其相应的 POS 数据也放进挑选完的影像文件夹中，局部后镜头影像数据预处理如图 6-67 所示。

左镜头影像相应的操作与后镜头的一致，局部左镜头影像数据预处理如图 6-68 所示。

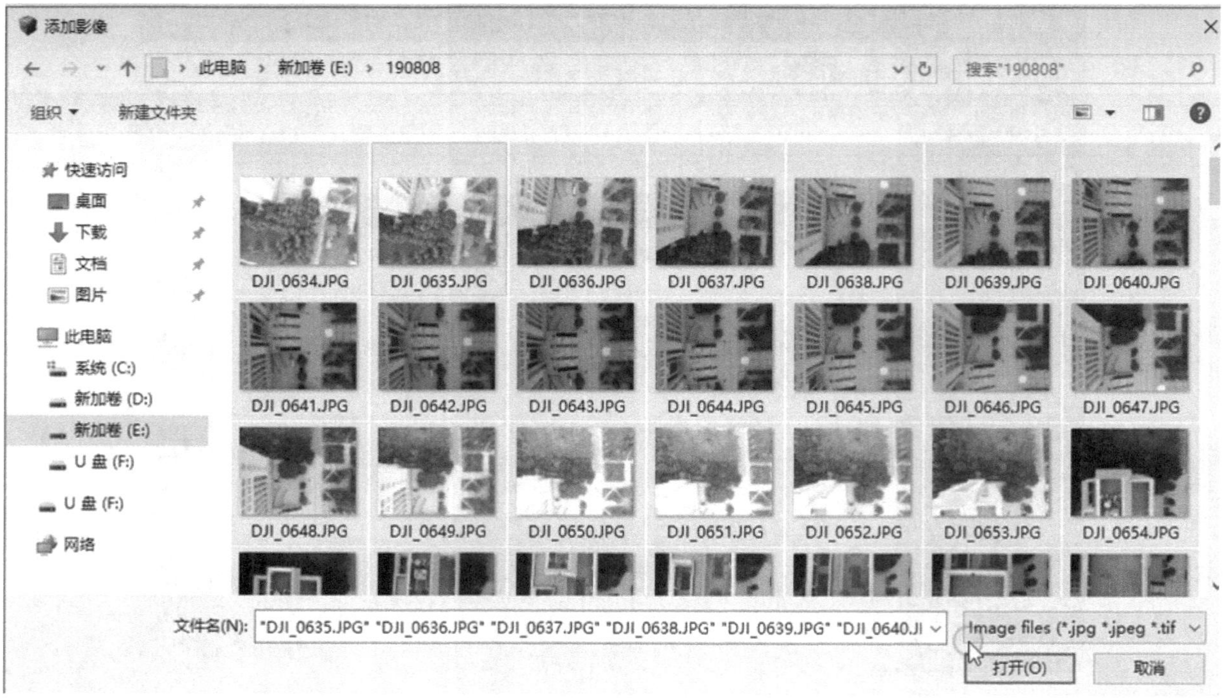

图 6-67　局部后镜头影像数据预处理

图 6-68　局部左镜头影像数据预处理

3. 空中三角测量计算

打开 ContextCapture 软件的 Master 模块和 Engine 模块，在 Master 模块中创建新工程，如图 6-69 所示。

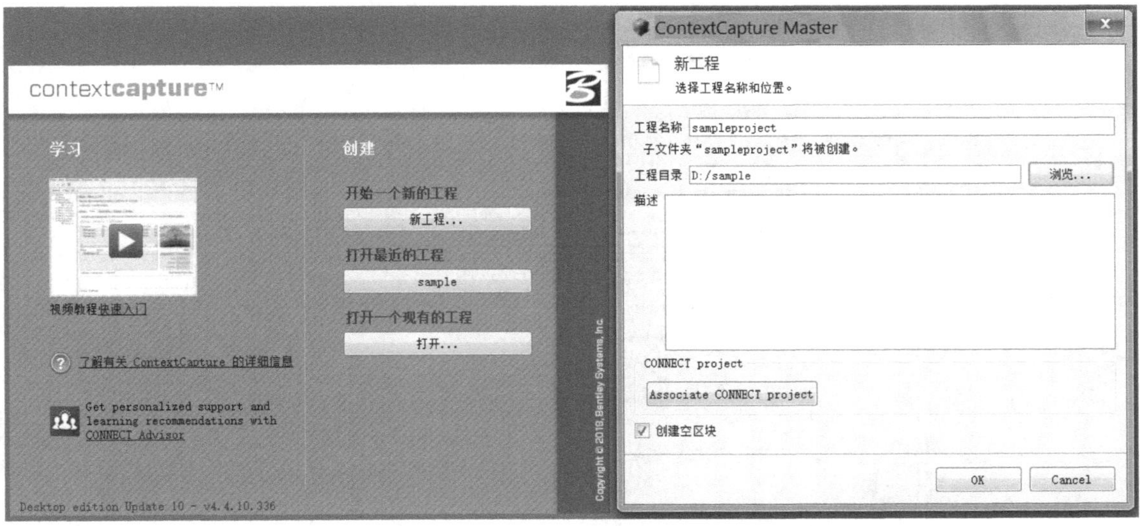

图 6-69　创建新工程

创建完成后，添加局部后镜头和左镜头影像并检查，如图 6-70 所示。

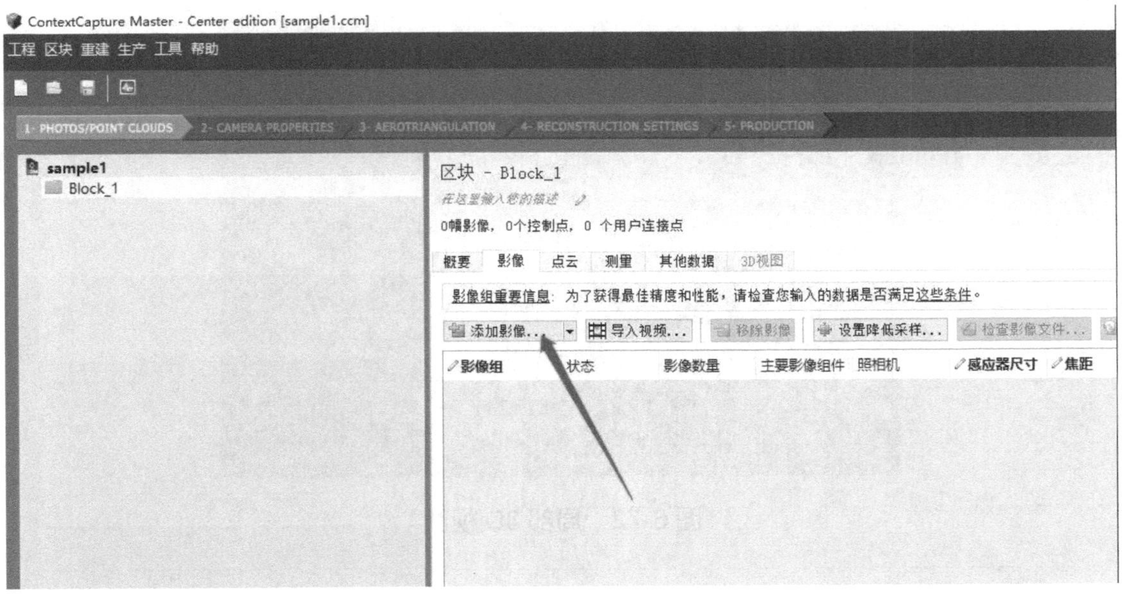

图 6-70　添加影像

在“概要”选项卡中单击“提交空中三角测量”按钮，在弹出的“定义空中三角测量计算”对话框中，设置定位/地理参考选项的参数，在“定位模式”中选择第五项，如图 6-71 所示。

空中三角测量计算完成后，可查看局部 3D 视图，如图 6-72 所示。

4. 生成 3MX 数据格式的三维模型

空中三角测量计算完成后，选择界面右侧的“新建重建项目”按钮，生成重建项目“Reconstruction_1”，选中该重建项目名称，在重建窗口中，选择“空间框架”选项卡，空间参考系统选择 WGS-84 坐标系（界面显示名称为 WGS 84），切块模式选择“不切块”选项，如图 6-73 所示。

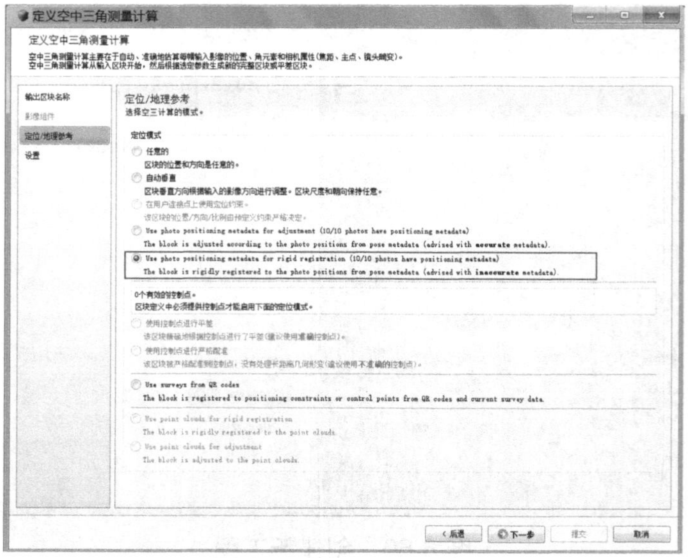

图 6-71　空中三角测量定位/地理参考设置

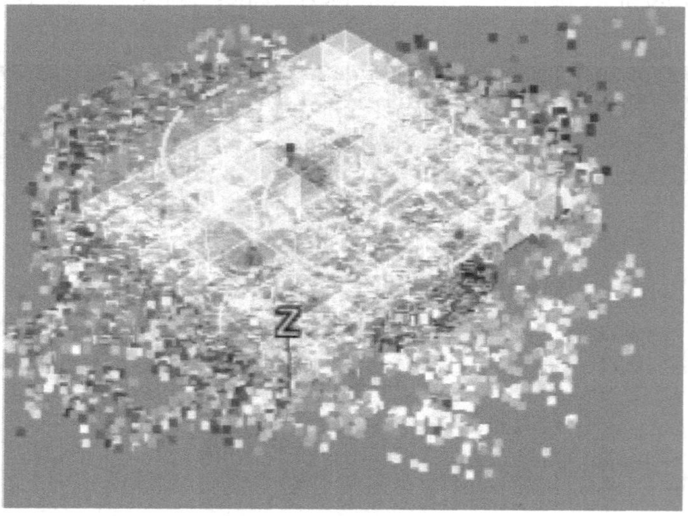

图 6-72　局部 3D 视图

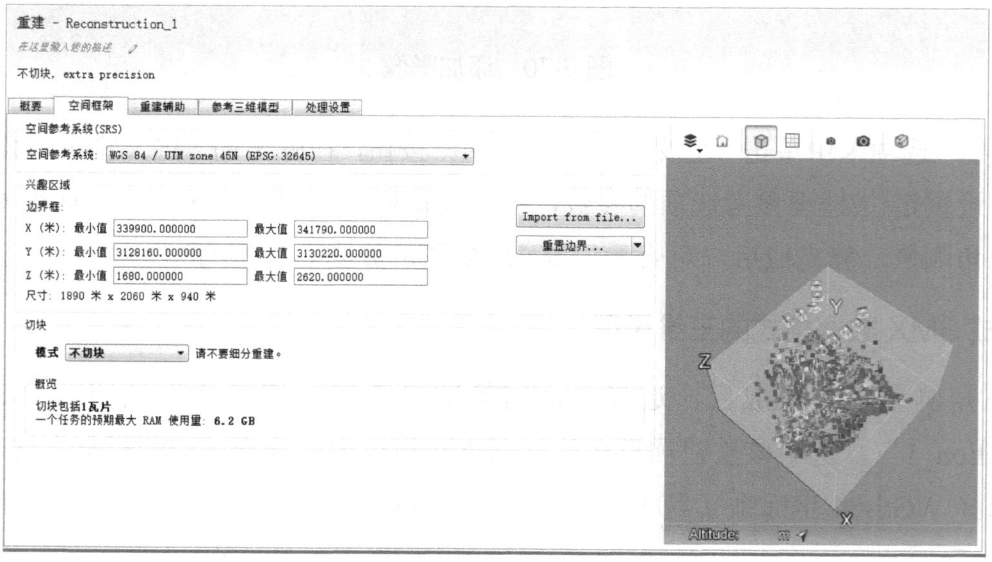

图 6-73　空间框架设置

在右侧的任务栏中单击“提交新的生产项目”按钮，进行三维模型的构建。在弹出的“生产项目定义”对话框的名称选项中，输入名称为 3MX，目的选项中，生产目的选择“三维网络”选项，如图 6-74 所示。

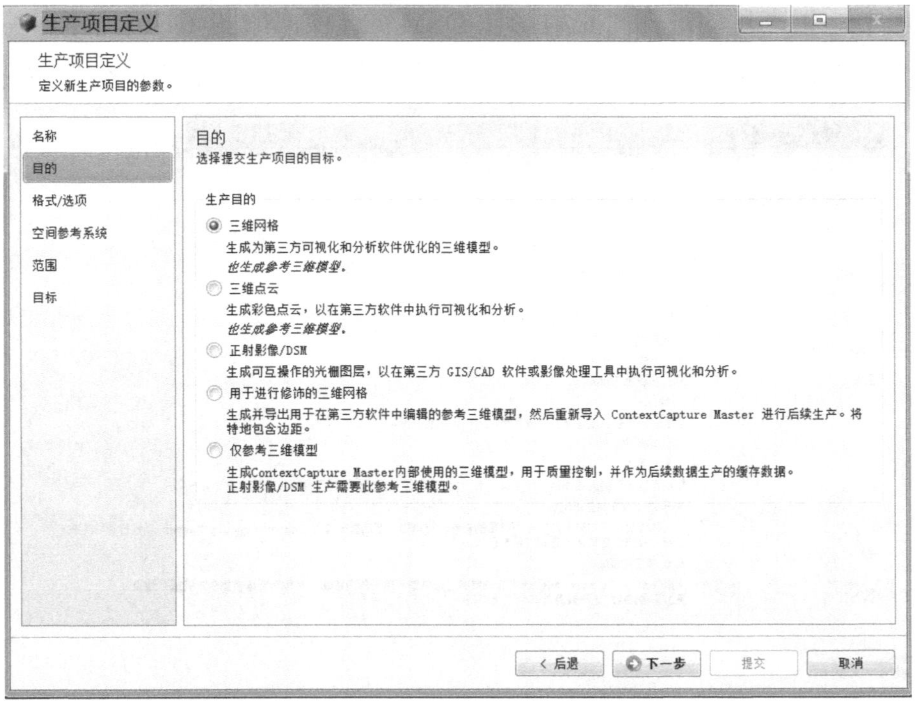

图 6-74　目的设置

空间参考系统选择 WGS-84 坐标系，如图 6-75 所示。其余设置保留默认值，设置完成后，单击“提交”按钮，将完成 3MX 数据格式的三维模型构建。

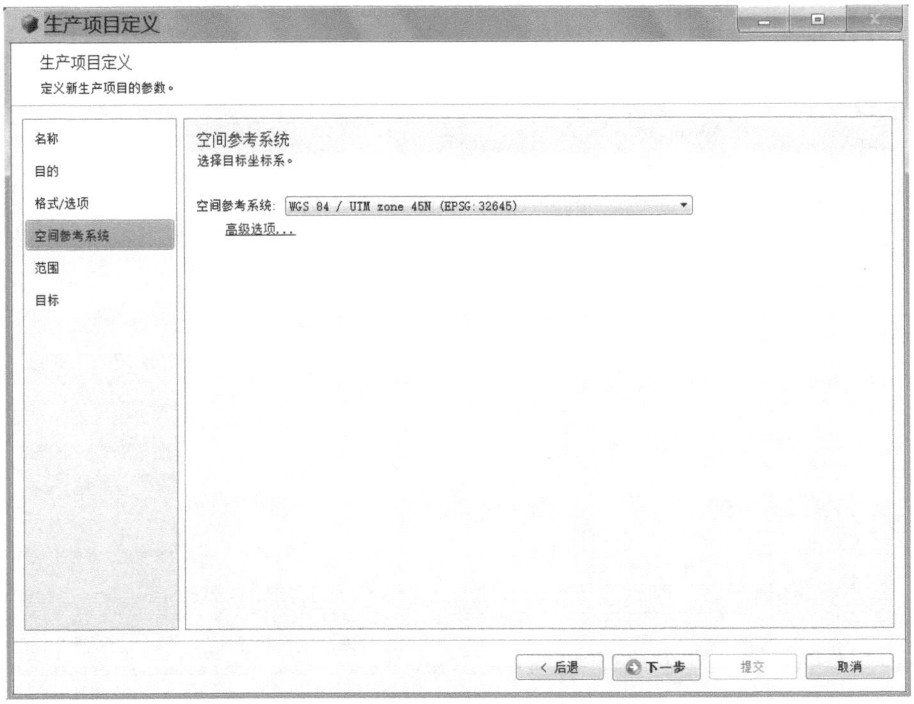

图 6-75　空间参考系统设置

5. 生成 DSM

返回选中重建项目“Reconstruction_1”，再次单击界面右侧的“提交新的生产项目”按钮，在弹出的“生产项目定义”对话框的名称选项中，设置名称为 DSM，描述中可输入数字表面模型；目的选项中，生产目的选择“正射影像/DSM”选项，如图 6-76 所示；空间参考系统修改为 WGS-84 坐标系，如图 6-77 所示；其余设置保持默认值。单击“提交”按钮，生成 DSM。

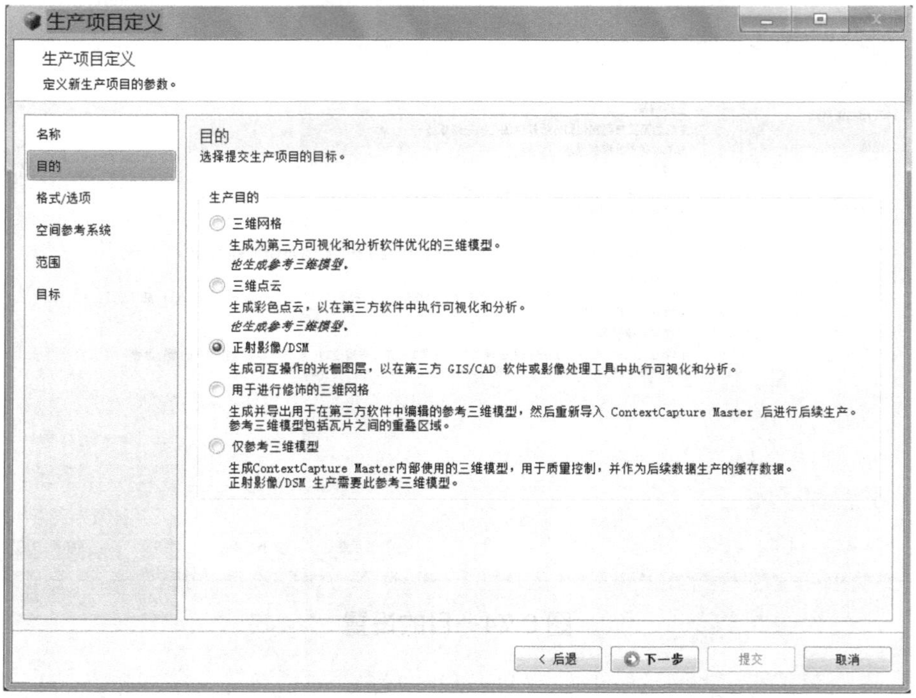

图 6-76　目的设置

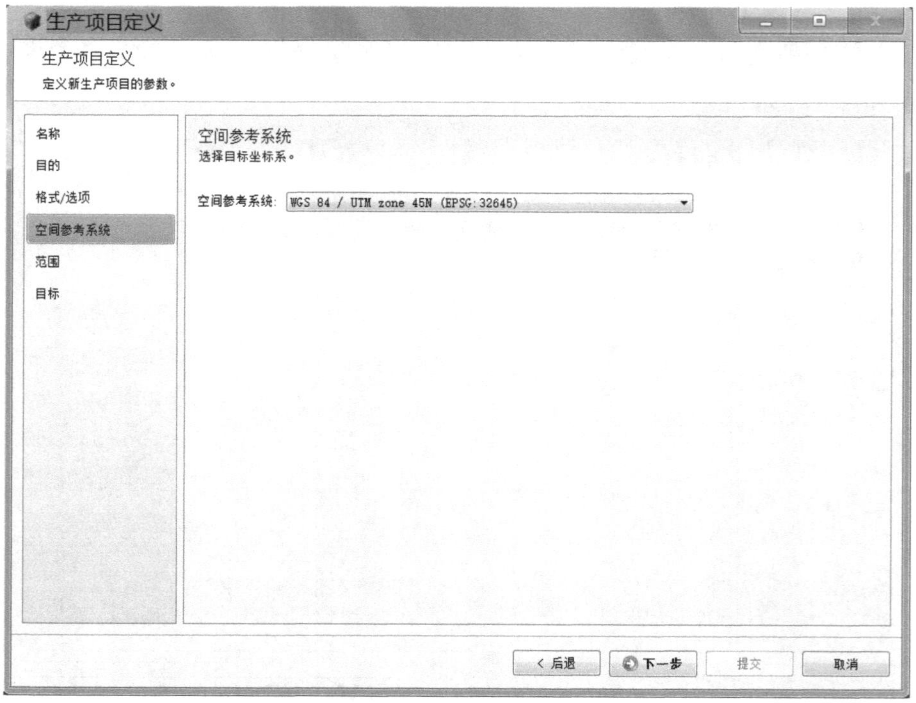

图 6-77　空间参考系统设置

6. 生成 OSGB 数据格式的三维模型

返回选中重建项目“Reconstruction_1”，再次单击界面右侧的“提交新的生产项目”按钮，在弹出的“生产项目定义”对话框的名称选项中，设置名称为 OSGB；目的选项中，生产目的选择“三维网格”；格式/选项中，格式选择“OpenSceneGraph Binary（OSGB）”选项，如图 6-78 所示；空间参考系统修改为 WGS-84 坐标系；其余设置保持默认值。单击“提交”按钮，生成 OSGB 数据格式的三维模型。

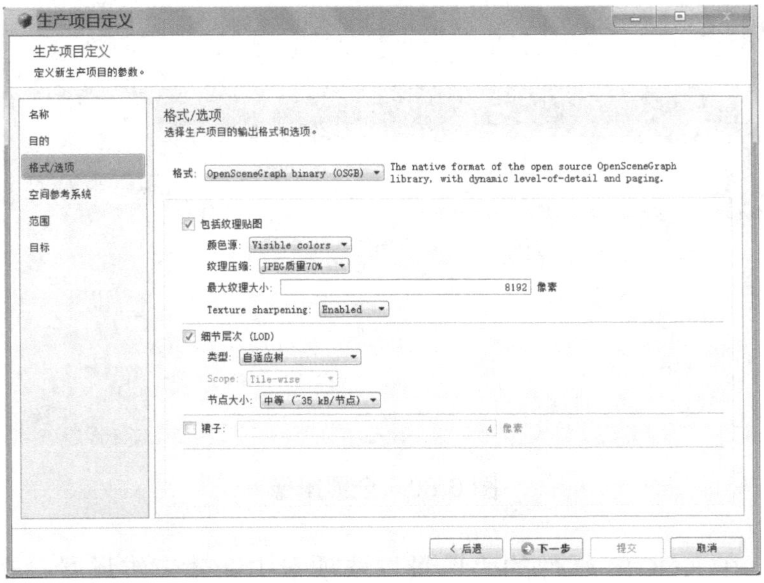

图 6-78 格式/选项设置

7. 三维可视化场景设计

（1）添加可视化局部区域。将 OSGB 文件夹中的 metadata 文件导入 KQGIS 软件，如图 6-79 所示。

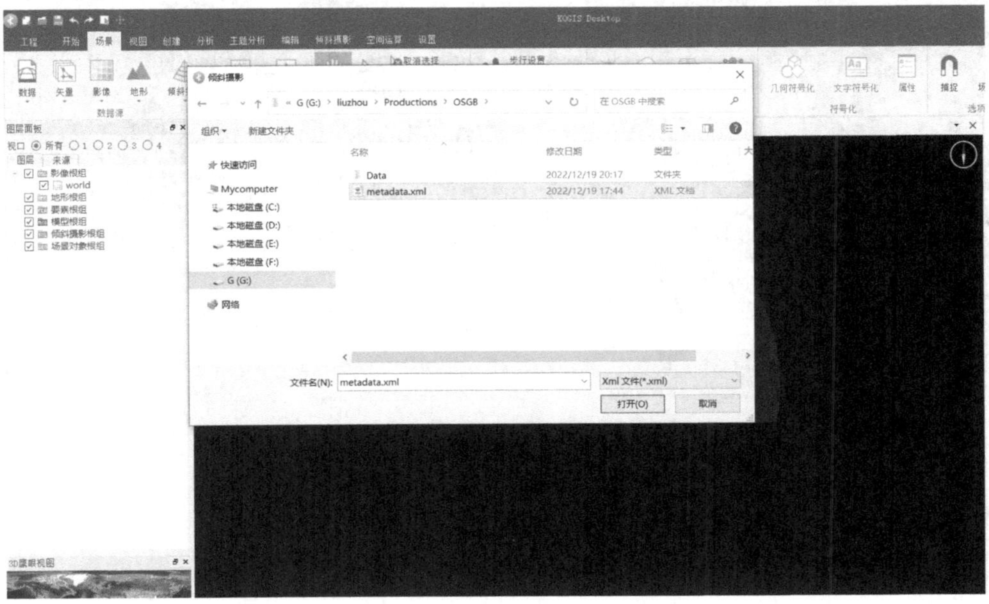

图 6-79 添加可视化局部区域

添加完成后，生成全景影像，如图 6-80 所示。

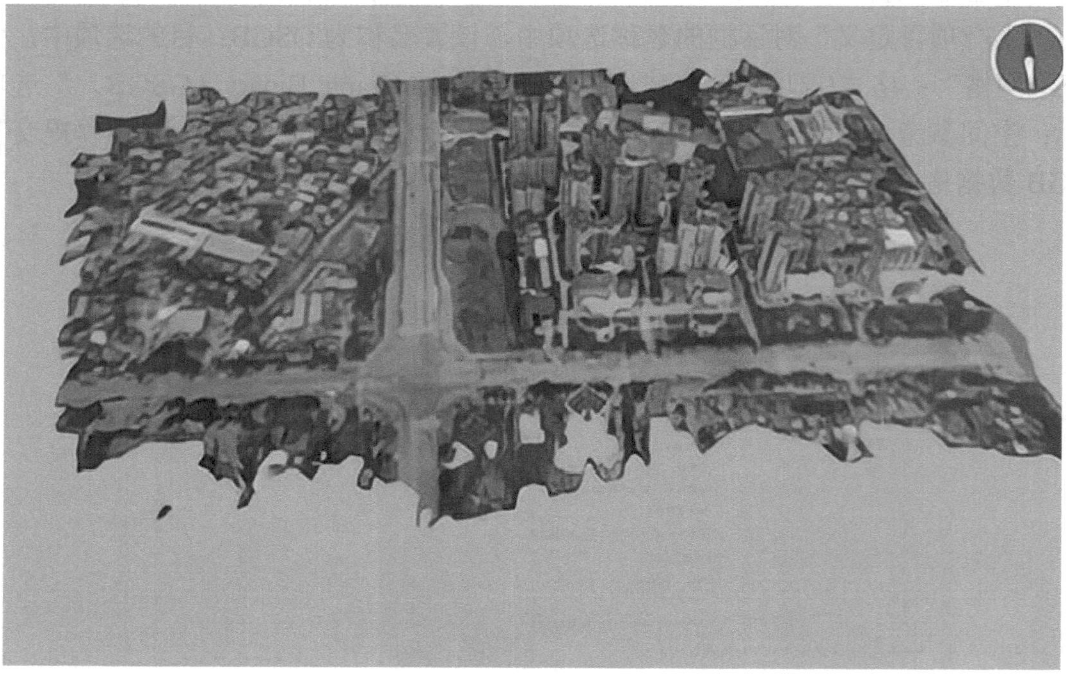

图 6-80　全景影像

（2）添加场景。在 KQGIS 软件的“场景”选项卡中新建三维场景，在“特效库”面板中选择预设元素，例如，火苗，水，爆炸等，最后形成爆炸场景，如图 6-81 所示。

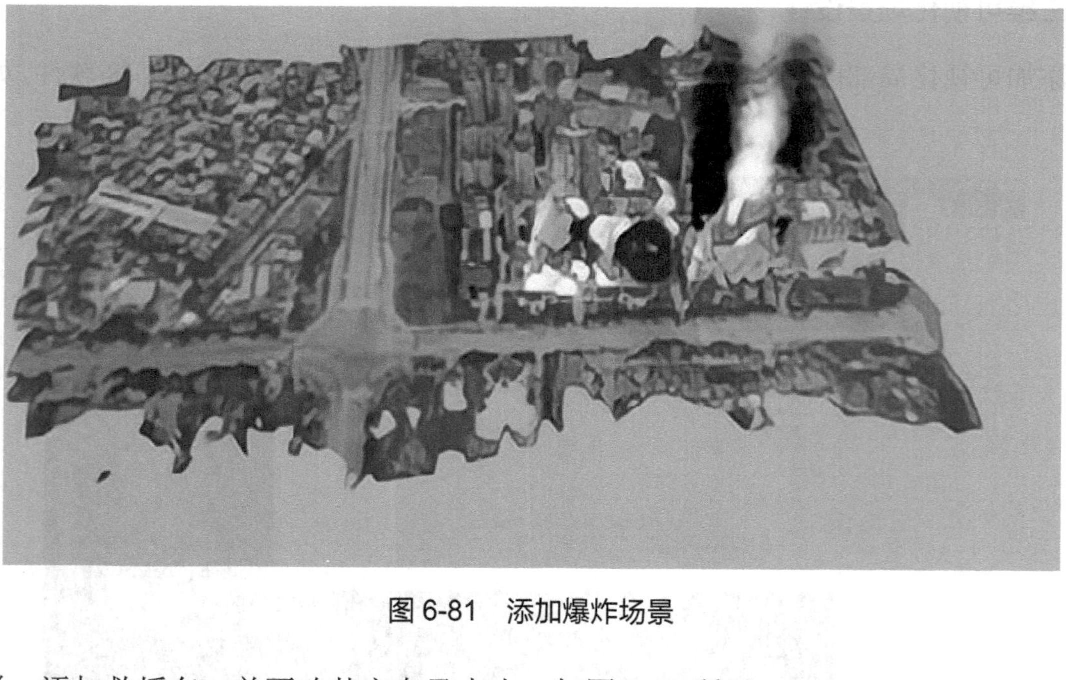

图 6-81　添加爆炸场景

同样，添加救援车，并更改其方向及大小，如图 6-82 所示。

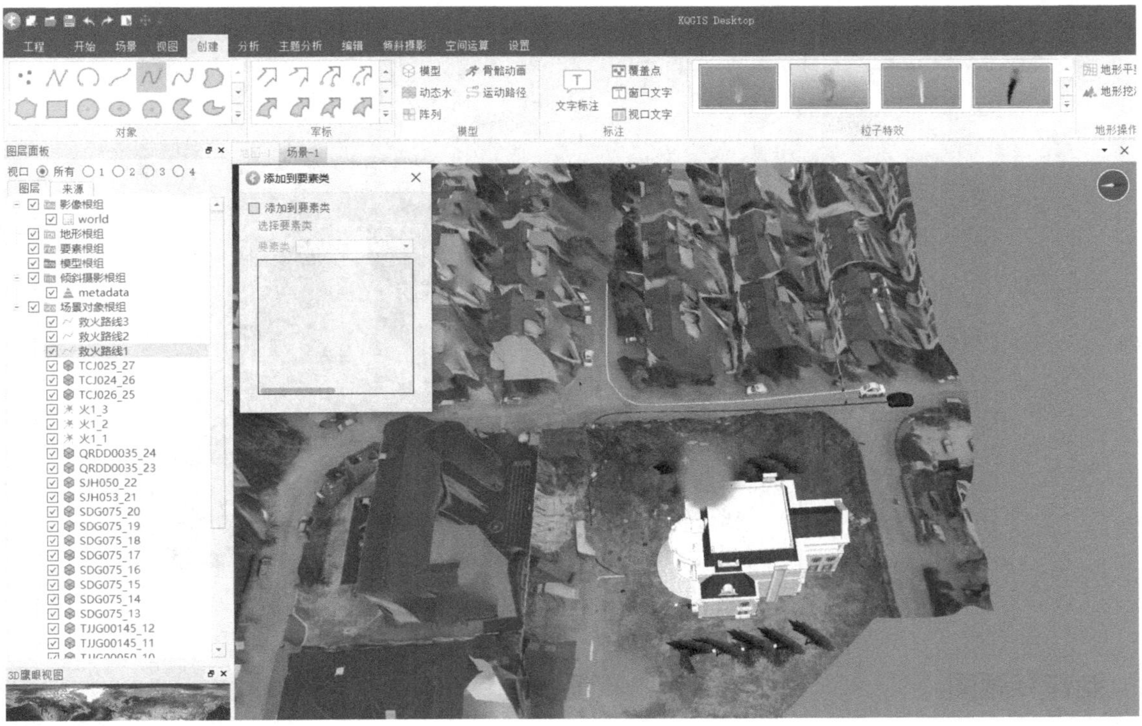

图 6-82　添加救援车

使用贝塞尔曲线，为救援车设置救火路线及运动速度，如图 6-83 所示。将曲线与救援车进行绑定，使救援车沿着曲线轨迹行进。

完成最终三维可视化场景图，如图 6-84 所示。

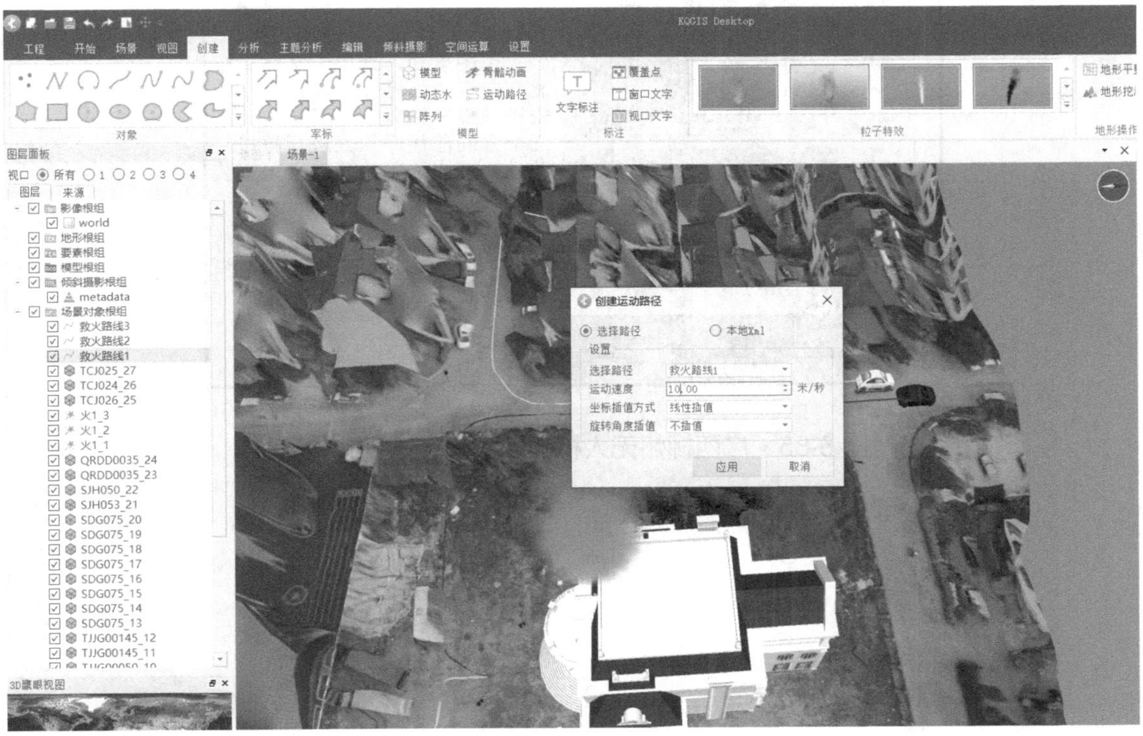

图 6-83　设计救火路线及速度

图 6-84　三维可视化场景图

8. 制作专题图

制作专题图，要求地图整饰，要素齐全。针对三维可视化场景图，对其进行分析。由三维可视化场景图可知，地块十字路口东北方向有一处爆炸。应安排救援车辆分别从西、南、东三个方向前往爆炸处进行救援，并且在爆炸位置的西南方向安装喷水装置，如图 6-85 所示。

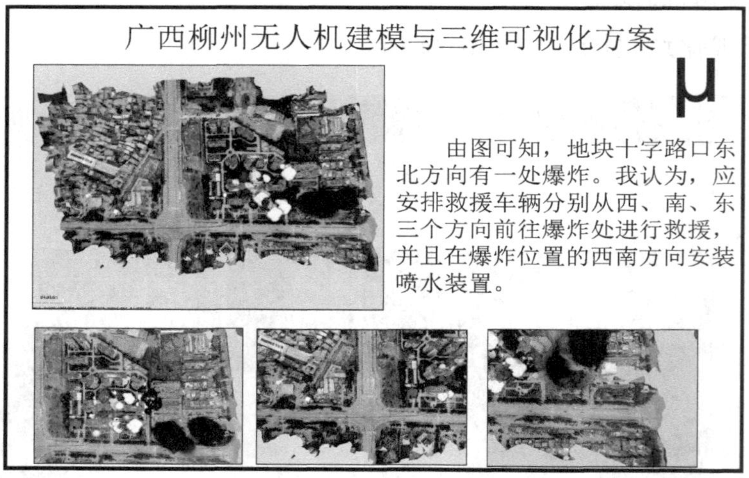

图 6-85　广西柳州无人机建模与三维可视化方案

第 7 章

无人机航测作业管理规范

7.1　无人机空域管理法规

近年来，无人机在民用领域的需求持续增长，但我国在空域管理、人员专业培训和基础设施建设等方面，尚不能完全适应急剧扩张的无人机应用所带来的空域开放需求。无人机“黑飞”“乱飞”现象时有发生，给公共安全带来隐患。与美国等发达国家相比，我国在中低空空域的管理和开放方面面临着更为突出的难题，这严重制约了无人机应用市场的发展。根据《通用航空飞行任务审批与管理规定》，无人机从事通用航空飞行任务需要办理相关的任务申请和审批手续。

对申请审批的通用航空飞行任务，审批机关应当要求申请人提供飞行任务申请文件，内容包括：任务性质、执行单位和机组人员国籍、主要登机人员名单，航空器型号、数量和注册地，使用机场（临时起降场），作业时间和作业范围，以及其他需要特别说明的事项。无人机飞行报备流程如下。

（1）打开民用无人驾驶航空器综合管理平台进行注册（须持有无人机飞行驾驶执照），并登录，如图 7-1 所示。

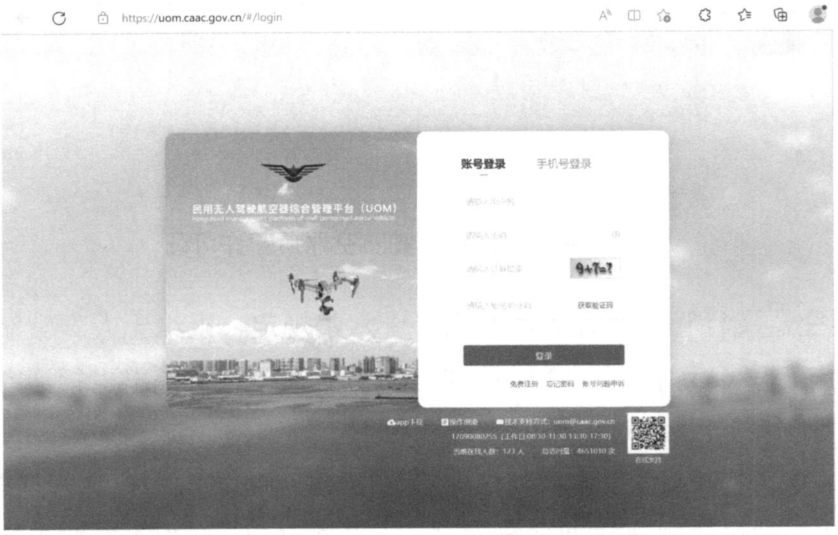

图 7-1　民用无人驾驶航空器综合管理平台

（2）进行空域查询，然后单击“飞行申请”按钮。

（3）提交空域申请。

无人机从业人员在没有驾驶资质和未申请空域的情况下，操控无人机升空属于违法行为，要受到处罚，若造成重大事故或者严重后果的，要依法追究刑事责任。目前常见的无人机执照有无人机航拍证、民用无人机驾驶员合格证（无人机飞行驾驶执照）（见图 7-2）。无人机相关的能力资质证书有安防专业服务能力等级证书、无人机植保操作证、无人机测绘操控员证书、无人机电力巡查服务能力资质证等。

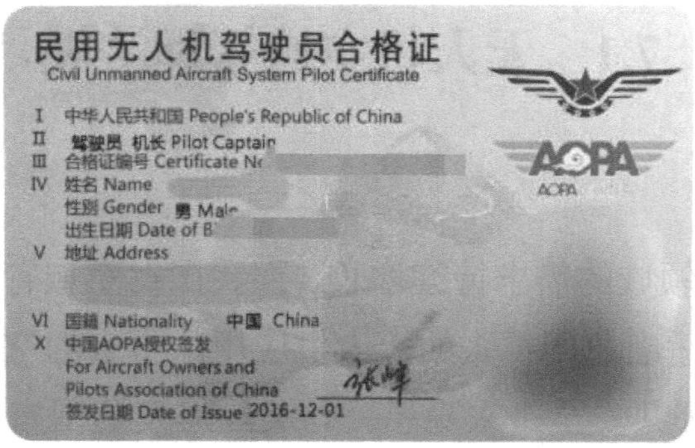

图 7-2　民用无人机驾驶员合格证

无人机产业正蓬勃发展，旺盛的市场需求催生了众多无人机运营企业。无人机在部分传统通用航空作业领域的替代趋势日益明显，从事经营性无人机飞行活动需依法取得相关经营许可证，如图 7-3 所示。

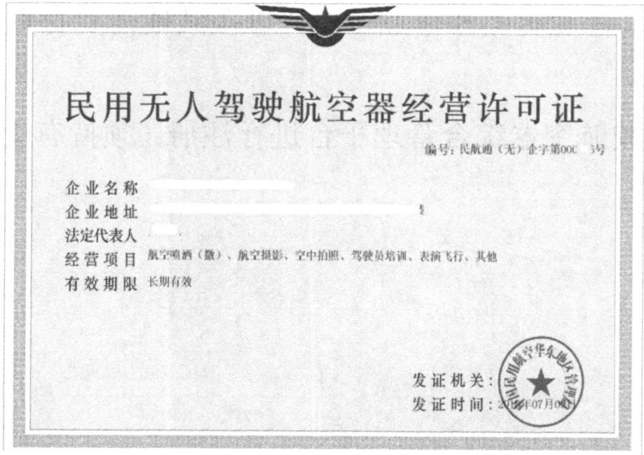

图 7-3 民用无人机驾驶航空器运营许可证

《无人驾驶航空器飞行管理暂行条例》第二十六条规定，组织无人驾驶航空器飞行活动的单位或者个人应当在拟飞行前 1 日 12 时前向空中交通管理机构提出飞行活动申请。空中交通管理机构应当在飞行前 1 日 21 时前作出批准或者不予批准的决定。

按照国家空中交通管理领导机构规定，在固定空域内实施常态化飞行活动的单位或个人，可以相关空中交通管理机构申请长期飞行许可。获得许可后，每次飞行前仍须于拟飞行前 1 日 12 时前将具体飞行计划报空中交通管理机构备案。民用无人驾驶航空器综合管理平台上，飞行活动申请界面如图 7-4 所示。

图 7-4　飞行活动申请界面

飞行活动申请界面包含以下信息。

- 操控模式：根据实际情况选择遥控飞行或自主飞行；
- 飞行模式：选择视距内飞行或视距外飞行；
- 任务性质：根据实际情况选择；
- 预计开始时间：飞行预计开始时间；
- 预计结束时间：飞行预计结束时间；
- 通信联络方法：实名注册登记后自动填写；
- 起降备降场地：填写示例“申请空域内空旷、封闭区域”；
- 应急处置程序：填写应急处置程序，如没有相关信息填写无；
- 特殊飞行保障需求：填写特殊飞行保障需求，如没有相关信息填写无；
- 通信、导航和被监视能力：填写示例“飞行数据通过大疆无人机内置程序实时上报至 UOM 平台”；
- 飞行航线、高度、速度和空域范围，进出空域方法：填写示例“飞行全程均位于申请空域内无固定航线，真高 300 米以下，飞行速度低于 20m/s，空域内起飞降落”；
- 指挥控制链路无线电频率以及占用带宽：如没有相关信息填写无；
- 二次雷达应答机或有关自动监视设备代码：如没有相关信息填写无；
- 其他必要信息：可不填写；
- 任务批准文件：支持任务批准文件上传，若申请的飞行活动涉及机场、军事基地等敏感区域则必须上传批准文件；

- 是否涉及以下活动：根据实际情况进行勾选；
- 申请一般飞行活动需添加航空器信息和操控员信息；
- 飞行空域信息：框选飞行范围，填写最大飞行高度，单击“确认”按钮。

有特殊要求的，应当提交有效任务批准文件和必要的资质证明。

使用机场飞行空域、航路、航线进行通用航空飞行活动，其飞行计划申请由当地飞行管制部门批准或者由当地飞行管制部门报经上级飞行管制部门批准。使用临时飞行空域、临时航线进行通用航空飞行活动，其飞行计划申请按照下列规定权限批准。

（1）在机场区域内的，由负责该机场飞行管制的部门批准。

（2）超出机场区域在飞行管制分区内的，由负责该分区飞行管制的部门批准。

（3）超出飞行管制分区在飞行管制区内的，由负责该区域飞行管制的部门批准。

（4）超出飞行管制区的，由中国人民解放军空军批准。

《通用航空飞行管理条例》指出：

第十六条　飞行计划申请应当在拟飞行前 1 天 15 时前提出；飞行管制部门应当在拟飞行前 1 天 21 时前作出批准或者不予批准的决定，并通知申请人。

执行紧急救护、抢险救灾、人工影响天气或者其他紧急任务的，可以提出临时飞行计划申请。临时飞行计划申请最迟应当在拟起飞 1 小时前提出；飞行管制部门应当在拟起飞时刻 15 分钟前作出批准或者不予批准的决定，并通知申请人。

第十七条　在划设的临时飞行空域内实施通用航空飞行活动的，可以在申请划设临时飞行空域时一并提出 15 天以内的短期飞行计划申请，不再逐日申请；但是每日飞行开始前和结束后，应当及时报告飞行管制部门。

第十八条　使用临时航线转场飞行的，其飞行计划申请应当在拟飞行 2 天前向当地飞行管制部门提出；飞行管制部门应当在拟飞行前 1 天 18 时前作出批准或者不予批准的决定，并通知申请人，同时按照规定通报有关单位。

目前，我国正在一些地区进行真高 1000 米以下空域管理改革试点，低空空域资源管理正在由粗放型向精细化转变。2016 年颁布的《关于促进通用航空业发展的指导意见》虽未直接定义低空空域的具体高度，但却体现了推动通用航空业发展的趋势和政策导向，即逐步有序开放低空空域。随着我国低空空域逐步有序开放，以及无人机适航法规等相关政策的出台和完善，将会消除无人机行业推广的政策障碍，促进无人机产业健康有序发展。

7.2　无人机飞行管理规范

近年来，无人机的应用和产业呈现高速发展态势，但在无人机监管领域仍存在管理主体不明确、制度体系不完善、规范性文件法律层级较低等问题。中国民用航空局及其空中交通管理局等部门陆续发布了一系列针对无人机飞行活动的管理规定，以加强对无人机及操控人员的管理，规范空域划设与飞行活动秩序，实现对无人驾驶航空器的动态监管与服务。

1.《通用航空飞行管制条例》

该条例于2003年1月10日由国务院、中央军事委员会联合发布，自同年5月1日起施行。《通用航空飞行管制条例》是中华人民共和国关于通用航空飞行管制的重要行政法规。其内容分为总则、飞行空域的划设与使用、飞行活动的管理、飞行保障、升放和系留气球的规定、法律责任、附则，共7章45条。条例中明确规定，无人机用于民用航空活动时，须纳入通用航空管理范畴。该条例的实施对于合理开发和充分利用国家空域资源、保证飞行安全、促进和保障通用航空事业的发展具有重要作用。

2.《民用无人机驾驶员管理规定》

2013年11月，中国民用航空局（简称民航局）发布了《民用无人驾驶航空器系统驾驶员管理暂行规定》，旨在规范无人机驾驶员的执照管理。根据该暂行规定，空机质量小于等于7千克的微型无人机，在视距内飞行且飞行半径不超过500米、相对高度低于120米的情况下，无须取得驾驶员执照，但应尽可能避免进入过高空域。对于质量等指标高于上述标准或在隔离空域、管制空域等复杂空域内运行的无人机，其驾驶员需接受由民航局认可的行业协会或民航局自身实施的监管与资质管理。

2018年8月，中国民用航空局飞行标准司修订并印发了新的《民用无人机驾驶员管理规定》，取代了2013年的暂行规定。新规定调整了监管模式，完善了由民航局制定标准并进行监督、同时授权行业协会实施驾驶员执照管理和颁发的相关配套制度。旨在按照国际民航组织（ICAO）的标准建立我国完善的民用无人机驾驶员监管体系。

3.《低空空域使用管理规定（试行）》

2014年发布的《低空空域使用管理规定（试行）》，是我国低空空域使用管理的重要依据。该规定对空域分类划设、空域准入使用、飞行计划审批报备、相关服务保障、行业监管及违法违规飞行查处等方面进行了规定。它对我国真高1000米以下低空空域的管理使用进行了具体且具有实操性的规定，将低空空域分为管制空域、监视空域和报告空域。其中，涉及监视、报告空域的飞行计划，运营人/驾驶员须向有关飞行管制部门（含空军）和民航局（或其授权的单位）进行报备。

4.《轻小型无人机运行规定（试行）》

2015年，中国民用航空局颁布了《轻小型无人机运行规定（试行）》，该规定明确了轻小型无人机的定义，并按飞行距离、飞行高度等因素划分了不同的运行区域。根据规定，无人机的飞行真高不得超过120米，飞行距离不得超过500米（具体限制可能因地区而异）。该规定还要求了最大起飞质量在7千克以上的无人机必须接入“电子围栏”系统，在航空器密集区、人口稠密区、重要区域等禁飞区域内禁止飞行。无人机驾驶员需要持有有效的相应类别的驾驶员执照或训练合格证，并在无人机的使用、装备和维护等方面遵守相关规定。

5. 《民用无人驾驶航空器系统空中交通管理办法》

2016年9月，为适应民用无人驾驶航空器的快速发展，中国民用航空局空中交通管理局（空管局）依据《中华人民共和国民用航空法》《中华人民共和国飞行基本规则》《通用航空飞行管制条例》和《民用航空空中交通管理规则》的相关规定，并参考国际民航组织《遥控驾驶航空器系统手册》的相关规定，制定并发布了《民用无人驾驶航空器系统空中交通管理办法》。该办法主要解决无人机的空域管理问题，旨在保障民用航空活动的安全，加强民用无人机飞行活动的管理，并规范其空中交通管理。

6. 《民用无人驾驶航空器实名制登记管理规定》

2017年6月，中国民用航空局发布了《民用无人驾驶航空器实名制登记管理规定》，同时，民用无人机登记注册系统也正式上线。根据规定，最大起飞质量大于等于250克的民用无人驾驶航空器必须实施登记注册。此外，还建立了无人机登记数据共享和查询制度，登记信息通过民用无人机登记注册系统进行管理和共享。登记信息包括拥有者的姓名（单位名称和法人姓名）、有效证件号码、移动电话号码、电子邮箱地址、产品型号、产品序号和使用目的等。对于民用无人驾驶航空器制造商，他们需要在“无人机实名登记系统”中填报其产品的名称、型号、最大起飞质量、空机质量、产品类型和无人机购买者姓名、移动电话号码等信息。

7. 《民用无人机驾驶航空器经营性飞行活动管理办法（暂行）》

2018年6月，由中国民用航空局运输司发布的《民用无人机驾驶航空器经营性飞行活动管理办法（暂行）》正式生效。该办法共三章二十条，规范了无人机从事经营性通用航空飞行活动的准入和监管要求。它明确规定了无人机经营许可证的申请条件及程序，以及无人机经营性飞行活动的监督管理方式等。此办法旨在鼓励新兴业态发展，满足企业合规经营需要，并拓展无人机应用服务领域。中国民用航空局对无人机经营许可证实施统一监督管理，而民航地区管理局则负责实施其辖区内的无人机经营许可证颁发及监管管理工作。

8. 《无人驾驶航空器飞行管理暂行条例》

2023年6月，国务院、中央军委联合发布《无人驾驶航空器飞行管理暂行条例》，该条例自2024年1月1日起施行。该条例规定了无人驾驶航空器的飞行管理、飞行安全、应急处置等方面的内容，为无人机的飞行活动提供了法律依据。该条例的出台既代表对无人机飞行活动的监管会更加严格，也标志着无人机行业将朝着更加标准化和规范化的方向发展。其主要内容包括以下几个方面。

（1）分类管理无人驾驶航空器： 鉴于无人驾驶航空器类型众多，其性能、用途、运行风险等差异较大，该条例基于分类管理原则，按质量、飞行高度、飞行速度等性能指标，将无人驾驶航空器分为微型、轻型、小型、中型、大型五个类别。在设计生产、操控人员资质、飞行空域划设、飞行活动规范等方面，既明确了一体化的基本规则，又针对各类别制定了差异化的监管要求，以更好地适应实际飞行需求。

（2）加强对民用无人驾驶航空器及操控人员的管理：条例实行适航和质量管理制度，要求从事中型、大型民用无人驾驶航空器系统的设计、生产、进口、飞行和维修活动必须依法申请并取得有关适航许可；同时，微型、轻型、小型民用无人驾驶航空器系统应符合产品质量法律法规及相关强制性国家标准，并执行缺陷产品召回制度。此外，对操控人员的资质和培训也提出了明确要求。

（3）规范空域划设和飞行活动：条例划设了无人驾驶航空器管制空域，并规定未经空中交通管理机构批准，不得在管制空域内实施飞行活动。同时，明确了隔离飞行为主的原则，要求无人驾驶航空器通常应与有人驾驶航空器隔离飞行。此外，还建立了飞行活动申请制度，明确了需提出飞行活动申请的情形、审批权限和审批时限等。条例强化了飞行活动规范，明确了无人驾驶航空器飞行避让规则以及禁止的行为等。

（4）强化监督管理和应急处置：条例通过国家无人驾驶航空器一体化综合监管服务平台对全国无人驾驶航空器实施动态监管与服务。同时，强化了监管信息公开，要求向社会公布有关审批事项、申办流程、受理单位等信息，并及时更新。此外，细化了应急处置责任，明确了对违规飞行的处置措施和应急预案。

（5）促进相关产业健康有序发展：条例对无人驾驶航空器实行分类管理，确立了适度差异化的监管措施。根据无人驾驶航空器飞行活动的特点，简化了飞行活动相关审批手续，缩短了审批时间。对于实践中应用范围广、安全风险相对较低的农业无人驾驶航空器，实行了相对宽松的管理政策。同时，明确了微型、轻型、小型无人驾驶航空器的适飞空域范围，为相关产业的健康有序发展提供了有力支持。

7.3 无人机航测技术规范

无人机航测作业不仅要遵守空域和无人机飞行管理的相关规范，还要遵守国家标准化管理委员会、国家测绘局等部门颁布的技术标准规范。航空摄影测量虽非新兴领域，但低空数字摄影测量作业的标准与安全规范却具有普遍性，适用于无人机航测外业和内业数据处理工作。目前，无人机航测作业主要遵守由国家测绘局、地理信息标准化技术委员会等部门发布的相关安全规范和技术标准。

1. 《航空遥感摄影技术规程》（DZ/T 0203—2014）

该规程于1999年首次发布，后于2014年修订发布。该规程涵盖了航空摄影的技术流程和技术要求，参考了我国多年来在航空摄影方面制定和颁发的规范，以及各单位在航空摄影工作中所积累的技术经验和技术指标。该规程共十章，分别规定了航摄计划与航摄设计要求、作业前的准备工作、飞行质量和摄影质量要求、数据处理和DOM制作、成果质量检查和整理验收等关键环节。

2. 《低空数字航摄与数据处理规范》（GB/T 39612—2020）

该规范由全国地理信息标准化技术委员会制定，于2020年发布。该规范规定了低空数字航摄与数据处理的基本要求，涵盖了低空数字航空摄影、像片控制测量、空中三角测量和基础地理信息产品生产等方面的技术要求。该标准适用于采用无人驾驶飞行器低空数字航摄系统进行1∶500、1∶1000和1∶2000比例尺的数字正射影像图（DOM）、数字高程模型（DEM）、数字表面模型（DSM）和数字线划图（DLG）等成果的生产。

3.《无人机航摄安全作业基本要求》（CH/Z 3001—2010）

该规范由国家测绘局作为测绘行业标准化指导性技术文件，于2010年发布。它规定了无人机航摄作业的技术准备、实地踏勘和场地选取要求、飞行检查与操控、成果整理与验收、保障措施、设备使用与维护等方面的基本要求。

4. 《无人机航摄系统技术要求》（CH/Z 3002—2010）

该规范于2010年发布，是测绘行业标准化指导性技术文件之一，旨在规范无人机航摄系统设备的工程化生产水平和产品质量，明确系统的配置和性能要求，并统一相关术语和定义，为系统设备的选型和应用提供依据。该规范详细规定了术语和定义、无人机航摄系统基本构成及要求，包括对无人机飞行平台、飞控系统、地面监控系统、任务设备、数据传输系统、发射与回收系统、地面保障设备的性能与配置要求。

5. 《低空数字航空摄影规范》（CH/T 3005—2021）

该规范于2021年发布，是对2010年发布的规范CH/Z 3005—2010的更新与替代。新规范规定了低空数字航空摄影生产的各项要求，包括航摄系统的准备、航摄计划与设计的制定、航摄实施的具体要求、飞行质量和影像质量的控制标准、成果质量检查与验收以及成果的整理验收与上交规范。此规范的发布旨在确保低空数字航空摄影的安全性和质量，并为无人机技术在航测领域的广泛应用提供强有力的技术支撑。

6. 《低空数字航空摄影测量外业规范》（CH/Z 3004—2021）

该规范于2021年发布，替代了2010年发布的旧版本（CH/Z 3004—2010）。新规范综合了航空摄影测量的相关法律法规、标准化文件以及当前技术成果和技术水平，旨在指导航空摄影测量任务开展，确保航空摄影测量的准确性和可靠性。规范规定了低空数字航空摄影测量外业工作的各项要求，包括准备工作、像片控制点的选点布设与测量、调绘工作、检查验收和成果上交的要求。此规范适用于采用无人飞行器低空数字航空摄影系统进行 1：500、1：1000 和 1：2000 比例尺数字正射影像图（DOM）、数字高程模型（DEM）、数字表面模型（DSM）和数字线划图（DLG）等成果生产中的外业工作。

7.《低空数字航空摄影测量内业规范》（CH/T 3003—2021）

该规范于 2021 年发布，替代了 2010 年发布的旧版本（CH/T 3003—2010）。新规范根据无人飞行器航摄系统的技术水平、应用情况以及有关航空摄影测量标准，规定了低空数字航空摄影测量内业生产的工作细则。该规范规定了航测内业的各项准备工作、数据预处理流程、空中三角测量、定向建模、数字线划图、数字高程模型的制作、数字正射影像图的制作、检查验收以及成果的上交规范。该规范适用于采用无人飞行器低空数字航摄系统的数据，以生产 1：500、1：1000、1：2000 比例尺的基础地理信息数字成果为目的的低空数字航空摄影测量内业生产工作。

8.《数字航空摄影测量 测图规范 第 1 部分：1：500 1：1000 1：2000 数字高程模型 数字正射影像图 数字线划图》（CH/T 3007.1—2011）

该规范由国家测绘地理信息局发布，是国家测绘行业标准，该系列标准包括三个部分：数字航空摄影测量测图规范第 1 部分：1：500、1：1000、1：2000 比例尺的数字高程模型、数字正射影像图、数字线划图的生产作业；数字航空摄影测量测图规范第 2 部分：1：5000、1：10000 比例尺的数字高程模型、数字正射影像图、数字线划图的生产作业；数字航空摄影测量测图规范第 3 部分：1：25000、1：50000、1：100000 比例尺的数字高程模型、数字正射影像图、数字线划图的生产作业。

该规范涵盖了航空摄影测量的准备工作、定向建模、数字高程模型、数字正射影像图与数字线划图的制作、空中三角测量成果的质量控制、成果整理与上交、资料分析以及技术设计等相关细则。

参考文献

[1] 丁华，李如仁，徐启程．数字摄影测量及无人机数据处理技术[M]．北京：中国建材工业出版社，2018．

[2] 王铁生，袁天奇．测绘学基础（第二版）[M]．北京：科学出版社，2021．

[3] 张祖勋．数字摄影测量学（第二版）[M]．武汉：武汉大学出版社，2012．

[4] 吴献文．无人机测绘技术基础[M]．北京：北京交通大学出版社，2019．

[5] 刘仁钊，马啸．测绘技术基础[M]．武汉：武汉大学出版社，2020．

[6] 魏瑞轩，李学仁．先进无人机系统与作战运用[M]．北京：国防工业出版社，2014．

[7] 于坤林，陈文贵．无人机系统与结构[M]．西安：西北工业大学出版社，2016．

[8] 毛红保，田松，晁爱农．无人机任务规划[M]．北京：国防工业出版社，2015．

[9] 王启春，李建，王瑞祥．摄影测量与遥感[M]．重庆：重庆大学出版社，2019．

[10] 段延松，曹辉，王玥．航空摄影测量内业[M]．武汉：武汉大学出版社出，2018．

[11] 张彦丽．摄影测量学[M]．北京：清华大学出版社，2020．

[12] 吕翠华，杜卫钢，万保峰，胡浩．无人机航空摄影测量[M]．武汉：武汉大学出版社，2022．

[13] 官建军等．无人机遥感测绘技术及应用[M]．西安：西北工业大学出版社，2018．

[14] 杨宇，陈明．无人机模拟飞行及操控技术[M]．西安：西北工业大学出版社，2019．

[15] 徐芳，邓非．数字摄影测量学基础[M]．武汉：武汉大学出版社，2017．

[16] 刘含海．无人机航测技术与应用[M]．北京：机械工业出版社，2020．

[17] 廖小罕，周成虎．轻小型无人机遥感发展报告[M]．北京：科学出版社，2016．

[18] 孙毅．无人机驾驶员航空知识手册[M]．北京：中国民航出版社，2014．

[19] Richard K.Barnhart，Stephen B.Hottman，Douglas M.Marshall，Eric Shappee．无人机系统导论[M]．北京：科学出版社，2014 年．

[20] （RegAustin 著），陈自力，董海瑞，江涛译．无人机系统设计开发与应用[M]．北京：国防工业出版社，2013 年．

[21] 丁明跃，郑昌文，周成平，严平．无人机飞行器航迹规划[M]．北京：电子工业出版社，2008．

[22] （K.Nonami，F.Kendoul，S.Suzuki，W.Wang，D.Nakazawa 等著），肖阳，张旋子，孟宪权译．自主飞行机器人——无人机和微型无人机[M]．北京：国防工业出版社，2014 年．

[23] 飞马“无人机管家专业版”软件使用教程[Z]．深圳飞马机器人科技有限公司．

[24] Smart3D（ContextCapture）操作手册[Z]．Bentley 软件公司．

[25] 《通用航空飞行管制条例》[Z].
[26] 《民用无人机驾驶员管理规定》[Z].
[27] 《低空空域使用管理规定（试行）》[Z].
[28] 《民用无人机驾驶航空器经营性飞行活动管理办法》[Z].
[29] 《无人驾驶航空器飞行管理暂行条例》[Z].
[30] 《民用无人驾驶航空器系统空中交通管理办法》[Z].
[31] 《民用无人驾驶航空器实名制登记管理规定》[Z].
[32] CH/Z 3002—2010《无人机航摄系统技术要求》[S].
[33] CH/Z 3003—2021《低空数字航空摄影测量内业规范》[S].
[34] CH/Z 3004—2021《低空数字航空摄影测量外业规范》[S].
[35] CH/Z 3005—2021《低空数字航空摄影规范》[S].
[36] CH/T 3007.1—2011《数字航空摄影测量 测图规范 第 1 部分：1:500 1:1000 1:2000 数字高程模型 数字正射影像图 数字线划图》[S].
[37] DZ/T 0203—2014《航空遥感摄影技术规程》[S].
[38] GB/T 39612—2020《低空数字航摄与数据处理规范》[S].

反侵权盗版声明

举报电话：（010）88254396；（010）88258888

传　　真：（010）88254397

E-mail：　dbqq@phei.com.cn

通信地址：北京市万寿路 173 信箱

　　　　　电子工业出版社总编办公室

邮　　编：100036